U0815828

科学知识网络理论与实践

Scientific Knowledge Network Theory and Practice

吕鹏辉 著

经济管理出版社
ECONOMY & MANAGEMENT PUBLISHING HOUSE

图书在版编目（CIP）数据

科学知识网络理论与实践/吕鹏辉著．—北京：经济管理出版社，2016.12
ISBN 978－7－5096－4680－9

Ⅰ.①科…　Ⅱ.①吕…　Ⅲ.①科学知识—数据处理—研究　Ⅳ.①G302

中国版本图书馆 CIP 数据核字(2016)第 262165 号

组稿编辑：宋　娜
责任编辑：魏晨红
责任印制：黄章平
责任校对：张　青

出版发行：经济管理出版社
（北京市海淀区北蜂窝 8 号中雅大厦 A 座 11 层　100038）
网　　址：www. E－mp. com. cn
电　　话：(010) 51915602
印　　刷：三河市延风印装有限公司
经　　销：新华书店
开　　本：720mm×1000mm/16
印　　张：16.75
字　　数：274 千字
版　　次：2016 年 12 月第 1 版　2016 年 12 月第 1 次印刷
书　　号：ISBN 978－7－5096－4680－9
定　　价：88.00 元

·版权所有　翻印必究·
凡购本社图书，如有印装错误，由本社读者服务部负责调换。
联系地址：北京阜外月坛北小街 2 号
电话：(010) 68022974　　邮编：100836

第五批《中国社会科学博士后文库》编委会及编辑部成员名单

（一）编委会

主　任：王京清

副主任：马　援　张冠梓　俞家栋　夏文峰

秘书长：张国春　邱春雷　刘连军

成　员（按姓氏笔画排序）：

卜宪群　方　勇　王　巍　王利明　王国刚
王建朗　邓纯东　史　丹　刘　伟　刘丹青
孙壮志　朱光磊　吴白乙　吴振武　张　翼
张车伟　张世贤　张宇燕　张伯里　张星星
张顺洪　李　平　李　林　李永全　李向阳
李国强　杨　光　杨　忠　陆建德　陈众议
陈泽宪　陈春声　卓新平　房　宁　罗卫东
郑秉文　赵天晓　赵剑英　高　洪　高培勇
曹卫东　曹宏举　黄　平　朝戈金　谢地坤
谢红星　谢寿光　谢维和　裴长洪　潘家华
冀祥德　魏后凯

（二）编辑部（按姓氏笔画排序）：

主　任：张国春（兼）

副主任：刘丹华　曲建君　李晓琳　陈　颖　薛万里

成　员：王　芳　王　琪　刘　杰　孙大伟　宋　娜
苑淑娅　姚冬梅　郝　丽　梅　枚　章　瑾

本书获中国博士后科学基金面上项目（项目编号：2015M581984）以及国家自然科学基金创新研究群体项目（项目编号：71521001）资助。

序　言

博士后制度在我国落地生根已逾30年，已经成为国家人才体系建设中的重要一环。30多年来，博士后制度对推动我国人事人才体制机制改革、促进科技创新和经济社会发展发挥了重要的作用，也培养了一批国家急需的高层次创新型人才。

自1986年1月开始招收第一名博士后研究人员起，截至目前，国家已累计招收14万余名博士后研究人员，已经出站的博士后大多成为各领域的科研骨干和学术带头人。其中，已有50余位博士后当选两院院士；众多博士后入选各类人才计划，其中，国家百千万人才工程年入选率达34.36%，国家杰出青年科学基金入选率平均达21.04%，教育部“长江学者”入选率平均达10%左右。

2015年底，国务院办公厅出台《关于改革完善博士后制度的意见》，要求各地各部门各设站单位按照党中央、国务院决策部署，牢固树立并切实贯彻创新、协调、绿色、开放、共享的发展理念，深入实施创新驱动发展战略和人才优先发展战略，完善体制机制，健全服务体系，推动博士后事业科学发展。这为我国博士后事业的进一步发展指明了方向，也为哲学社会科学领域博士后工作提出了新的研究方向。

习近平总书记在2016年5月17日全国哲学社会科学工作座谈会上发表重要讲话指出：一个国家的发展水平，既取决于自然科学发展水平，也取决于哲学社会科学发展水平。一个没有发达的自然科学的国家不可能走在世界前列，一个没有繁荣的哲学社会科学的国家也不可能走在世界前列。坚持和发展中国特色社会主义，需要不断在实践和理论上进行探索、用发展着的理论指导发展着的实践。在这个过程中，哲学社会科学具有不可替代的重要地位，哲学社会科学工作者具有不可替代的重要作用。这是党和国家领导人对包括哲学社会科学博士后在内的所有哲学社会科学领域的研究者、工作者提出的殷切希望！

中国社会科学院是中央直属的国家哲学社会科学研究机构，在哲学社会科学博士后工作领域处于领军地位。为充分调动哲学社会科学博士后研究人员科研创新的积极性，展示哲学社会科学领域博士后的优秀成果，提高我国哲学社会科学发展的整体水平，中国社会科学院和全国博士后管理委员会于2012年联合推出了《中国社会科学博士后文库》（以下简称《文库》），每年在全国范围内择优出版博士后成果。经过多年的发展，《文库》已经成为集中、系统、全面反映我国哲学社会科学博士后优秀成果的高端学术平台，学术影响力和社会影响力逐年提高。

下一步，做好哲学社会科学博士后工作，做好《文库》工作，要认真学习领会习近平总书记系列重要讲话精神，自觉肩负起新的时代使命，锐意创新、发奋进取。为此，需做到：

第一，始终坚持马克思主义的指导地位。哲学社会科学研究离不开正确的世界观、方法论的指导。习近平总书记深刻指出：坚持以马克思主义为指导，是当代中国哲学社会科学区别于其他哲学社会科学的根本标志，必须旗帜鲜明加以坚持。马克思主义揭示了事物的本质、内在联系及发展规律，是“伟大的认识工具”，是人们观察世界、分析问题的有力思想武器。马克思主义尽管诞生在一个半多世纪之前，但在当今时代，马克思主义与新的时代实践结合起来，愈来愈显示出更加强大的生命力。哲学社会科学博士后研究人员应该更加自觉地坚持马克思主义在科研工作中的指导地位，继续推进马克思主义中国化、时代化、大众化，继续发展21世纪马克思主义、当代中国马克思主义。要继续把《文库》建设成为马克思主义中国化最新理论成果宣传、展示、交流的平台，为中国特色社会主义建设提供强有力的理论支撑。

第二，逐步树立智库意识和品牌意识。哲学社会科学肩负着回答时代命题、规划未来道路的使命。当前中央对哲学社会科学愈发重视，尤其是提出要发挥哲学社会科学在治国理政、提高改革决策水平、推进国家治理体系和治理能力现代化中的作用。从2015年开始，中央已启动了国家高端智库的建设，这对哲学社会科学博士后工作提出了更高的针对性要求，也为哲学社会科学博士后研究提供了更为广阔的应用空间。《文库》依托中国社会科学院，面向全国哲学社会科学领域博士后科研流动站、工作站的博士后征集优秀成果，入选出版的著作也代表了哲学社会科学博士后最高的学术研究水平。因此，要善于把中国社会科学院服务党和国家决策的大智库功能与《文库》的小智库功能结合起来，进而以智库意识推动品牌意识建设，最终树立《文库》的智库意识和品牌意识。

第三，积极推动中国特色哲学社会科学学术体系和话语体系建设。改革开放30多年来，我国在经济建设、政治建设、文化建设、社会建设、生态文明建设和党的建设各个领域都取得了举世瞩目的成就，比历史上任何时期都更接近中华民族伟大复兴的目标。但正如习近平总书记所指出的那样：在解读中国实践、构建中国理论上，我们应该最有发言权，但实际上我国哲学社会科学在国际上的声音还比较小，还处于有理说不出、说了传不开的境地。这里问题的实质，就是中国特色、中国特质的哲学社会科学学术体系和话语体系的缺失和建设问题。具有中国特色、中国特质的学术体系和话语体系必然是由具有中国特色、中国特质的概念、范畴和学科等组成。这一切不是凭空想象得来的，而是在中国化的马克思主义指导下，在参考我们民族特质、历史智慧的基础上再创造出来的。在这一过程中，积极吸纳儒、释、道、墨、名、法、农、杂、兵等各家学说的精髓，无疑是保持中国特色、中国特质的重要保证。换言之，不能站在历史、文化虚无主义立场搞研究。要通过《文库》积极引导哲学社会科学博士后研究人员：一方面，要积极吸收古今中外各种学术资源，坚持古为今用、洋为中用。另一方面，要以中国自己的实践为研究定位，围绕中国自己的问题，坚持问题导向，努力探索具备中国特色、中国特质的概念、范畴与理论体系，在体现继承性和民族性，体现原创性和时代性，体现系统性和专业性方面，不断加强和深化中国特色学术体系和话语体系建设。

新形势下，我国哲学社会科学地位更加重要、任务更加繁重。衷心希望广大哲学社会科学博士后工作者和博士后们，以《文库》系列著作的出版为契机，以习近平总书记在全国哲学社会科学座谈会上的讲话为根本遵循，将自身的研究工作与时代的需求结合起来，将自身的研究工作与国家和人民的召唤结合起来，以深厚的学识修养赢得尊重，以高尚的人格魅力引领风气，在为祖国、为人民立德立功立言中，在实现中华民族伟大复兴中国梦征程中，成就自我、实现价值。

是为序。

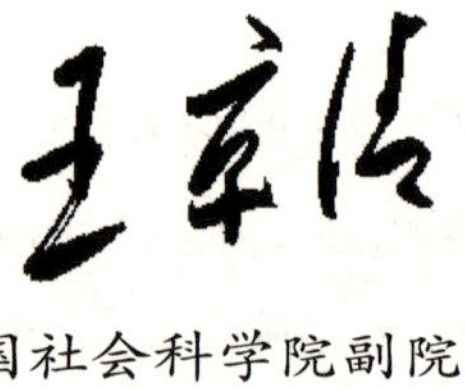

中国社会科学院副院长

中国社会科学院博士后管理委员会主任

2016 年 12 月 1 日

摘 要

为了对科学知识网络建立共性的理论基础，本书从科学大数据知识元共现的角度进行了深入探讨，将现有的几种科学知识网络纳入以共现为特征的理论体系之中，并对以共现为基础的新型知识网络做了研究展望。

本书的内容除引言部分外，主体框架可分为三大部分：

第一部分（第一章至第三章）是学科知识共现网络组合的理论与方法研究，在此理论基础上构建了系统的科学知识网络类型。目前，知识元的利用受到了学界广泛重视，知识元的共现关系又是科学知识之间普遍联系的依据，使用数学组合知识可以将这些科学知识元组合出多种知识网络类型。这个过程的实现需要靠数据库中科学数据元的重组来完成，科学文献具体字段之间的关系通过重构后的知识网络类型基本可以分成三类，其中常见的典型知识网络对科学创新路径与方法具有重要的启示。

第二部分（第四章至第八章）主要阐述了几种具体科学知识网络的类型、构建、演化及其与科学创新路径间的关系。第四章针对科学引文网络，总结了其发展历程、发展方向和误区，开发了其构建办法、流程并以管理科学的数据作为实证案例，在科学引文网络方面的继承与发展路径上，如层出不穷的新材料无一不是建立在对传统材料物理性质的深化研究之上，没有现有的传统材料，新材料的研发也是无从谈起的；第五章总结了主要的三种知识网络类型，并分别研究文献共被引网络、期刊共被引网络和著者共被引网络的发展历程、研究方法和与科学创新的关系，如每一次成功的共被引交叉均是原有理论与研究对象的完美结合；第六章从科研主体间的关系出发，总结了合作网络研究的历程、方法和类型，接着分别研究了国家合作网络、机构合作网络与著者合作网络的结构特征及与科学创新之间的关系，如管理科学就是跨学科合作的例子，它成功把各自为政的两大学科知识通过交流合作，用来解决同一个问题对象；第七章从词汇提取与矩阵生成出发研究词汇网络的规律，总结了作者关键词共词网络和机标关键词共词网络两种类型，如熵理论目前已泛化至化学、生物学、材料科学甚至人文社会科学当中，但均使得熵概念在多学科中共同出现并成为前沿热点；第八章涉及语义知识网络，它是近年来新发展出的研究热点，但这种网络也是经过叙词表对科学文献处理后的标引词之间的共现网络组成的，这种网络对科学文献内容的解释与展示更为充分，它也是学科发展到一定阶段的必然产物，本书总结了语义网络的组合理论、构建方法和发展动力、关键难题，从这种层级关系的图谱上可以看出学科的发展前沿，发现潜在热点，预测下一个可能渗入的具体领域，提前对科学研究进行创新布局。

第三部分（第九章至第十章）重点对科学知识网络中的科学创新规律及未来趋势和存在问题进行思考，学科知识网络主要是沿着处理网络科学数据、发展混合知识网络以及深化研究手段等几个方向发展，其存在的主要问题是知识网络将会对现有知识进行整序、发展更大数据的处理技术和对知识管理产生潜在影响。第十章对全书做了总结，指出了本书的研究不足并对后续要进行的研究做了展望，希望在本书研究的基础上未来不但能够获得更为完整的理论体系，还能持续对科技创新有所启示。

本书研究内容的作用和意义主要体现在以下几个方面：

（1）从数据库以及互联网获取来的科学大数据，按照学科或者领域建立学科数据库后，基于科学知识元共现关系对这些数据进行知识组织，借由知识组织与知识发现的方法面向学科或者领域科学知识进行整合、挖掘出更多的潜在新知识，使得领域知识得到增值，从而帮助科研人员实现学科或者领域内的科学得到创新，形成以科学数据驱动的知识创新发展模式。

（2）在现有科学知识网络的基础上，深入挖掘了科学大数据中的基本共现关系，使用数学组合的方法进行了科学知识元组合，形成了以共现理论为主的可扩展性较强的科学知识共现网络体系。该知识共现理论除了能使现有知识网络统一在同一个理论框架体系之内外，还可以继续组合获得更多的新型科学知识网络，形成系统的知识共现理论与方法体系。

（3）在知识元共现理论框架下统一的科学引文网络、文献共被引网络、科研合作网络、学科共词网络和学科语义网络五大主要内容，组成了科学知识网络体系。在科学大数据背景下这些知识网络群能对科学创新路径与模式有所启示，使得科学知识网络带来科学上的潜在创新，并通过发现数据背后的创新规律，使得知识网络从静态数据走向动态管理，从历史数据推向未来预测，从已知知识扩大到未知领域。

因此，本书在科学知识元的基础上将学科知识元重组成知识网络，可以为科学创新带来更多的启示并使知识增值；对于科学知识创新路径和模式的发现，主要是通过知识共现网络来进行；在研究知识共现网络方面，又是沿着从知识创新的客体网络到主体网络，文献级别的网络到属性级别的网络，一般共性的规律到特殊个性的规律这样的逻辑次序依次展开。

关键词：知识组织；引文网络；合作网络；语义网络；知识网络

Abstract

To establish a common theoretical basis for scientific knowledge network, this book applied co - occurrence theory study them from the perspective of scientific data knowledge element, summaried several existing scientific knowledge networks according the co - occurrence rules in a self - consistent theoretical system and pointed that the co - occurrence is the key to future knowledge networks as the prospect of the book.

This paper can be divided mainly into three parts except the introduction section:

The first part (Chapter 1 - 3) is the construction of knowledge co - occurrence networks theory and introduction of research methods under combination of knowledge units. A systermatic scientific knowledge network type are built under the basis of the mathematical combination theory. The application of knowledge element called lots of academic attentions, and co - occurrence relationship between knowledge units is the key connection between the scientific knowledge, using the mathematical combination method the knowledge units can be combined into various types of knowledge networks. This process can be completed through knowledge units restructuring. Relationships between given fields reconstructed under new rules can be divided into three types, of which the typical knowledge networks have tremendous implications for the common scientific innovation path and method.

The second part (Chapter 4 - 8) mainly described several types of specific scientific knowledge networks, especially the evolution and innovation relationship between scientific knowledge networks laws. For the science citation network, we summarized its history, development direction and misunderstanding, developed the construction methods and took Chinese natural science data as empirical case studies, proving that the innovation law in science citation network nodes, such as the outcome of the power law distribution and citation delays; for the co - citation network we summarized the main three types of knowledge networks, and summaried literature in co - citation network, journal co - citation network, and author co - citation network relationship development process, research methods and the scientific innovation, and finally took quantum mechanics co - cited by chemistry and physics as example, illustrating the co - citation network played important role in innovation process; for scientific research cooperation network, we studied the relationship between the main departure, summed up its course, method and network types, and then investigated relationship between innovation as well as national cooperative network, the institution network and individual network structure, taking translational medicine as a case study of these three networks in interdisciplinary cooperation and at last, summaried several innovative revelation; for co - word network, we creted this knowledge network matrix from the lexical rules, summarized the author co - word and keyword plus co - word keywords are two types of co - words networks, in which applied entropy theory co - word network from natural sciences to humanities and social sciences to summary the concept of innovation; for semantic knowledge networks, this network is a thesaurus of the standard scientific literature network after treatment between scientific literature class content and presentation, the co - occurrence network can composed fully explained for the subject to a certain stage. As a new research focus in recent years, the semantic network theory, construction method and develop dynamic, the key object was discussed, and finally using the medical informatics literature data semantic network to show the innovative rule.

The third part (Chapter 9 - 10) focused on the law of scientific knowledge networks in innovation on science and future trend. Knowledge networks will develop in the main way of processing future scientific big data network, the hybrid networks to deepen the study of the means of knowledge understanding and several other development directions. The main problems invole on the knowledge network will give the order for existing knowledge, development of big data processing technology and produce a greater potential impact on information science. Finally, after pointing out the shortcomings of this study and the follow – up study, we hope that this book will not only be able to obtain a more complete theoretical system for the future, but also have implications for continued innovation.

The main research contents of this book are mainly focused on the following aspects of innovation and function:

(1) The scientific big data under the rule of knowledge organization and knowledge discovery method in given subject or field based on scientific knowledge element co – occurrence relationships from the database and internet access into data warehouse, in accordance with the discipline or field established, could integrat scientific knowledge, mine more potential new knowledge, add the domain knowledge value, thereby helping researchers achieve scientific innovation on their subject or in their field, form and develop scientific data driven knowledge innovation model.

(2) The basic scientific data co – occurrence relations were mined for current scientific knowledge, and scientific knowledge element combination were studied using the method of combinatorial mathematics, forming a scalability strong scientific knowledge co – occurrence network system based on the co – occurrence theory. The knowledge co – occurrence theory not only unite the existing knowledge networks in a same consistent theoretical framework but also obtain more new scientific knowledge network by combined method to form systematic knowledge co – occurrence theory and new method system.

(3) The knowledge co – occurrence theory framework grouped sci-

ence citation network, co - citation network, scientific collaboration network, co - word network and semantic network as main five major contents of knowledge network system. Under the environment of scientific big data, the knowledge networks can shed some light on the scientific innovation path and mode, making scientific knowledge network bring potential scientific creative ablity, and by discovering the innovation rule of data behind, take the knowledge network from the static data to dynamic management, from historical data toward future predictions and from the known knowledge expanding to the unknown ones.

The network knowledge in this book were re - composed on the basis of knowledge element, bring more inspiration and make knowledge value added for scientific innovation. We discoveried scientific knowledge innovation path and pattern mainly by co - occurrence network knowledge, and crested knowledge co - occurrence network along such a logical order in turn from the knowledge network innovation network object to subject, the literature level network to unit level network, the common law to the special character.

Key Words: Knowledge Orgnazation; Citation Networks; Cooperation Networks; Sematic Networks; Knowledge Networks

目 录

Contents

引　言

人类科学知识的延续和兴旺经历了由结绳记事到纸质媒介，再到电子数据库的漫长历程，每一次都促进了人类文明的巨大进步，尤其是近年来互联网技术的出现使得科学知识的获取与利用变得更为便捷与高效，这同时也对知识管理提出了更高的要求，以实现人类对现有知识的挖掘与对未来科学发展预测的需求。随着互联网来源的科学数据与开放获取（Open Access，OA）科学文献的易得性不断提高，以及传统科学数据库中科学知识规模的持续迅猛增长，科学大数据环境日益形成，在这种新情形下，科学如何创新与以往有所不同。

科学研究就是为了解决现实世界问题而进行的，创新是科学研究的基本元素。科学知识创新对具体学科的发展甚至整个人类知识的进步都关系重大，其具体创新路径与模式对科学研究事业具有路线图的战略作用但又隐藏至深不易发现，目前还缺乏系统的研究与开发。本书对知识共现网络的研究从无中生有、有中生新，首先利用互联网科学数据构建了多源科学数据集，将数据集中的科学数据在知识元层面整理和重组，通过数学组合方法生成了多种新的知识共现网络类型，使用知识组织的方式得到了多种类型的知识网络。

自文艺复兴运动之后，创新精神和创新实践如燎原之火遍及整个西方国家。1912 年，美籍奥裔科学家熊彼特提出了科学创新及其相关理论，其后许多西方经济学家，如弗里曼（Chris Freeman）、迈克尔—波特（ME Porter）等完善和发展了这一理论，并认为科学与技术创新是经济发展的重要推动因素全球。全球新兴产业的主要推动力量就是新兴技术，这部分技术带动的产业是如此的重要，以至于在很多国家与地区被称为战略性新兴产业。因此，科学创新路径（Science Innovation Pathways，SIP）研究对国民经济的发展至关重要，但知识创新活动本身并未得到充分的认识，尤其是从基于科学文献的知识管理角度缺乏系统而深入的研究。

四方上下谓之宇，古往今来谓之宙，科学知识数据作为人类认识宇宙的直接产物，不仅记录着我们认识自然界的重要信息，也记录着人类社会的众多发展规律。人类诞生之后由于劳动发展与需要，当个体社会交往、信息互通和经验交流“已经到了彼此间有些什么非说不可的地步”时，这些形而上的东西就逐渐成为科学知识。科学知识除了具有社会历史性外，这种社会历史性还跟认识者的认识水平密切相关，认识主体只有遵循知识固有的属性与规律，才能在认识与研究过程中采用适当的认识手段促进科学知识认识过程的顺利实现。

由于“世界”一词源自佛教，世的本意是指过去、现在和未来；界的本意是指像东、西、南、北这样空间方位的界，因此“世界”是与“宇宙”类似的时空概念，世界既是科技与人文、社会科学知识的汇集，与现实宇宙相映射、对应，更需要创新与突破。国外对科学创新的不懈追求，其实远在古希腊时代就开始了，哲学家赫拉柯利特曾说过，“太阳每天都是新的，永远不断地更新”；对于知识上的创新，亚里士多德也曾讲过，“一般来说，技术有一部分是完成自然所不能完成的东西，有一部分是模仿自然”，这个完成自然所不能完成的东西的做法就是人们今天对科学知识的再加工过程，与黑格尔哲学中的创新思想可以说是一脉相承。创新活动在人类活动中由自发到自觉，人们多年来对创新方法论的追求就像盗取上帝的火种一样热切。

在科学创造活动尤其是科学研究中，创新是极为可贵的一种必备品质，然而面对互联网与大数据时代浩如瀚海的知识汪洋，进行科学创新要从何做起呢？好在当今电子化的科学知识载体给了我们一个巨大无比的创新机会，在数据库中科学知识被拆解成知识元存储和调用的同时，我们发现这些知识元也可以被统计与重组。在此基础上，科学知识网络的理论与大量实践研究应运而生，而这些具体的科学知识网络却又与科技创新联系得那么紧密，让我们不得不感叹知识本身的神奇。

对于科学引文网络来说，知识沿着整个网络得以转移；对于共被引网络来说，共同被引文献中的知识在整个网络中得到共享；对于科研合作网络来说，不同的科研主体在该知识网络中得到交流；对于共词网络来说，核心词汇在知识网络中得以扩散；对于语义知识网络来说，知识在被重新组织之后得到简化并直观可见，有利于科学知识发现；而这些知识发现、知识转移、知识共享、知识扩散和知识交流均事关知识创新的具体模式与创新路径，与科学创新密切相关。

第一章　科学知识网络的研究历程及研究现状

21世纪以来，人类社会进入飞速发展的信息时代，信息化浪潮带来了全球科学数据的迅猛增长，科学知识正以指数形式增长与积累，这就使得我们的时代面临着继承与利用科学大数据方面的挑战。由于大数据目前已成为国家重要的战略性基础资源①，但与互联网大数据、商业大数据的快速发展相比，业已形成的科学大数据在数据科学领域还较少受到关注，人们对于科学大数据如何利用与创新的研究及掌握还远远不够。当前科学与技术数据的积累速度和累积数量已今非昔比，最终从量变导致了质变，同时由于定量化认识手段与方法的进步，研究科学技术知识的知识管理科学将由往日的被动支撑逐渐转变成为主动引领科技发展，正如过去科技的发展对于经济与社会的发展逐渐由支撑转变为引领一样。

随着各国政府与民间机构在科学研究领域内研发资金投入的持续增加，科学知识创新已成为全社会共同关注的重要话题，科学研究领域内的创新已经成为世界各国未来竞争的重点，也成为综合国力中关键性的决定因素。2015年出台的《国务院关于深化体制机制改革、加快实施创新驱动发展战略的若干意见》指出，创新既是推动一个国家和民族向前发展的重要力量，也是推动整个人类社会向前发展的重要力量。我们要坚持遵循规律，根据科学技术活动的特点，把握好科学研究的探索与发展规律，始终把科技创新摆在国家发展全局的核心位置②。

作为人类特有的一项标志性实践活动，知识创新是一项高度系统化的

---

① 杨善林，周开乐．大数据中的管理问题：基于大数据的资源观．管理科学学报，2015，18（5）：1-8.

② 李克强．国务院关于深化机制体制改革、加快实施创新驱动发展战略的若干意见，2015.

创造活动。21世纪以来，全球科学数据尤其是自然科学大数据增长迅猛，科学创新作为推动经济发展和社会进步的核心力量发挥了越来越大的作用，已成为改善人类生活、推动社会进步的重要力量。自从我国实施创新驱动发展战略、建设创新型国家以来，科技部等部门专门颁发了《关于加强创新方法工作的若干意见》，将科学创新方法与路径的问题提升到了国家意志层面，专门作为建设创新型国家的议题加以研究，科学知识管理及创新作为举国事业极为重要。

科学知识创新是知识经济时代的关键与核心，创新已成为一个民族不断进步的灵魂，也是构成国家竞争力的核心要素，更是一个国家兴旺发达的不竭动力。虽然科学创新过程中也会创造出新知识，但其重点在于产生了新的知识与产品、流程或服务并将之物化为新产品、新流程或者新服务。从知识管理角度来看，知识的生产、传播与扩散，以及一个领域的知识基础、知识结构、知识演化、知识涌现、知识断层以及知识范式的变革，这些概念均与科学创新紧密相连，是研究科学如何创新的重要切入点，对现有知识的管理是未来科学创新的必要基础。

作为大数据的重要组成部分，科学大数据正使得科学世界发生变化，并驱动着科学研究进入数据密集型科学发现范式这一全新阶段。科学创新研究将成为我国创新型国家建设极为关注的重要主题之一。科学交流模式、知识结构变迁、科学前沿识别以及科学知识的生产、交流、扩散、转移和传播规律，已成为科学创新研究的核心内容。科学知识数据挖掘与基于知识管理本身的科学创新的研究，因与知识、信息本身的传播、扩散、转移和交流方面的规律密切相关，因此科学创新问题实质上也是关乎知识管理以及信息科学未来发展的一个重要的基本问题。

爱因斯坦曾经说过，知识是有限的而想象力是无限的①，那么以无限的创新法则来组织科学知识，科学的创新力才可能是无限的②。从知识管理的视角来看，科学创新在文献层面上的产出就是科学家群体层出不穷的科技报道，这些科技数据反映了他们在创新努力上的生生不息与日益进步。如在物理学中的量子力学史上，三百多年的研究历程中就多次出现了之前的

① 杜斌．从爱因斯坦的思想看科学与哲学的关系．科学技术与辩证法，2001（5）．
② 乔灵爱．爱因斯坦的科学创新思维方法论探析．齐鲁学刊，2005（3）：121－124.

科学认识被后来的探索结果所纠正、颠覆和替代的事件[①]，而各大学派之间长期交锋与学术论战中积累下来的海量科学文献数据也将成为我们认识与研究学科内科学如何创新，以及具体科学创新路径的重要依据，从这些原始文献出发进行数据密集型科学发现，亦可预测科学未来可能的创新生长点[②]，以及潜在的科技前沿与发展热点。

随着时代的发展，人类社会已由往日的实体经济向知识经济转变，知识服务作为知识经济时代第三产业的一项重要发展内容，使得知识的作用正在超越土地、资本和劳动力等要素成为各国经济实体未来竞争优势的主要来源之一。知识管理和知识服务等研究就是在这样的现实需求背景下诞生与发展起来的，另外本书中频繁提到的情报学，是在知识获取和知识序化过程中发展起来的一个专门学科，在科学知识的挖掘与管理中有着特殊作用。

当前社会人们总在感叹缺乏具有创新能力的科技领军人才，但真正缺乏的是对那些蕴藏着人类闪光思想的宝贵数字信息资源，包括科技期刊与学术网站、书籍、会议、报告等科学文献及其创造、创新规律的认识[③]。这些可贵的他邦之石，经过雕琢加工、重组发现均可以攻玉，并为我国所用。虽然经济学家认为，市场需求是真正的创新动力，当需求成为越来越迫切的现实时，重大科技突破就一定能够产生。然而，科学创新究竟是如何在现实科学知识基础上涌现出来的呢？基于科学大数据如何能找到科学创新的蛛丝马迹从而实现再创新，这是本书重点关注的话题。

科学大数据是未来科学发展与知识创新的新引擎，将改变人类生活及对世界的深层理解，在当前科学大数据的基础上对科学知识及基于科学大数据的知识网络进行研究，对当今社会的发展和进步也极为重要。通过知识网络的构建可以使得这种知识服务的内容和深度大大得到拓展，作为各种咨询机构和情报研究机构的实用技术与方法论也将为社会带来巨大的社会效益和经济效益。因此，大数据环境下知识共现网络（Knowledge Co - occurrence Networks，KCN）作为实现知识服务双重效益的具体手段，将成为

① 彭桓武．量子理论的诞生和发展——从量子论到量子力学．物理，2001（5）：265 - 270.

② Upham S. P.，H. Small，"Emerging Research fronts in Science and Technology：Patterns of New Knowledge Development，" *Scientometrics.* Vol 83，No. 1，2010，p. 15 - 38.

③ Maslov S，Y. C. Zhang，"Extracting Hidden Information from Knowledge Networks"，*Physical Review Letters.* Vol. 87，No. 24，2001.

知识服务最主要的有效方法与技术之一。

在我们生活的现实世界中，物质、意识和信息是组成世界的三种基本元素，各类个体总是与他所在的世界进行着大量的物质与信息交换，研究信息与研究物质或者意识同样重要。根据哲学家卡尔·波普尔（Karl Raimund Popper）的观点，所有的科学知识均属于反映世界一和世界二的世界三。对于世界一即宇宙物理客体的研究，人类目前已经积累了大量的认识并能反馈直接用以改造自然界，同时对于世界二即人类主观意识方面的研究成果同样较为详尽，但对人类创造出来但独立于人类自身之外的科学知识世界里的创新规律，目前揭示的规律还太少，能对世界一和世界二反馈回去用以指导的更少。

伦敦大学的布鲁克斯（Bertram Claude Brookes）利用上述哲学观点发展了知识管理的基础理论①。诚然，这对于专门情报学（Informatics）的基础构架极为重要，但在布鲁克斯之后经过学界多年的完善，这门学科在解决了针对知识的管理哲学基础之后，就需要继续思考什么是“好”的知识管理或信息科学——它应该有好的愿景、好的品位、优雅的形式和美丽的样式，这样才能成为人文主义的科学，而不仅是一门实用性的技术。本书认为，知识管理之美可以借助知识管理学中知识网络的研究去揭示和体现出来，并用以提升整个科学的学科地位，尤其当前的科学大数据给科学知识网络提供了前所未有的发展机遇。

对于学科发展而言，卡尔·波普尔所认为的第三世界，即认识论中的显性知识，反映了人类以各种信息载体所表现出来的表述事物运动状态与变化的规律。我们所在的知识经济时代中，人们将大量的精力投入到日常活动中，以产生与科学技术相关的有用知识与数据。与以往时代相比，在科学知识认知和数据处理上的热情与日俱增，何况通过知识发现和大数据挖掘还能给知识经济时代带来各种巨大收益②。因此，学术界对知识主观认识的探索与追求，尤其是知识本身也越来越被知识管理界认为是其主要的研究对象，并逐渐成为知识经济时代最重要的管理学思想和内容之一。

科学知识是人类社会进步的动力，科学知识对社会与经济的促进作用会越来越大，因此世界各国对科技研发投入的力度也会越来越大。受全球

① Brooks B. C. 情报科学. 王崇德等译，1983（5）：84 – 94.

② 郭华东，王力哲，陈方. 科学大数据与数字地球. 科学通报，2014（59）：1047 – 1054.

范围内科学技术投入的影响，无论是民间还是政府的资金越来越向能够产生新知识与数据的科学研究倾斜，这是科学大数据产生的主要原因之一。以中国国家自然科学基金（National Science Foundation of China，NSFC）为例，近年来资金投入增长速度迅猛，目前年度资助额度已逾250亿元，并且总资助额度还在逐年持续增长（见图1－1），这也是我国在科技文献数据总量上突飞猛进跃居世界前列的保障。

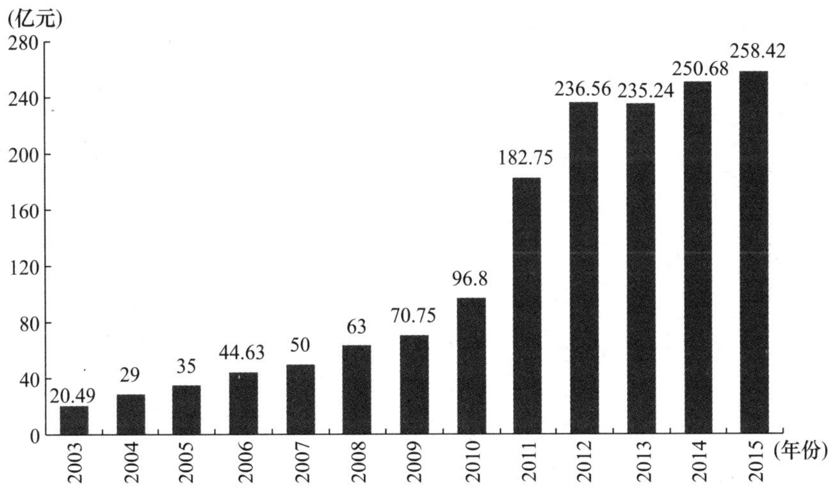

图1－1　国家自然科学基金委年度资助额趋势[①]

在我国科技管理部门中，以NSFC的资助分类体系为例，自然科学被分成八个学部，底下分为若干个处，每年根据这个类表进行资金申请和分配。这八个学部分别是数理科学部、化学科学部、生命科学部、地球科学部、信息科学部、医学科学部、管理科学部和工程与材料科学部。其中，医学科学的分支最多，有十个分处，其余自然科学学部分支较少[②]。本书选取了管理科学大数据的知识网络为案例做了实证研究，以对全球管理科学尤其是中国管理科学近30年来的发展态势进行数据挖掘和对未来学科创新进行预测。

---

① http：//www. nsfc. gov. cn/publish/portal0/tab224/.

② http：//www. nsfc. gov. cn/nsfc/cen/xxgk/sqzn. html.

科学上的创新不仅对科学家社团（Scientific Community，SC）的发展非常重要，而且对整个国家发展也非常重要。由于科学知识创新是一种高智力、高投入和高风险的复杂性社会劳动，科学创新路径与方法的规律研究已变成我们时代最关心的基本问题之一，但科学创新的路径及机理、原理目前仍不明朗，需要深入研究。通过收集结构化数据进行系统运行规律的研究在全球范围内由来已久，最早可追溯到19世纪70年代，时任美国总统的詹姆斯·加菲尔德（James Garfield）通过统计和数据组织发现疾病、饥荒和犯罪等多种社会顽疾的基本发展规律①，因此只要能发现并认识到数据背后的法则和规律，就能很好地反馈与促进人类科技的进步和政策制定的创新。

本书所研究的知识创新规律，就是希望通过构建各种可能的知识共现网络以及知识关联将现有科学知识元素之间的潜在关系建立起来，使人类科学知识得以重组与创新，在一定时空范围内这种基本知识元所反映出来的知识网络能够反作用于我们进一步的研究与认识活动。但由于当今科学知识急剧增长与积累，科学数据总量剧增至海量并且永不停息，这种促使意识先行并由此而促进知识创新的认识活动，是极其复杂的主观能动性科学创造活动②。本书将从科学知识网络的角度出发，对科学创新的模式和路径进行研究探索，以此来启发和促使学科创新的继续前进。

第一节　科学知识网络的研究背景与意义

经过多年的快速增长，我国的GDP总量已于2010年超过日本而仅次于美国，目前成为稳居世界第二的经济大国，但是之前我国保持的高速增长很大程度上是以高投入、高能耗和高污染为代价的，资源的持续消耗已经无法让这样的增长方式为继。与此同时，西方发达国家尽管在科学技术产出方面全球领先，但缺乏对科学技术成果创新规律的深入研究，使得欧盟

① 侯思铭．大数据催生前所未有的开放社会．经济观察报，2014－11－03，049.

② Schutze H.，Pedersen. J. O. A Cooccurrence－based Thesaurus and Two Applications to Information Retrieval，*Information Processing & Management*，1997. 33（3）：307－318.

国家在将这种创新能力转化为财富方面仍处于较为落后的水平，有学者将这种现象形象地称为“欧洲创新困境”①。因此，在新的大数据时代寻找适合我国的发展模式是避免以上两种不良后果的迫切要求，针对时代特点进行科学创新或可成为我国未来的发展策略之一。

自 20 世纪开始，以美国为首的西方国家就掀起了社会统计的热潮，使得整个社会旋即迈入现代化进程，这也是以统计为主的数学思想与方法的胜利。20 世纪 50 年代后，日本也迅速开展了针对工业和经济精确统计的运动，因此在短短的 15 年内就摆脱了其产品“低劣、廉价和山寨”的国际形象，一跃成为世界经济大国②。近年来，全球社会实体以及科学研究均积累了海量的数据，因此针对这些数据的研究开发热潮席卷全球③。我国计划确立工业立国、科技创新的发展思路，以获得高质量“中国制造”美誉并走向全球，这就需要反思长久以来的发展模式和更为重视定量化思想在科学研究尤其是科学数据研究中的应用。

我国未来选择走知识型经济的道路，科技知识在 GDP 贡献中的占比将会越来越大，这就需要整个国家更加重视发挥科学知识对社会发展的积极贡献，将我国变成真正的科学技术大国，尤其是在以创新模式引领下的科技与经济大国，避免陷入欧盟等国家那样科技强而创新弱的无奈境地。

从科学技术的发展来看，中国科技成果自 20 世纪 90 年代后期开始快速崛起，并在 2004 年超过法国、2005 年超过英国、2006 年超过德国和日本。截至 2015 年，在 WoS（Web of Science）数据库中输入 Address = China *，输出结果为 10006545 篇，占据当前全球数据存量的 1/6。其中，近 3 年来每年发表的论文总数已经超过 100 万篇；在 WoS 核心数据库中，也就是被 SCI、SSCI 等收录的高质量科学论文中，我国近年来的论文数每年都超过 30 万篇，增长趋势如图 1 - 2 所示。改革开放至今，由于我国科学成果的数量增长是近似指数形式的，曲线拟合度确定系数 $R^2 = 0.9917$，说明指数形式增长态势业已形成，指数增长的特点是，相对于前期数据的累计量，后期增加的科学数据量更大，更加难以分析和处理。

---

① 祁湘涵. 欧盟创新政策体系的发展及其对我国的启示. 科技管理研究，2008（10）：35 - 37.

② 节艳丽. 对日本战后基础研究发展与诺贝尔科学奖获得的历史考察. 清华大学博士学位论文，2004.

③ G. Colombo, D. Merico. G. Mauri. Reference Ontology Design for a Neurovascular Knowledge Network. Metadata and Semantics, ed. M. A. Sicilia, M. D. Lytras, 2009: 403 - 414.

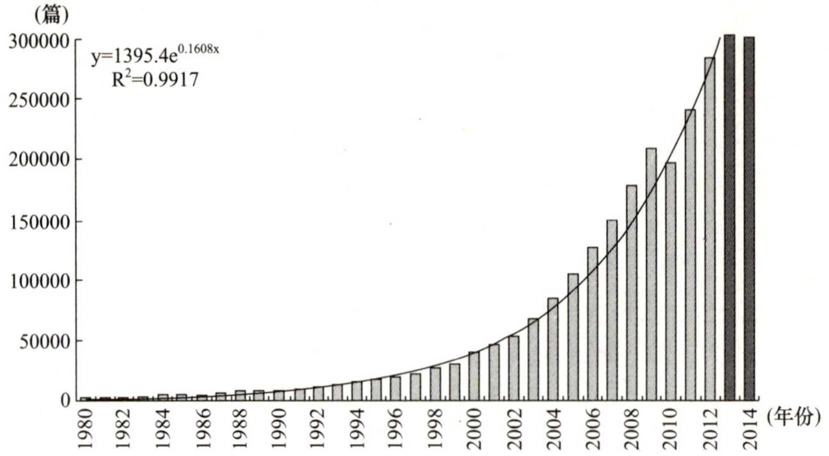

图1－2　我国发表的高质量国际科学论文增长

30年来，我国在科学文献数据方面的积累显著，目前已成为仅次于美国的全球第二大科技文献（SCI收录论文）产出国，拥有如此海量的科学数据，但能否对我国经济建设和人民福祉起到应有的作用，不再陷入创新上的困境，则主要取决于科学数据挖掘出来的科学创新路径和模式。本书尝试通过科学知识的共现网络研究科学创新路径，既有助于在全社会形成创新的浓厚氛围，又可以通过对现有学科知识的整理与挖掘，产生可能的新的重大发现和理论创新。

一、科学大数据增长态势迅猛

据《科学技术信息手册》估计，全世界每年发表的科学技术文献高达400万篇以上，而且每年以5%～7%的速度递增，最近20年的科学技术成果，在数量上已经超过了此前人类生产的所有科技成果总和。预计到2020年，数字宇宙规模将达到40ZB，全球人均拥有量5247G。但目前随着个人与机器产生的数据量迅猛增大，与人类自身相关的数据规模也在急剧增大，仅2010年全球消费者新存储数据量就为6000拍（1拍＝2^{50}字节），而这个数据已经到达著名搜索引擎公司谷歌（Google Ltd）年处理数据的上限。

近些年来，大数据与知识管理学的兴起是以知识经济为背景的，在新经济体系下的知识社会中，知识与数据是与其他实体资源同等重要的人类资源，同时新知识经济社会的独特之处在于知识是资源本身而非资源之一。因此，在科学大数据时代，针对海量科学知识开发的研究方法成为传统知识管理学与时俱进的任务之一。

虽然当代科学知识总量仍在不断扩大，知识无序程度也在迅猛上升，但这些知识当中仍然存在可以掌握的特征与规律，当然这个规律可能不再是传统科学研究中的因果论和决定论。随着科学数据量的增大，两个变量之间的关系在数据海洋中很难得到确定，科学大数据中上述规律虽然也存在但挖掘难度很大，而且最关键的是因果关系在这种情况下已不再重要。因此，本书将视角转向共现相关这个基本的特征，如图1－3所示，科学大数据中存在着数据元之间确定起来较为容易的大量共现关系，且这些关系是进一步发现与挖掘知识创新规律的可依赖的根本关系之一。

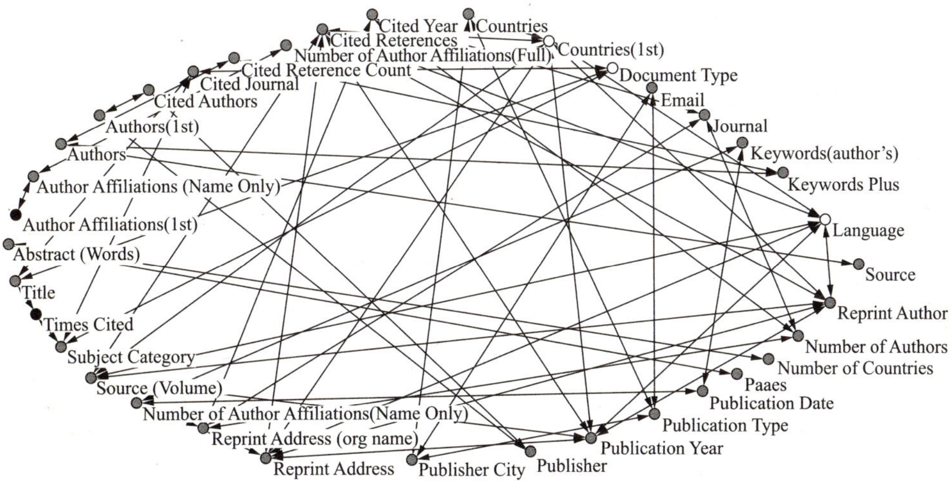

图1－3　科学数据集中产生的多种共现特征

从生命周期理论的角度来看科学知识网络，科学知识从产生到失去效用是沿着一个符合客观规律的路径在前进的，如果了解和掌握了这个创新路径，按照知识使用过程中的周期性特征，就可以依据客观规律提前做好知识发现与价值挖掘工作。知识管理作为一种有用的管理学思想，是知识经济时代的必然产物[①②]。知识经济催生了知识管理，而唯有有效管理和利用好知识来迎接知识经济时代，才能应对知识经济所带来的各种机会，诸如科学大数据的挑战并抓住机遇获得大的发展空间[③]。互联网和知识管理技术的迅猛发展和有效结合催生了知识网络的概念。

1955年E. Garfield创立了《引文索引之用于科学》后，D. 普赖斯在1961年发表了《巴比伦以来的科学》、1963年发表了《小科学、大科学》，在1965年还发表了《科学引文的网络》，这使得科学知识逐步走向有序利用，并逐步建立起一种知识网络来处理科学发展中积累下来的数据，使得目前知识网络成为互联网时代中知识管理研究的一种新理论范式，目前知识网络作为知识管理的一个重要分支，其研究领域涉及认识论、信息论、系统论、统计学、控制论、信息技术和情报学、管理学等多门学科的知识，业已成为一个交叉科学研究领域，为互联网时代下的知识管理学建立起了新的理论架构和方法论体系。D. Skyme认为，知识管理是对知识及其创造、收集、组织、传播、利用与宣传等过程的管理[④]，这种思想是目前知识管理的一种基本研究思路。

要充分发挥知识在现代社会尤其是科学大数据时代经济增长和社会发展中的作用，加速使用知识存量和知识流量的流通速度是较有效的促进科学创新的办法。当大量的认知从人脑中外化出来，独立成一定形态——从最初的平面纸质载体、磁性介质到后来的电子化、网络化存储，人类知识的存储空间也逐渐从传统的图书馆转变成电子数据库，彻底跨越了空间和时间上的限制而获得新生。这种情况下不仅每年会产生海量数字化科学数据，人类以往的科学数据同时也可以用来作为基础数据进行研究比较，因此我们时代的科学创新难度大于以往，需要开发与以往不同的方法论来应对日益增长的数据压力与挑战。

传统的科学知识研究，即科学学大多是基于统计与计量的层次，知识

---

① Su H. N., P. C. Lee, "Framing the Structure of Global Open Innovation Research", *Journal of Informetrics*, 2012, 6 (2): 202-216.

② 林莉，刘元芳．知识管理：21世纪高等学校管理改革的新范式．科技与管理，2003 (2)：128-131.

③ 佟贺丰，申莉．对企业知识管理内涵的再认识．现代情报，2004 (4)：158-160.

④ D. Skyme. Knowledge Networking: Creating Wealth through People and Technology, The Intelligent Enterprise, 1992.

之间的深层次关联关系未得到挖掘和整理，有价值的知识内在规律未得到充分认识。同时在数据规模不大的时候，常规计量与统计就可以分析出来有意义的结论，而在科学大数据时代，关联数据比单一维度的旨在寻求变量之间关系的研究，要更为重要且深刻得多。目前，人们已经通过各种新的技术手段将科学知识连接成一个有机整体，知识本身形成的网络正处于日变日新、长期演化当中，高度复杂和广泛互联是这种知识网络最显著的两个特点，但抽丝剥茧般从中得到共现这个最为根本的特征，从而构建更深刻的知识创新规律，则是接下来本书要重点解决的问题之一。

二、科学知识网络的研究背景

当今时代科学技术发展迅猛，科学文献的数量已经远非汗牛充栋所能形容，爆炸式的知识增长带来的海量知识汇聚已经影响人类知识的再创造活动，对这些科学知识的有序组织和价值开发已迫在眉睫，这种需求不仅是研究知识本身的情报学家所关心的问题，更是大量自然科学家和工程技术人员、社会科学专家和人文科学学者继续进行知识创新所关注的基本问题。因此，知识管理研究应当提供科学知识创新活动规律的理论研究成果，来满足众多一线科学家和普通学者的共同需求。

当代信息的网络化使得科学知识的依托载体发生了很大变化，这种数字化信息资源给信息管理带来了极大的挑战与机遇。一方面，我们需要发展新的理论与方法来解决层出不穷的知识管理问题；另一方面，互联网为知识流动提供了极大的平台与机会，这种改变使得研究知识网络得到了提前实现和加速发展，网络化的时代背景大大扩展了传统信息管理学的研究范畴，并给传统信息管理学带来了一系列现实需求与新的研究问题。在这样的时代背景下，本书主要使用知识组织的方法来进行知识网络体系的建构研究。

因此，科学大数据的出现不仅意味着成果数量上的扩大，而且随着从量变到质变的转换，隐藏在科学大数据背后的科学范式的改变将对科学产生决定性的影响。图灵奖得主詹姆士·格雷（James Gray）提出的数据密集型科研第四范式，将大数据科学研究模式从第三范式中分离出来单独作为一种科研范式[①]，是因为其研究方式不同于基于数据模型的传统研究方式。如果使用大规模机群以云计算方式处理科学大数据，只要有相关关系存在的数据集，经过统计、计量分析及相关算法就可以发现过去的科学方法发现不了的新知识、新模式甚至新规律[②]。

1. 大数据时代的价值

到2020年，数字宇宙规模巨大但目前的利用率却不到0.1%。目前，我国占全球数字宇宙的比例为13%（约4000亿GB），人均295G，预计到2020年所占比例将上升到21%[③]。因此，人类数据总体规模极其巨大。目前随着个人与机器产生的数据量迅猛增大，与人类自身相关的数据规模也在急剧增大。这些数据中包括了科学大数据，且科学大数据的总体规模处于不断增长中，它是所有大数据中更优质的数据集合，最早对科学数据进行挖掘研究的是宇宙物理学等学科。

尽管如此，从大数据的定义上来看，目前这样的数据集还不能称为“大”。在单机能够处理的数据集层面，软件根据硬件的限制设计到能处理百万（10^6）量级的科学数据就已经能称之“大”，然而人类目前产生的总数据量之大已经无法用准确方法来统计了，只能靠估计。大数据本意是指数据数量的大小已经超出传统意义上处理尺度的上限，一般工具与软件已经难以管理和分析，因此这给信息与知识的管理提出了很大挑战，开发能够处理和分析大数据的理论和方法，才是以不变应万变的最根本的途径。但作为数据优质和高端的部分，科学大数据的研发比商业大数据的研发难度更大。

在典型的大数据环境下，大数据中科学创新方面的价值还远远没有得到有效开发。一方面是科学知识总量巨大，另一方面则是人们对知识和信息的开发和利用严重不足，特别是大量垃圾信息的涌现妨碍了人们对有效信息的接收与利用。随着大数据时代的到来，科学数据的积累正以级数方式递增，同时这些科学知识背后的规律却被表面的无序增长掩盖了，数据单元之间的关联关系亟须得到梳理与挖掘。同时，目前的网络信息技术使知识管理的研究对象、研究内容和基础理论在信息时代均得到了较大改变，

---

① 周晓英．数据密集型科学研究范式的兴起与情报学的应对．情报资料工作，2012（2）：5－11.

② 李国杰，程学旗．大数据研究：未来科技及经济社会发展的重大战略领域——大数据的研究现状与科学思考．中国科学院院刊，2012（6）：647－657.

③ 马费成．数字时代不能没有“中国记忆”．信息资源管理学报，2014（4）：2.

这种改变也正在改变着知识管理的研究范式和应用模式，从海量、复杂、实时的科学大数据中发现知识成为知识管理的重要任务之一。

大数据时代海量科学文献数据的整合与价值挖掘，均要求从知识深层次的内在关联关系上来着眼研究知识的生产、传播与利用，否则一方面会陷入海量数据无法自拔，另一方面亟须的信息和深层次联系却难以得到。虽然在学习和消化现有知识方面我们已经投入了大量的精力，但真正需要的却是对这些知识的深入挖掘与利用。在当前时代中知识更新的速度越来越快，知识总量翻番周期已经小于10年。例如，一位工科大学生从入学到毕业期间所学的一半知识就面临着过时，因此对知识进行有效管理和开发才是知识经济社会中最需要解决的难题。

大数据在新时代里带来的信息风暴已经促使我国从政府到民间都行动起来了，2015年“两会”上就有全国人大代表提出将大数据研究上升到国家战略层面。由于大数据需要使用新的处理模式才能对海量数据进行深入挖掘的数字信息资源，其最大的意义并不在于拥有庞大的数据，而是对这些含有丰富意义的数据进行专业化处理，具体而言，大数据时代要求我们转变观念，重点对数据之间的相关关系而不再是因果关系进行深入挖掘，不再去苛求传统的由因到果的推理顺序，而是只要共现、具有相关关系即可进行着手分析，并重点关注数据关系所展现的未来趋势，因此未来对大数据主要的研究方向在于预测，而海量数据尤其是可结构化并由数据库存储数据的分析、挖掘与可视化技术将是信息化时代的重点发展方向。

数据之间的相关关系在大数据时代比因果关系更为重要，还体现在以往在数据处理上人们更多以寻求因果性为目标，或者是对所假设的因果性作详尽验证，以找到假设的原因为止；但在大数据时代，这些潜在原因正确与否是无法核实的，而虚假的原因面向未来决策的害处则更大，因此转变研究思路需要相关关系而不是因果关系，这才是未来大数据时代开展研究的正确思维方向，这也是本书为什么要基于共现关系来构建知识网络并探究创新规律的根本原因。

2. 网络科学里的机遇

网络科学是20世纪90年代发展起来的涵括复杂网络的研究，因此可通过复杂网络链路预测等多种具体研究技术来研究网络现象背后的规律。科学知识网络作为一种典型的复杂网络，是目前网络科学研究的重要内容之一。在方法论上，现有的各种复杂网络研究办法，已经为科学知识网络做好了铺垫，在这种时代背景下，科学知识网络的研究应该得到更大的发展并利用好这样的发展机遇①。

复杂网络的研究，尤其是诸如幂律、小世界和无标度（Scalefree，亦称无尺度）网络规律的研究，使得海量科研数据的研究作为其中一个样本，获得了前所未有的发展机遇。在复杂网络研究中，知识网络是其中的重要研究对象。复杂网络在知识管理中的科学家合作网络、竞争情报中的人际关系网络和信息检索、知识扩散等方面已经有一定的应用，而且未来在科研合作网络、信息传播、信息检索、信息资源配置、知识地图构建、知识管理等领域还将获得更多的应用②。

最为关键的是，这些领域均与科学创新密切相关，尤其是有学者认为历史上知识管理的三大基本定律均是科学文献在定量化方面的客观规律，同时也可以通过复杂网络原理推导出来，复杂网络中的一些参数指标如长程连接、最短路径、连通集团、聚集系数和节点控制等在科研合作网络和引文网络中具有较大的应用价值③。

复杂网络专家巴拉巴西（A. L. Barabási）认为，在传统的世界一和世界二甚至世界三中的许多事物在数量上的特征均遵循着幂律分布，一旦幂律特征出现，爆发点就会出现④。爆发现象就是长期以来科学文献生产者创造这种看似无规现象背后的有序模式。科学成果中无论是文献增长还是论文被引，以及遣词造句与合作现象，均由幂律分布及其爆发模式支配，而这方面的深入研究有助于揭开科学数据背后所蕴藏的阵发、突发的科学创新规律。

3. 深化知识管理理论

知识管理是管理学领域的新生事物，它是指利用现有的各种方法使得现有知识从杂乱无章到整齐有序，从而使得信息的负熵值得到增加，进而产生有效的利用价值。1988 年，管理学大师彼特·德鲁克最早提出了知识

---

① Ma F., X. Liu. Evolvement Model for Scientific Knowledge Networks, Systems Engineering - Theory & Practice, 2013, 33 (2): 437 - 443.

② 李晓辉，徐跃权．复杂网络理论的情报学应用研究．情报资料工作，2007 (3): 9 - 13.

③ 张丹红，李晓辉．复杂网络理论的情报学意义探讨——以科研合作网络和引文网络为例．情报资料工作，2007 (6): 12 - 14, 42.

④ 艾尔伯特·拉斯洛·巴拉巴西．爆发：大数据时代预见未来的新思维．马慧译，中国人民大学出版社，2012.

管理一词①，我国的乌家培教授认为知识管理是信息管理发展的新阶段，它要求把信息与信息、信息与活动、信息与人逐渐连接起来②，在人际交流的互动过程中，通过信息与知识的共享，运用群体的智慧进行创新，以赢得竞争优势。

知识管理真正显著的方面分为两个重要类别：知识的创造和知识的利用③，它是以信息为基础的活动，通过组织学习，创造隐性或显性的知识，可以看作是一个管理各种知识的连续过程④，以满足现在和未来出现的各种需要，确定和探索现有数据，获得知识资产和开发新的知识增值机会。知识管理是对知识及其创造、收集、组织、传播、利用与宣传等过程的管理，知识管理是一个系统地发现、选择、组织、过滤和表述信息的过程，目的是改善认识主体对特定问题的理解⑤。传统的知识管理理论曾将信息本身作为整合对象⑥，而本书是以知识元或科学知识元素作为研究对象来进行组合，以期获得知识管理学上的创新。在科学创新背景下将科学知识元组合出来的知识网络，利用复杂网络理论与方法进行研究是必要的。

知识网络从广义上说包罗万象但不具体，我们每个人每天可能都在接触知识网络，对于学生来说知识网络可能就是指他所掌握的全部知识组成的有机体，对于学者来说知识网络可能就是他所能调动的学术圈子中所有潜在关系的总体，但是这些领域内的知识是隐形的，无法展现出来并被继续复制、利用和传播。只有面对实在的书面和文献化了的知识，并且通过一定的数学方法将此知识之间的关系定量化表达，才能构建和发挥这些知识的作用，唯有如此才可以说，知识就是力量，而且是一种可以继续被学习和利用的力量。

定量研究在知识管理诞生之后就一直加快着学科的成熟，从理论上大大提高了知识管理的精确性与科学性。美国的 A. J. Lotka 所研究的科学家数

---

① 张隆高．德鲁克的管理思想．南开管理评论，1999（3）：74－80.

② 左美云，许珂，陈禹．企业知识管理的内容框架研究．中国人民大学学报，2003，5：69－76.

③ 邝劲松．面向知识经济的企业管理转型——企业知识管理模式研究．北京化工大学博士学位论文，2002.

④ 李长玲．企业知识系统的优化与重构．中国农业大学博士学位论文，2004.

⑤ 左美云．国内外企业知识管理研究综述．科学决策，2000（3）：31－37.

⑥ Li X.，H. C. Chen Z. Zhang，et al. Managing Knowledge in Light of Its Evolution Process：An Empirical Study on Citation Network－Based Patent Classification，*Journal of Management Information Systems*，2009，26（1）：129－153.

量与其科学文献数量之间的关系、英国化学家 S. C. Brandford 和哈佛大学语言学家 G. K. Zipf 的定律提升和奠定了知识管理的学科地位。当数学方法介入知识管理的研究后，知识管理也才真正地获得了承认，成为一门有着自身理论的成熟学科。如动物学家 F. J. Cole 在他的论文《比较解剖学的历史——对文献的统计分析》中针对欧洲各国 1543 ~ 1860 年发表的论文绘制了时间分布曲线，非常清楚地反映了比较解剖学的发展进程；英国的 E. W. Hulme 利用《国际科技文献目录》所载的 1901 ~ 1913 年的期刊逐年进行分类统计，他认为按照专业分类的文献时序分布可以反映相应学科的发展。

对于知识管理来说，整理好的数据就是一种信息，是一种传递中的知识，科技情报作为交流对象的有用知识，我国的知识管理界对情报概念的看法受苏联的米哈伊洛夫等影响较大。如我国情报学先驱严怡民先生在《情报学概论》中就曾指出，情报学的目标和基本任务是研究解决“情报爆炸”所带来的情报积累与利用之间的尖锐矛盾①，需要使用科学的方法组织信息，使之有序化并可以被科学研究人员所利用。因此，对以知识的创造、获取、加工、存储、传播和利用为目的的知识管理理论②，知识网络的研究无疑会大大深化该理论的研究层次。

知识管理的最终目的是为社会产生价值，获得如传统自然科学对整个社会那样实实在在的贡献。简而言之，科学研究是一个将资金转换成知识的过程，而科学创新则是将知识转换成效益的反过程，知识发现就是开发这些知识的真正价值从而获得经济价值的中间创新环节。如果资金可以直接转化成效益，那就不需要为了知识进行数据挖掘、研发或创新了——直接去华尔街就可以实现这个目的，但科研人员的作用则是借助于科学知识创新改变整个社会的利益与价值分配。

三、科学知识网络的研究意义

世界各国在以知识经济为基础的时代中为科学研究和技术开发投入了大量的人力、财力和物力，科学技术文献是人类耗费了巨大资源和努力才积淀下来的关于自然与人文、社会科学的知识财富，这些科学大数据中的

---

① 严怡民．情报学概论．武汉大学出版社，1995.

② 文燕平．21 世纪情报学的发展趋势及其哲学思考．情报科学，2003（5）：458 –460，498.

创新规律需要得到发现与认识。现代社会中经济的进步已不是依靠传统的经验、技能，而是依靠现代科学技术促进社会发展和提高国家实力，因此利用科学技术成果的速度、规模、范围和效果，直接与国家甚至民族的竞争力密切相关。

20世纪初，科学技术在经济增长中的贡献率占5%～10%，目前已达到50%以上，有的发达国家甚至达到80%以上，而我国则为30%～35%。毋庸置疑，科学技术成果数据作为未来经济增长的基础资产，亟须对其中有价值的部分进行组织和整理，盘活数据资产，使其为国家治理、机构决策和个人科研服务，以实现最终对整个国家经济的拉动作用①。

近年来，我国的科研经费投入在持续增加，2013年的科研支出达到2580亿美元，总量已经居世界第二，与此同时，科学数据产出方面我国也接近全球第一，因此对海量科学数据积极进行价值开发与知识挖掘成为我们目前亟须解决的问题之一。1996年，世界经济合作与发展组织（Organization for Economic Co－operation and Development，OECD）发布的研究报告曾经指出，不同的国家或者机构每年投入的研究开发（Research & Development，R&D）经费可以累积，但这些研发经费换来的知识储量每年却在通过折旧而递减，抵消这种递减的一个重要办法就是加快科学创新的速度，因此知识与数据挖掘下的科技创新极为必要。

在学术界，科学大数据分析成为时代发展的要求，《Nature》(自然)杂志早在2008年就推出了大数据专刊，《Science》（科学）杂志也在2011年推出专刊来关注这一新兴的研究领域。我国刊发的大数据方面的论文在2012年才始见于CNKI数据库。大数据的开发与研究已经开始对整个信息社会起到了变革作用，科学数据的来源已不再局限于数据库中结构化的数据，互联网上的科学数据和科学机构中非结构化数据流给科学数据的研究带来了巨大的挑战与影响②，未来如何对大数据带来的信息无序和混乱来进行组织与处理成为摆在研究人员面前的新难题。从科技信息提供者的角度看，科学知识网络化为全社会提供的价值也大到无与伦比。如当前网络推荐系统在知识对象单一排序（如单词中的字母顺序）情况下就可以纠错用户的

---

① 顾东蕾. 论学科知识网络. 情报杂志，2008（9）：50－55.

② Pino－Diaz J.，E. Jimenez－Contreras，R. Ruiz－Banos，et al.，"Strategic Knowledge Maps of the Techno－Scientific Network（SK Maps）"，*Journal of the American Society for Information Science and Technology*，2012，63（4）：796－804.

输入，知识在被网络化之后使网络中单个知识的定位更加准确，如果基于这样的结果再进行知识推送和用户推荐，其准确程度将大大提高。

人类知识的积累总是从无序到有序进化的，从知识管理的角度看，科学知识从科学数据开始，依次被加工成附加了学者观点的论文；当论文积累到一定数量，就会出现综述性的论文，将一个领域的知识集成到一起供所有学者使用，知识就变得比较有序了；同时，这样的综述或者述评进一步积累，最后经过时间的沉淀，留下来的知识则会进一步被加工成书稿；书稿最后成为教科书这种高级有序的知识，至此固化下来的学术观点就会代代相传下去。因此，科学知识创新是创新型国家建设的重要渠道之一，有序新知识的开发可能性不是确定的，同时形成创新的路径也不是唯一的，但是这些知识创新的规律，作为世界三产物的不确定却是可以逐渐消除的，这些规律的发现有利于国家创新体系形成和创新型国家的建设。

温有奎教授认为，大量的科学文献中包含的知识元及相关信息间的链接将产生极大的知识增值，从而大大促进新知识的创造和人类对知识的利用进程①。作为信息和数据的科学知识数据库，有知识本身的属性，若基于此使得知识增值，可以开发利用数据信息资源，促进知识经济和知识服务，实现知识增值并将大大促进社会发展。2013 年麦肯锡咨询公司（McKinsey & Company）发布的《展望 2025：决定未来经济的 12 大颠覆技术》报告中②，排名前列的技术首先是移动互联网、知识工作自动化，其次才是物联网和云计算等，这些与信息相关技术的经济体，未来的贡献会大大超过制造业等传统实体行业所占的份额。

科学知识网络能够把分散无序的离散知识整合起来变成整齐有序的科学认知规律，以促进科学知识的协同创新；如通过知识网络中的合作网络，科学知识在个人、机构甚至国家之间得到迅速交流与传播，比传统交流和传播模式将更迅捷和有效。知识共现网络在科学创新、产生合作、形成新范式等方面有着重要作用，这种有着特殊拓扑结构的复杂网络由知识元因共现关系连接而成，因此知识网络是一种知识元联系和作用最紧密的知识聚集体，它对于加快知识经济发展，促进科研机构管理科学化和规范化方

---

① 温有奎，焦玉英．知识元语义链接模型研究．图书情报工作，2010（12）：27－31.

② MC Kinsey Global Institute. *Disruptive technologies*: *Advances that will transform life*, *business*, *and the global economy*. May 2013.

面有着重要的积极作用，其方法论需要大力发展。

大数据标志着人类在寻求量化和认识世界的道路上前进了一大步。同样在知识管理领域，知识的计量更多的是一个知识单元在一维层面的统计，虽然也能得到很多有用的结论与规律，但是对知识本身数据的挖掘尚不充分。要实现知识内涵和价值从低级到高级，从简单到复杂，最终向高级有序前进，就需要对知识网络进行深入研究，这是有其必然和现实需求的。知识网络各个方面的研究已经历时多年，当知识增加到一定规模数量的时候，也正是这些知识从量变达到质变的发展时期，通过一个更有序化的加工最终能形成更加有序的知识，本书所做的工作在一定意义上正是这样一个思想指导下的努力。

当代的计算机技术出现之后，知识或者说信息管理在个人层面应用的最早标志是字处理软件，如 Word/Office 的诞生；在组织层面的应用是企事业机构 ERP 系统的大量运用；在城市层面的应用就是当下应用比较热门的智慧城市 APP 的研发；未来还有可能通过高度互联产生在国家群体层面的应用，那么全球信息的智能化程度将再次得到提高。科学数据是信息经济社会进行科学创新的源泉，正如燃料对工业社会的作用一样，科学知识网络将为信息经济社会提供源源不断的能量，从知识网络中得到的有用信息将促进科学与经济上的更大创新，从而给全社会带来巨大的经济效益将不容小觑。通过基于科学知识的共现网络，研究科学创新路径，可以在全社会形成创新的浓厚氛围。目前我国在政治体制和经济体制上均在努力进行创新和改革，因此科技文化领域的创新就成为我们所在时代赋予的历史任务之一。中国科学院路甬祥院士曾指出，对现有学科知识的科学整理与挖掘，也可能有新的重大发现与理论创新①。这说明基于知识网络通向科学创新的路径是畅通的②，关键在于如何发现和找到它。

---

① 路甬祥．规律与启示——从诺贝尔自然科学奖与 20 世纪重大科学成就看科技原始创新的规律．西安交通大学学报（社会科学版），2000（4）：3－11.

② Xiao Y.，L. Y. Y. Lu，J. S. Liu，et al.，"Knowledge Diffusion Path Analysis of Data Quality Literature：A Main Path Analysis"，*Journal of Informetrics*. 2014，8（3）：594－605.

第二节 科学知识网络的国内外研究现状

大数据科学家 John Rauser 提到的关于大数据的一个简单定义是：大数据是任何超过了一台计算机处理能力的庞大数据量①，另外大数据研究已被定义为科学探索的第四范式②，在这种研究范式中，科学大数据为其中心，但目前方法论缺位是其最大的障碍③。由于大数据发展的核心动力源于人们测量、记录和分析世界的渴望，满足这些渴望需要数据、技术和思维三大要素相统一。在计算技术、通信技术日益成熟的今天，在便捷而廉价的数字化存储技术普及的当下，数据已无处不在，技术正以标准化、商品化的方式提供，事实上思维和方法论才是决定大数据成败的关键，但科学大数据背景下这一研究成果尚不多见。

另外，对于创新的研究以前主要集中在经济学领域，知识经济概念出现之后，人们分外关注知识本身的创新，尤其是我国一些战略科学家如钱学森、路甬祥院士等，总在试图总结和得到知识创新的一些模式和路径来促进我国科学进步，但是将科学创新与知识网络联系起来的研究目前尚不多见。尤其是在当前的科学大数据背景下知识网络与科学创新关系其实比以往更密切，本书认为科学知识网络能够提供科学创新方法，但科学知识网络研究目前还缺少统一的理论体系和针对科学大数据利用的研究方法。以下对科学大数据、科学创新与知识网络的研究现状做一梳理和评述。

一、国外科学知识网络的研究现状

国外对大数据的研究是自然发展形成的，由于多年来美国和欧盟多个国家与公民有关的数据已经在互联网上公开，随着数据洪流的增大，民间和政府逐渐开始对数据进行分析和管理。2012 年，美国政府宣布投资 2 亿

① 韩昌选，乐璐．大数据时代下信息数据安全的探讨．电子技术与软件工程，2013（24）：227－228.

② 陈明．数据密集型科研第四范式．计算机教育，2013（9）：103－106.

③ 张建设．大数据悖论．中国计算机报，2013－05－13.

美元启动“大数据研究和发展计划”①，这是继1993年美国宣布“信息高速公路”计划后的又一次重大科技发展部署②。以美国科学与技术政策办公室（Office of Science and Technology Policy，OSTP）为首，国土安全部、美国国家科学基金会、国防部、美国国家安全局、能源部等已经开始了各种与民间企业或大学开展多项大数据相关的研究开发。如美国国防部已经在积极部署大数据行动，利用海量数据挖掘高价值信息，提高快速响应能力，实现决策自动化③。

2013年，法国政府在《数字化路线图》④中表示，将大力支持“大数据”在内的战略性高新技术，并投入3亿欧元资金用于推动大数据领域的发展⑤。法国政府投资这些项目的目的在于“通过发展创新性解决方案，并将其用于实践，来促进法国在大数据领域的发展”⑥。众所周知，法国在数学和统计学领域具有独一无二的优势⑦，因此在欧盟国家以法国为首，英国、德国等均开展起多项大数据研究计划⑧。

日本总务省新发布“活跃ICT日本”新综合战略，日本的信息与通信技术（Information and Communication Technology，ICT）战略方向备受关注，其中最令人关注的是其大数据政策（从各种各样类型的数据中，快速获得有价值信息的能力）⑨，日本正在针对大数据推广的现状、发展动向、面临问题等进行探讨⑩，以期在解决社会公共问题方面作出贡献，同时亚洲的韩国、新加坡等国也行动起来⑪，在大数据环境下，数据的利用与开发已经引

---

① 汤珊红，许儒红，侯勤．大数据：信息时代大国技术竞争新领域——美国大数据研发．国防，2013（2）：73－76.

② 王喜文．日本强化ICT领域国际竞争力．中国电子报，2012－06－15.

③ 程莲娟．美国推进大数据的应用实践及其有益借鉴——基于图书馆视角的分析．情报资料工作，2013（5）：110－112.

④ 胡坤，刘镝，刘明辉．大数据的安全理解及应对策略研究．电信科学，2014（2）：112－117＋122.

⑤ 周衍冰．大数据产业在法国的发展及应用．服务外包，2014（6）：44－45.

⑥ 楼巍．面向大数据的高维数据挖掘技术研究，上海大学博士学位论文，2013.

⑦ 周济．“棱镜门”事件后的大数据安全思考．中国信息安全，2013（9）：78－82.

⑧ 张勇进，王璟璇．主要发达国家大数据政策比较研究．中国行政管理，2014（12）：113－117.

⑨ 李彬．大数据背景下日本信息产业发展成效与问题．东北亚学刊，2015（1）：25－32.

⑩ 程学旗，王元卓．大数据计算的技术体系与引擎系统．高科技与产业化，2013（5）：62－65.

⑪ 胡芒谷．看各国如何布局大数据战略．信息化建设，2013（12）：54.

起各主要发达国家的抢先布局①。

在现实环境等产生数据的互联应用方面，美国奥巴马政府和英国卡梅伦政府居于世界的领先地位，如在 Data. gov 和 Data. gov. uk 等这样的由政府收集的数据在线平台上，目前均已经实现了开放获取，这在人类政府治理历史上是一个巨大的进步。普通用户甚至也可以使用其数据进行多维共现组合，如跨时间和空间对比各种数据来获得社会群体行为特征②。

对科学创新的研究，德国学者卡尔特霍夫认为，创新的本质并非总是确定的，创新的目的应当是增加我们对整个世界和宇宙的了解。美国科学家艾米顿（Amidon）也认为需要将知识创新作为一种跨国界、跨语言的，普遍、通用的语言来研究③，这就要求我们对创新进行新的综合、总结出不同领域内创新的共同特征，运用更具概括性的范畴，探索更具普遍性的规律，以把这些规律再反馈到实际应用中去。他指出，知识创新是指为了组织的成功、国民经济的活力与社会进步而创造、演化、交换和应用新思想，使其转变成市场化的产品与服务④。Bhatt 则认为知识创新过程包括知识的传送、应用、创造、审核和修正过程，以及它们之间的互动关系⑤。

美国科学院出版社 2014 年出版的《科技与创新政策学：项目主持人纪要》（Science of Science and Innovation Policy：Principal Investigators’ Conference Summary）表明，美国自 2006 年起就设立了“科技与创新政策学”（Sci - SIP）研究计划，由国家统计委员会召集会议讨论定量的科学创新问题。从数据抽取与处理、地理空间集群、战略性产业政策设计等方面来研究科技创新，这说明在科学创新上国外有专门的机构和经费支持这方面的研究。

然而，目前对一切学科创新共性问题的研究尚未取得共识。最早从情报学角度做出这样尝试的是时任苏联全苏科技情报研究所所长的米哈伊洛夫（A. N. Mikhailov）的著作《科学交流与情报学》以及纳利莫夫

---

① Turpin，T.，S. GarrettJones，N. Rankin，“Bricoleurs and Boundary Riders：Managing Basic Research and Innovation Knowledge Networks”，R & D Management，1996，26（3）：267 - 282.

② 俞立平. 大数据与大数据经济学. 中国软科学，2013（7）：177 - 183.

③ 杨常青. 知识创新的哲学分析. 大连理工大学硕士学位论文，2006.

④ Amidon D.，“Innovation Srategy for the Knowledge Economy：The Ken Awakening”，Butterworth - Heinemann，1997.

⑤ Bhatt G. D.，“Organizing Knowledge in the Knowledge Development Cycle”，*Journal of Knowledge Management*，2000，4（1）：15 - 26.

（V. V. Nalimov）和穆利钦科（Z. M. Mulchenko）的《科学计量学：将科学作为情报过程来研究科学的发展》，这些名著从科学交流的角度研究了知识管理的一系列基本问题，试图将情报科学发展成严密的显性学科分支。

由于科学大数据是近几年才产生的热点概念，长久以来在科学创新方面虽然研究成果较多，但是着眼于科学知识本身及知识网络的研究较少。1985 年 E. Kanem 首先提出知识网络这一概念，随后知识网络在 20 世纪 90 年代中期由瑞典工业界的 M. J. Beckmann 发扬光大①，他认为知识网络是进行科学知识生产和传播机构的活动，同时将这个概念限制在纯学术范围内研究②。1999 年美国科学基金会（National Science Foudation，NSF）在关于知识网络的一个课题中明确阐述了知识网络是一个社会网络，该网络可以提供知识与信息的利用③。

在知识管理学界，知识网络最早源于普赖斯（D. Price）的研究④，他发表了著名论文《科学论文的网络》⑤，详细而又创造性地研究了科学论文之间的引证和被引证关系，由此形成了“引证网络”。根据网络分析的原理，他进而提出了能指明科学研究前沿的定量模型⑥。普赖斯最后强调指出，一流的科学家都应密切注视他的同事和同代人的工作，因为科学研究前沿依赖近期的研究成果⑦；在网络图上，必然有密集分布的小条或小块，这些小条或小块研究清楚，我们就可以绘制出当代科学的“地形图”（Topography）⑧。

在知识本质的探索上，布鲁克斯（B. C. Brookes）从知识的加工、组织、传递、利用和人类的情报过程出发研究了知识管理的一系列基本问题，

---

① 文庭孝，汪全莉，王丙炎，周永红．知识网络及其测度研究．图书馆，2009（1）：1－6.

② 全利平．基于知识网络的科研团队知识及任务管理研究．复旦大学博士学位论文，2012.

③ 刘向，马费成，陈潇俊，陈柏彤，贾茜．知识网络的结构与演化——概念与理论进展．情报科学，2011（6）：801－809.

④ 赵红州，蒋国华．普赖斯与科学计量学．科学学与科学技术管理，1984（9）：9－10.

⑤ 姜春林．普赖斯与科学计量学．科学学与科学技术管理，2001，22（9）：20－22.

⑥ 胡志刚，侯海燕．普赖斯的学术贡献和影响——基于对《小科学，大科学》一书的科学计量学分析．中国科学学与科技政策研究会．第九届中国科技政策与管理学术年会论文集．中国科学学与科技政策研究会，2013.

⑦ 赵双．普赖斯对科学计量学的贡献及其当代意义．中国自然辩证法研究会．第三届全国科技哲学暨交叉学科研究生论坛文集．中国自然辩证法研究会，2010.

⑧ 刘则渊，陈悦，朱晓宇．普赖斯对科学学理论的贡献——纪念科学计量学之父普赖斯逝世 30 周年．科学学研究，2013（12）：1761－1772.

尤其是发现了知识对数透视原理。在文献资源数字化之后，随着互联网的发展，可以采取网状结构来表示文献之间关联关系的科技数据库成为一种理想的文献资源载体①，它不仅帮助我们汇聚了海量科学文献，还帮我们归纳好了知识的内在层次②，更能为我们进一步进行科学创新建立起系统化、数字化的知识体系，在现有数字化电子文献数据库基础上继续经过知识挖掘可以发现更多知识创新方面的规律。

贝克曼（Beckmann）将知识网络抽象成进行科学知识生产和传播的机构及其活动③。从这个角度看，知识网络本身会形成一个类似于物理学中的“场”，可称之为知识场④，在这个场中每个知识节点的势能各不相同，但通过知识流动就可以完成能量的升高与汇聚，知识的继承与创新。NSF 最早对知识网络的定义是，知识网络是一个社会网络，该网络提供知识、信息的利用等。从这个角度来说，知识在其形成的网络上传播、扩散与交流，基于该社会网络，科学知识创新就会大大加快，科学发展也会得到有效的促进⑤。

另外，在应用研究方面，美国科学基金会（National Science Foundation，NSF）早在 20 世纪 70 年代就出版了关于科学基金地理分布的报告，并论述了科技分布对地区经济的影响，由此，科学研究地理学、高技术地理学作为经济地理学分支在 20 世纪 80 年代得到指导性发展。在知识网络的宏观研究方面目前也有一些尝试，Price 奖获得者 M. Zitt 就曾绘制了 32 个学科 141 种专业 2000 种期刊的层级结构网络图⑥；Leo Leydesdorff 等绘制了 5748 种 SCI 期刊及 1682 种 SSCI 期刊的科学网络图；W. Boyack 等绘制了 7121 种期刊的科学网络图，这些知识图谱均宏观地展示了整个学科的知识网络。

---

① Parent I.，N. Cruickshank. The Growth of the Internet and Knowledge Networks，and Their Impact in the Developing World，Information Development，2009，25（2）：91－98.

② Patrick T. B.，J. E. Andrews，J. Ries，et al.，“Managing Knowledge Networks”，Journal of the American Medical Informatics Association. 1999，p. 1135.

③ 文庭孝，汪全莉，王丙炎，周永红. 知识网络及其测度研究. 图书馆，2009（1）：1－6.

④ 刘剑，许洪波，贾岩涛，程学旗. 面向智能搜索的动态知识网络建模. 电信科学，2014（10）：64－70.

⑤ Evans J. A.，“Electronic Publication and the Narrowing of Science and Scholarship”，Science，2008. 321（5887）：395－399.

⑥ Zitt，Michel，“Elise Bassecoulard and Yoshiko Okubo. Shadows of the Past in International Cooperation：Collaboration Profiles of the Top Five Producers of Science”，*Scientometrics* 2000，47（3）：627－657.

国外大多从科学计量的角度研究知识网络，对科学论文文献中的信息挖掘很早就开始了，如对专利文献的计量始于1994年，Narin对专利文献的知识挖掘使得他本人被尊称为专利计量的创始人[①]。在这些信息计量研究的基础上，对涉及科学引文、共被引分析、共词分析和科研合作现象的研究日益增多起来，然而这些网络的共性问题至今很少得到总结和发展。在国际上举办的一些主流会议上，知识网络的主要研究内容备受重视，很多学者将其研究主题锁定在具体网络及其应用上，这说明知识网络的应用前景巨大。如国际科学计量与信息计量学会（International Society of Scientometrics and Informetrics，ISSI）也有很多这方面的计量科学家屡次斩获大奖，具体到知识网络某一个共现网络分支的尚未见到，如果从共性特点出发进行系统研究，无论是在理论还是在实践方面均意义重大。

二、国内科学知识网络的研究现状

2012年，中国政府批复了“十二五国家政务信息化建设工程规划”，我国大数据的开放、共享和智能时代即将来临。国家发展和改革委员会与中国科学院率先行动；在大力推进基础研究大数据服务平台应用示范项目方面，广东走在前列，率先启动了大数据战略推动政府转型；北京正积极探索政府来公布政务大数据供社会开发应用；上海也启动大数据研发三年行动计划，在《2014年度上海市政府数据资源向社会开放工作计划》中，目前已确定190项数据内容作为重点开放领域，涵盖28个市级部门，涉及11个领域的数据开放。这说明虽然在数据开放与共享方面我国已经开了头[②]，但由于我国人口基数大，大数据及其研究远比欧、美等西方国家要复杂得多[③]。

中国已步入大数据时代，这种重视是在政府层面自上而下进行普及，引起了各级政府的高度重视[④]。邬贺铨院士曾表示“我国将产生全球最大量

① Narin F.，“Patent Bibliometrics”，*Scientometrics*，1994，30（1）：147－155.

② 薛玉琴．科技创新的鲜明思路——学习江泽民科技创新思想．党史博采（理论），2005（12）：17－18.

③ 何非，何克清．大数据及其科学问题与方法的探讨．武汉大学学报（理学版），2014（1）：1－12.

④ 大数据、物联网、智慧城市三者之间的关系．创新时代，2014（7）：75－78.

的数据，要重视大数据的开发利用和管理"①。我国人口众多尤其是科技从业人员的绝对数量比国外要多，在科技研发过程和成果产出方面将会产生海量的科学数据。2011 年以来，中国计算机学会、中国通信学会先后成立了大数据委员会，研究大数据中的科学与工程问题，尤其是针对我国特点的大数据分析方法的问题②。在未来科学大数据开发利用方面，我国有着巨大的优势③，这种优势需要尽快转化成科学创新的引擎和动力。

我国自古以来就极为重视创新，早在《礼记·大学》中就出现了"苟日新，日日新，又日新"的表述；康有为的《大同书》中也提到"创新理者为圣哲，创新术者为惠巧，创新益者为明智"的表述④，该论述从理论、技术和知识三个层面阐述了创新的评价。我国近代发生的"五四"新文化运动之后，无数青年前赴后继在中华大地掀起了文化创新和实践创新的高潮，这种科学与文化上的创新点燃了古老的中华民族革新与奋进的热情。因此，我创新，故我在⑤。江泽民同志曾经说过，科技创新能力，已越来越成为国际综合竞争力的决定性因素，越来越成为一个民族兴旺发达的决定性因素⑥。

国内对创新尤其是知识创新的研究，目前主要有何传启先生提出的知识创新是为了获得经济与社会利益，它出现在知识的生产、传播和应用的全过程中，是通过科学研究来获得新的社会科学、自然科学与技术科学知识的过程，知识创新包括科学知识创新与技术知识创新⑦。张凤等认为知识创新从启示开始，历经新思想、新设计、新实验和新观察，以获得初步知识，然后经过检验与接受之后成为新知识，形成新的知识体系，新的知识成功应用后成为改造世界的新工具⑧。

同时知识创新是指通过包括基础研究和应用研究在内的科学研究，获得新的基础科学和技术科学知识的过程，因此科学研究是知识创新的主要

---

① 张兰廷．大数据的社会价值与战略选择．中共中央党校博士学位论文，2014.

② 李潇然，高敏．小企业，"大数据．中国经济信息，2014（16）：62－63.

③ Xian H. J.，K. Madhavan，"Anatomy of Scholarly Collaboration in Engineering Education：A Big－Data Bibliometric Analysis"，*Journal of Engineering Education*，2014，103（3）：486－514.

④ 陈界亭．论创新规律，中共中央党校硕士学位论文，2010.

⑤ 陈坤，刘碧玛．中国科大：我创新，故我在．科技日报，2002－08－10.

⑥ 王立俊．论"三个代表"重要思想对唯物史观的发展，武汉大学硕士学位论文，2005.

⑦ 何传启，张凤．知识创新——竞争新焦点．北京：经济管理出版社，2001.

⑧ 张凤，何传启．知识创新的原理与路径．中国科学院院刊，2005，23（1）：130－133.

活动和手段。彭少麟教授认为，知识创新是指通过科学研究获得自然科学、技术科学和管理科学知识的过程，其目的是追求知识增长。知识创新是技术创新的基础，是新技术、新发明的源泉，是促进社会进步和经济增长的根本性因素。

中国科技信息研究所原总工程师武夷山先生提出让科技情报学可通过数据挖掘和知识发现来启发科研人员思路并提供或开辟有价值的新学科研发方向，情报学未来将因此获得所有学科的统领指挥地位的想法①。这种情报学之梦的实现可以通过基于共现的相关文献甚至非相关文献知识网络（Knowledge Networks，KNs）的研究来实现，尤其是可通过基于知识共现网络，在实现这一梦想的同时给知识管理本身也带来新的方法论体系，完善情报学中的信息挖掘与知识交流等理论基础，以期发现更多的知识创新规律用以指导一般学科的继续发展。

通过知识网络来研究科学创新是一个全新的研究思路，将使得知识共现网络的研究更加扩大化②。目前，知识网络在国内是知识管理学的一项研究热点，从20世纪90年代中叶至2015年底，我国收录在CNKI数据库中的与知识网络直接相关的科学文献高达1313595篇。另外，从国家自然科学基金委员会对知识网络研究项目的资助情况看，近年来知识网络研究成果数量增长很快。另外，2016年国家重点研发计划资助了科学大数据管理系统项目，标志着以科学大数据为对象的研究上升至较高地位，也为科学知识网络研究创造了更好的条件。

1989年，郭其旭先生最早提到知识网络这一概念③，同年王知津教授深化发展了知识网络的研究，提出知识结构的“网络说”；王铮等对知识体系形成的知识网络进行了动力学行为分析，研究了对组织知识网络投入过程的知识产出效率；武汉大学的赵蓉英教授对知识网络进行了深入探究，尤其是将知识节点看作是在认识上可以相对独立存在的各种单体形态④，即由认识上具有独立性的知识元素、知识单元构成；中国科学院的王露、王峥等还从知识网络模型的构建与优化开始，对管理学和情报学领域的知识网

① 武夷山，我的情报梦．情报学报，2014，卷首语．

② 吴杨．团队知识创新过程及其管理研究．哈尔滨工业大学博士学位论文，2009.

③ 郭其旭．漫谈知识网络——例举杜甫研究图书资料在《中图法》中的分布情况．福建图书馆学刊，1989（1）．

④ 赵蓉英．知识网络及其应用研究．武汉大学出版社，2006.

络开展了动力学行为分析；林栋等利用 WoS 数据库中 2000 ~ 2007 年收录的知识网络研究文献数据为研究对象，从文献的科学计量等多个角度揭示了知识网络研究的现状①。

2011 年，温有奎等将管理科学理论引入以知识为基础的计量学研究中，提出使用知识管理科学的概念替代知识管理基本方程中的信息管理科学概念，这种让知识序化的思想极为可贵②。他重建了知识方程组，可对知识扩散的贡献进行度量③。科技信息革命时代，在基于知识层面的研究上，国内有人对知识元、知识链、知识群和知识网络进行了研究，并沿着这样的构筑对专利评价指标进行了翔实的构建④。对知识网络的系统研究，本书认为主要应包括引文网络、共被引网络、共词网络与合作网络等主流知识网络⑤，当然在此基础上还可以有扩展性研究。

三、科学知识网络国内外研究评述

伴随着科学大数据时代的来临，世界各国对数据的重视提到了前所未有的高度。原本存放在服务器上平淡无奇的科学数据一夜之间身价倍增⑥。正如大数据之父维克托所预测，“虽然数据还没有被列入企业的资产负债表，但这只是一个时间问题”。按照世界经济论坛报告的看法，“大数据为新财富，价值堪比石油”。大数据是信息化时代的“石油”，开发大数据资源的能力将影响未来国家的核心竞争力⑦。中国人口居世界首位，也将成为产生数据量最多的国家，但我们对数据保存还不够重视，对存储数据的利用率也不高，这是值得警醒的⑧。

国外大数据行业约有 1000 亿美元的市场，而且每年都以 10% 的速度在增长，增速是软件行业的两倍。我国 2012 年大数据市场规模大约为 4.7 亿

① 海金梅．基于知识创新的高校图书馆知识服务研究．吉林大学博士学位论文，2009.

② Li Y. L., G. J. Zhang, Y. Q. Feng, et al., “An Entropy - based Social Network Community Detecting Method and its Application to Scientometrics”, *Scientometrics*. 2015. 102, No. 1, pp. 1003 - 1017.

③ 高继平．专利知识计量指标体系及其应用研究．大连理工大学博士学位论文，2013.

④ 李明．基于企业核心竞争力的知识创新探讨．企业经济，2007 (6): 43 - 45.

⑤ 吕鹏辉，张士靖等．学科知识网络研究．情报学报，2014, 33 (4): 340 - 374.

⑥ 胡志光，白田甜，李振宇．大数据背景下民事执行查控的创新．人民司法，2014 (23): 91 - 95.

⑦ 邬贺铨．大数据时代的机遇与挑战．求是，2013 (4): 47 - 49.

⑧ 陈红．知识创新导向的组织知识网络研究．天津大学博士学位论文，2005.

元，2013 年达到 11.2 亿元，产业发展潜力非常大。在大数据时代，与科研相关的数据开发、利用日益变得重要，这是因为科学研究走在时代变革的前列，是一切实体经济进步的先导。对科学现象进行客观、深刻、准确的分析产生了大量文献数据，对创新的追求需要数据，但更需要分析思维，在大数据时代，理论并非不重要，而是变得更加重要①。多年来国内外在科学创新上投入了大量的精力，也取得了很多理论成果，科学数据作为以往创新的直接成果，其中蕴藏着通向科学创新的更多路径，开发这些客观性规律，是一条可以启发创新的路子，但目前这方面的研究还不多。

国内外主要是沿着两条不同的认识路线在对知识网络进行研究：一条是走技术研究路线，主要分析各种共现现象的共性特点，从技术的角度探讨如何对知识共现网络进行定量测度和知识挖掘②；另外一条是走应用研究路线，主要从挖掘个性特质入手，对各种不同类型的共现网络研究展开分析，考察隐藏在文献背后的科学活动规律。这两者是相辅相成、互相促进的关系，技术研究为应用研究提供了研究手段，应用研究又为技术研究提出了新的需求③。

国外研究多集中于知识网络的实际构建意义，同时也对知识网络的经济、市场结构模型进行了大量分析和研究；国内对知识网络的研究也才刚刚起步，研究工作大多是基于特定领域特定产业来分析知识网络的发展模式与构建作用。因此，国内外目前对共现分析的研究主要处于各种具体共现现象的应用研究，以及对共现矩阵的处理技术方面，理论层面共性的研究还不多。

国内外文献从人、企业等知识创新主体之间的网络视角，或者人与知识之间的视角来研究知识网络的多，从知识与知识之间的网络视角来研究知识网络尤其是知识创新的少④，而后者更偏向于定量化的研究。其实从偏向于动态演化的视角看，就能挖掘出来更多有用的信息。但是，目前主要的不足是缺乏对知识共现现象的整体性认识，不利于全面完整地揭示共现现象；缺乏对共现现象特征的研究，不利于考察各种共现现象的关联；缺

---

① Goldston, D., "Innovation strategy", *Nature*, 2009, 461, No. 7264, pp. 585 - 585.

② 刘红丽，赵蕾，陈智高．知识网络研究综述．情报科学，2010（6）：945 - 949 + 955.

③ 刘江．谈知识网络构建．情报杂志，2005（11）：42 - 44.

④ 顾红，李华，许平．科技发展对教育创新提出的挑战．贵州大学学报（社会科学版），2005（3）：151 - 154.

乏高度综合的普适性理论研究，不利于实现对共现现象的数据挖掘。知识网络整体上还缺乏一个能够指导学科发展并统一现有知识网络内容的理论[①]，之前的诸多研究虽然有所尝试，但均没有上升到理论高度予以总结，尤其是与科学创新直接关联起来能扩大学科影响的研究尚未见到。

通过以上文献综述，可以发现科学创新和知识网络的研究目前均成为国内外的热点，尤其是知识网络在知识管理研究中占据着前沿和主流的地位，但科学知识网络对于科学创新的贡献不足，包括知识网络自身的研究也处于无序和自发的状态，定性和试探性的研究居多，知识网络整个领域的研究内容不明确，逻辑推导关系没有确立起来，缺少可以统领所有具体科学知识网络类型的理论研究。

第三节　科学知识网络基本原理与方法

据统计，人类现有的科技成果中，19 世纪是每 50 年增加 1 倍，20 世纪中叶是每 10 年增加 1 倍，当前则是每 3 ~5 年增加 1 倍。近 30 年来，人类取得的科技成果已经超过了以往 2000 年的总和。知识深入加工处理就是指对于知识的分类、分析、整理和挖掘，并最终形成有价值的知识体系。知识网络研究本身的目的是促进跨学科、跨语言和跨文化的交流，科学知识的增长法则以及获得科学创新活动规律。

科学创新路径是由很多具体的经验性和非经验性途径组成的、通过知识网络揭示出来的科学知识演化过程，知识网络结构和未来发展态势等均能为科学创新提供定量化的发展依据。推进我国由“制造大国”向“创造大国”转变，利用好科学知识遗存，才能真正地将此转变成知识资产，推动我国的经济文化发展。

创新是合目的性与合规律性的统一，它是在人类有目的、有意识的指导下完成的，但它也要遵循创新活动自身的运作规律和创新对象的内在规律，因此，我们看到国内外在对科学与知识创新活动，尤其是科学知识规律的研究方面，都是在一定历史条件需要下采取密切结合时代特点进行研

① 肖冬平．知识网络研究综述．重庆工商大学学报（自然科学版），2006（6）：617 -623.

究的。

科学知识创新是通过科学研究获得新的基础科学与技术科学知识的过程，科学学的任务是对人类有史以来的科学进行回顾、反思和总结，科学计量学是科学研究的定量分析，因此知识网络研究至少有三个需求——能够给科学大数据处理提供思路、建立学科的统一理论以及继续使得科学创新和发展。基于大数据集的未来趋势研究的核心就是数据相关关系的分析，也就是说，科学文献数据中的共现关系是未来科学创新发现的主要依据所在。

在知识管理中，以知识为中心从知识管理、知识计量到知识评价，再到走向知识发现、知识组织和知识服务，对于知识的研究在不断深化。探索科学知识网络的研究理论与方法，构建知识网络的理论基础和方法论，为知识的有序化发展和科学知识的增值与有效管理提供必要的依据，提高现代社会科学知识的利用和共享水平，并最终促进经济和社会的发展。

一、科学知识网络研究目标

本书拟面向科学创新的现实需求，在数学组合的统一框架内将现有的一些知识网络包括引文网络、合作网络、共被引网络、共词网络和语义网络，基于共现关系纳入到同一个理论体系内，另外在共现关系基础上继续推出一些新型知识网络，所有这些知识网络将能对科学知识本身的创新有所启示，并对科学创新产生一定的促进与贡献。

二、科学知识网络范围界定

恩格斯指出，每一个时代的理论思维，以及我们时代的理论思维都是一种历史的产物①，因此对于知识网络的研究是建立在信息科学大发展的基础上的，互联网时代给知识管理带来迅猛发展的机会②，因为只有当科学数据积累到一定数量规模的时候，知识网络的研究才能产生巨大的现实需求

① 恩格斯．反杜林论．人民出版社，1999.

② Chatti M. A.，“Knowledge Management：A Personal Knowledge Network Perspective”，*Journal of knowledge management*. 2012，16（5）：829－844.

并可能蓬勃发展起来。每一种理论也都是历史的产物，我们不可能超越历史，在时间这个维度上有着前后不能逆反的继承关系，换言之，对于知识网络的研究我们也是站在巨人的肩膀上，以一切前述的情报学、信息论和知识管理的技术手段和路线为基础来继续前进的。

知识网络的研究是知识管理在当今互联网大数据环境下的必然产物，也是在数据库技术基础上发展起来的新型网络。从狭义的知识网络到广义的知识网络的研究，如今均方兴未艾。作为本书的主要研究对象，知识网络一词目前具有多种含义①，大致有三种所指：

1. 数字信息网络

广义上指 Internet 网络，狭义上讲，是指依赖局域网或 Internet 网络这一传输方式进行信息传递、存储的有形网络，它通过多个终端互联成为成员之间相互交流的手段，包括图书信息网络等，其管理的主要对象是信息，注重内容管理，以 IT 网络为手段，注重对已有知识的深化利用。

2. 企业知识网络

指组织运作时，人们的知识和洞见的相互作用机制，其网络性有两个方面：一方面是知识本身因某种关联（如因果关系、逻辑关系）而相互影响形成的网络；另一方面是知识载体之间的网络关系，如以企业信息为主体聚集的广义的综合知识网络，该网络对于企业的正常运营事关重大②。

3. 知识网络图谱

又称概念关系图或认知地图（Knowledge Map），是由美国科学家基于奥苏伯尔的概念同化理论在 20 世纪 80 年代初期首次提出的。它是一种由节点和连线组成的知识之间关系的结构表征，是一种表征、检查、修正和进一步完善个体知识结构的认知工具③，如图 1－4 所示。

本书主要以第三种知识网络，即狭义的知识网络为研究对象，该网络基于科学文献，但能反馈于现实的物理世界。由于科学文献作为科学知识的有形载体，给我们提供了科学创新的直接依据。在共现网络、知识网络与科学创新等诸多方面，目前国内外的研究进展均有不少。这些研究分别从知识的属性特征方面对具体学科的知识进行了深入分析与研究。

---

① 陈红．知识创新导向的组织知识网络研究．天津大学博士学位论文，2005.

② 方志．基于知识网络的企业知识管理支持模型．合作经济与科技，2010（20）：41－42.

③ 肖冬平，顾新．知识网络中的社会资本及其作用．科技进步与对策，2009（11）：101－104.

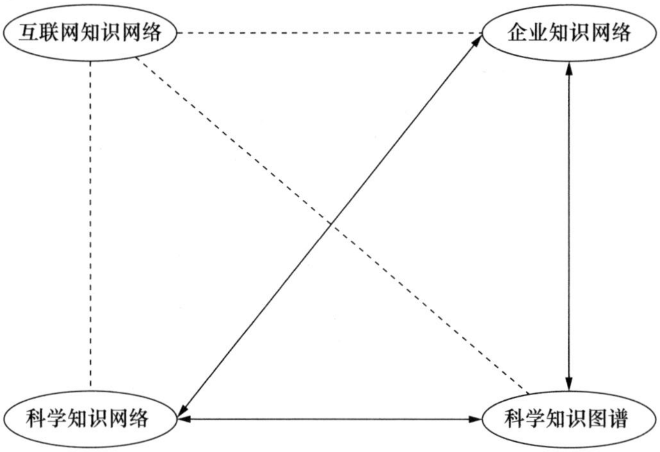

图 1－4　知识管理学中知识网络的类别框架

由于科学创新规律是一个受多个变量共同作用的复杂函数，要想构建出这样的多元函数，在数学上非常困难，因此基于多元函数常用的简化处理的思想，本书逐个考量基于属性的组合对于科学知识创新这个目标的影响，知识网络是由知识节点或知识元素及其节点链接（知识关联）构成的一种网状结构①，这种网状结构的表现形式多种多样，有树形结构、星状结构、辐射结构、环形结构、综合或混合结构、单向关系网络、多向交叉复合关系网络等。

本书将从科学知识网络的角度考察科学创新路径，具体而言从使用知识元组合获得的几种具体知识网络来研究科学知识创新的可能与可行性路径。基于知识共现网络的方法不仅可用于论文文献、专利文献，更可用于网络科技文献，因为在这些文献中共现关系都是客观存在的。尤其是在专利文献中，人们经常通过文献计量学、信息计量学和科学计量学等办法反复挖掘里面有价值的潜在信息，以获得与科技直接相关的科学创新路径。目前科技数据迅猛积累，有价值的数据只有从大数据集中被抽取出来变成潜在信息，信息继续被挖掘处理之后用于解决具体问题，信息才变为有用知识，知识进一步汇聚成知识网络，就具备了强大的现实功用。

① 刘剑，许洪波，贾岩涛，程学旗．面向智能搜索的动态知识网络建模．电信科学，2014（10）：64－70.

三、科学知识网络研究方法

因为本书将研究对象界定于科学数据，尤其是科技数据库内的科学数据，因此基于数据库的知识发现（Knowledge Discovery in Database）是本书最主要的研究手段。由于学术成果并不只包括学术论文一种表现形式，还有新闻、专题、副刊、海报、论坛、会议、奖项等多种形式。在现有的知识网络研究中，多是采用统计的方法和动力学方法，一般而言统计分析主要可针对一维的数据信息进行挖掘，而动力学模型主要是在理论层面对知识网络的演化规律做一定总结，二维及其以上的知识属性组合的系统研究目前研究的还不多，需要系统得到总结与推进。

知识只有得到深入挖掘和获得创新规律，才能为社会贡献力量和创造价值。如苏联海军专利局的科学家根里奇·阿奇舒勒（G. S. Altshuler）自1946年开始，基于对全球250多万份专利文献的统计与总结，构建出TRIZ理论（теории решения изобретательских задач，用英语标音可读为Teoriya Resheniya Izobreatatelskikh Zadatch，TRIZ，含义为The Theory of Solution of Inventive Problems，即发明问题解决理论）[①]，总结出人类进行发明创造和解决科技问题所遵循的法则与路径，尤其是把组成科学冲突双方的内部性能，用39个工程参数中的两两有效组合，然后在冲突矩阵中找出解决冲突的发明原理。这种组合简单有效、实用科学，目前已经在全球的创新企业中获得了大量的推广与应用，并给企业带来巨大的实际效益。

该理论与方法从发明创造所依赖的基本路径出发，将所有技术和物理矛盾先拆分成最小的基元，然后使用给出的现成方法和路径来从事发明和创造活动的指导。阿奇舒勒先生的著作《创造是一门精密的科学》[②]，已被翻译成多种语言和文字，基于该理论开发成熟的发明创新可利用的软件与程序来协助找到创新路径，曾帮助无数科学技术人员获得了发明专利与科学创新，该理论与方法因而也成为很多学科与领域通用的发明与创新工具，正为世界提供着自主创新的有力支撑。本书也是基于同样的组合与总结思

① G. S. Altshuler，“And Suddenly the Inventor Appeared－TRIZ，the Theory of Inventive Problem Solving，translated by L. Shulyak”，Worcester，MA：Technical Innovation Center，Inc. 1996.

② G. S. Altshuler.，“Creativity as an Exact Science”，Taylor & Francis Ltd，1979.

路来研究包括专利文献在内的所有科学知识的重组与挖掘方法。

作为知识管理领域一种研究的新范式，知识网络有不同的定量化数学研究方法可资利用，但这些方法在实现可视及呈现结果方面是等价的，正如量子力学发展过程中出现的本征函数和矩阵力学一样，虽然薛定谔方程和海森堡算法的路径不同，但在描述客观量子世界的规律方面是等价的，并可获得数学上完全等同的证明。本书采用的这些数学方法在描述变量对象时的称呼方式可能不同，如在函数论及其算法中变量称为属性，而在概率论与矩阵中则称为特征项，但这并不影响我们研究基于知识网络的科学活动规律，本书出于便利同时使用了这两种数学称呼。

科学始于问题，而该问题首先需要被归纳和抽象为一定的知识元，通过知识元组合得到问题的解决办法，最后通过对该方法的语义具体化，就能出现一批创新成果来。本书对于知识元形式的重组和再造，通过组合数学的办法构造出若干知识共现网络类型，然后逐一考究其与科学创新之间的关系，希望建立起多种层次的关联关系。对于知识共现网络的研究方法，本书采用以定量化数学方法为主的数据挖掘方法，辅以定性化研究方法，通过以高等数学、线性代数和概率论为主的数学方法来获得科学创新活动的各种规律。

由于统计和计量是研究科学知识元组合的基本方法，本书也对这部分方法做了梳理。刘则渊教授所创建的新学科“知识计量学”中提出将“知识单元”作为开拓和建立这门新学科的概念基础，并在此层面上考察知识的投入产出、生产应用等规律，从而为知识经济学、知识管理等科学提供可靠的定量化研究基础。刘则渊教授等对知识计量学的定义是，知识计量学是以整个人类知识体系为对象，运用定量分析和计算技术对社会的知识能力和知识的社会关系进行综合研究的一门交叉科学，是正在形成的知识科学中的一门方法性分支学科①。因此，知识计量学（Knowmetrics）的研究是将知识单元本身作为计量单元，通过数学统计的办法计算出结果并提供给目标用户的研究②，其一般的产品就是知识地图（Knowledge Map），即将

---

① 刘则渊，刘凤朝．关于知识计量学研究的方法论思考．科学学与科学技术管理，2002（8）：5－8.

② 姜春林，刘则渊，姜照华．知识群的知识流量计量及其动力学模型．科学学与科学技术管理，2010（2）：82－85.

一般知识资源或者科学技术知识的时间或者地理分布状况可视化出来的地图[①]。

1. 复杂网络分析方法

在本书研究的知识网络中，知识与知识之间的网络，是指与知识及其之间有关联的网络。在该网络中，节点表征着知识元，这些知识元可以是论文、专利或者文献片段（如关键词、致谢语）等文献字段；连线表征着知识元之间的连接关系和强度，在不同类型的知识网络中连接关系不同，但连线的粗细都可以表征知识元之间的连接强度。网络的解析和特征总结是本书将知识网络与科学创新相连接的过程，因此复杂网络的研究手段是本书首要的研究方法。

网络（Networks）是用来描述行为主体之间关系的一种结构，自然界中形成的大量复杂系统都可以通过网络来加以描述，研究这种由节点和连线组成的大规模网络的方法就是复杂网络科学。在复杂网络中，网络可以被区分成有向图（Directed Graph），表示节点之间如引文网络具有的方向性，反之称为无向图（Undirected Graph）如共被引网络图，有向图中的连线称为弧（Arc），无向图中的连线称为边（Edge）。

对于知识网络的整体特性方面，研究直接关联的知识节点之间联系密切程度的变量，称为关联强度[②]，一般可用节点间的距离、连线粗细和路径长度来表征；研究节点之间的互相链接就形成了知识网络整体的结构特征，这称为知识链接关系，链接关系深刻刻画了网络的结构，一般可用网络的规模、结构、节点的度、稳定性等来表征，在网络整体性方面复杂网络方法是较好的研究手段。

知识网络都是随着时间而变动的，因此节点和网络是动态演化的，动态知识网络中可资利用的潜在信息更多。如实际的共词网络不会是正则图，否则问题就会变得简单。在复杂的知识网络中，还原论不再起主导作用，在这里是复杂性和复杂系统在起着作用。网络的结构和演化不能彼此分开，因此研究网络节点和链接关系的生长就极为重要，这个过程称为知识网络的演化。复杂网络研究方法在诸如人际网络、万维网络、互联网和交通网

---

① 姜春林．大学知识能力及其测度指标体系初探．辽宁工程技术大学学报（社会科学版），2007（6）：612－614.

② 温有奎，成鹏．基于知识单元间隐含关联的知识发现．情报学报，2007，26（5）：653－658.

络等中有多种应用。

在这些知识网络中，网络的聚类系数可表示为，拥有 k 条链接的节点，其聚类系数定义为：

$$C(k)=\frac{2N(k)}{k(k-1)} \tag{1-1}$$

其中，N（k）表示该节点的 k 个邻居之间的直接链接数。

（1）规则网络，指在这种科研合作网络中，节点之间的连接遵从就近原则，每个节点均有可能跟最邻近的 n 个节点产生连接，但对于任意两个节点来说，它们之间的特征路径较长，聚合系数较高，这种网络路径有利于知识创新。

（2）随机网络，任意两个节点之间有一定相互连接的概率，每个节点与网络中的其他节点易于连接，任意节点之间的特征路径较短，聚合系数较低，该网络中的知识具有多样性，知识易于扩散，但不易于产生合作与交流。

（3）小世界网络，其网络结构介于上述两种网络之间，在统计特征上它既不是完全规则也不是完全随机，而是更接近于实际科研合作网络，这种网络节点之间的特征路径长度与随机网络一样较短，但聚合系数却跟规则网络一样相当高。

图论也是组合数学的一个分支，组合数学是一门研究离散对象的科学①，随着计算机科学日益发展，组合数学的重要性也日渐凸显，因为计算机科学的核心内容是使用算法处理离散数据，组合数学的主要内容有组合计数、组合设计、组合矩阵、组合优化（寻求最佳组合）等。

在图论中，所有点形成一个集合 $N=\{n_1, n_2, n_3, \cdots, n_m\}$ 其中 m 表示网络节点的总个数，所有边形成一个集合 $E=\{e_1, e_2, e_3, \cdots, e_l\}$ 其中 l 表示边的总数。那么，这个图就可以用集合 G =（N，E）来表示，图 G 就是由节点的集合和边的集合组成的，在图 G 中，只有成对出现的节点才是有意义的。在图论中，网络可以根据节点之间的作用强度，被区分成加权网络（Weighted Networks）与无权网络（Unweighted Networks），如引文网络就属于无权网络。

---

① 燕子宗，张宝琪．图论及其应用．重庆科技学院学报（自然科学版），2007（2）：121－123.

因为知识网络包罗万象，一篇文献的多个知识单元均有可能组成新的知识网络，因此本书主要从这些知识网络的静态网络拓扑结构出发来研究知识网络的特点，图论的方法可以帮助我们更好地理解这些网络的特点以及与科学创新的关系。在一般知识网络模型里，数学模型的建立首先需要经过抽象成变量之间的数学关系以及确定的基本参量变化区间，建模后还要经过理论模型验证、变量依赖关系的确认以及一些必要的假设检验等步骤。

另外，多元统计方法是有效的可以帮助科学计量的方法，对于一个同时被多种变量共同决定的函数，多元统计以及多元函数的数学方法可以用来研究网络。在多元统计方法中，构建多元函数时，对于多变量的归一化处理显得尤为重要，其目的是为了消除量纲差异对于数学计算结果可能带来的影响，因此这些文献的属性在构建函数或者矩阵前就被去量纲化了，如科学论文的学科属性、作者属性、主题属性和关键词属性等，其本身的单位都被进行归一化处理了，甚至那些过高或者过低的变量值也被加上 Cosine 或者 Ochiai 系数以减小变量之间的差异（Salton）。

2. 社会网络分析方法

在复杂网络分析中，一般是以整个网络作为研究对象进行整体分析，作为补充，社会网络分析的方法更多关注作为网络节点的行为和规律。在本书的科学知识图谱当中，综合了这两种研究方法进行分析。由于科学知识图谱以科学知识为计量对象，属于科学计量学的研究范畴①，最早由 Price D. 和 Hildrum Kretschmer 等提出和推动，其目标是可视化地描述人类随时间拥有的知识资源，绘制、挖掘、分析现实科学技术知识以及它们之间的相互联系，因此关联关系的获得也是科学知识图谱理论和方法研究的核心所在。要想绘制出一幅有意义的知识图谱，需经历三大步骤：第一步，选择一个合适的分析单元，它应该包括构成我们科学宇宙的基本粒子。第二步，定义如何度量这些单元之间的关联。第三步，找到一种方式把这些分析单元及它们之间的关联关系在低维空间（通常是二维）里显示出来。

在知识地图中，其表现形式可以是简单的一维统计结果的展示，也可

---

① 陈悦，刘则渊．悄然兴起的科学知识图谱．科学学研究，2005（2）：149－154.

以是二维或者二维以上知识元的共现关系的展示[①]，其目的是为知识管理的实施尤其是知识共享提供基本的保障。实现知识地图的一个最重要的内容就是构建知识元之间的各种关联。知识地图的研究方法，一般也是从知识元出发最终将之可视化并深入解读，包括了数据抽取、知识元的确定和测度等关键步骤。布鲁克斯的认知地图思想，就是希望通过直接对文献的逻辑结构内容进行知识分析和组织，以便找到知识创造过程中的连接点，这样就能抓住知识结构以及打通科学创新路径。

布鲁克斯的知识管理定量对数法则，则对知识管理的发展尤其是知识本身的研究推动很大[②]，本书在研究知识网络的过程中，也受益于这一思想和理论。科学知识图谱或者知识地图的研究首先需要去组织或在数据库中寻找知识点，发现其中的关联，并为各类关联建立连接，以形成知识网络图，同时标上知识的流动和转移方向。至2015年，著名定量化研究期刊“Scientometrics”已经发行超过了105期，而且被引率一直较好。该领域除了更多的专注于研究科学的产生、传播与利用规律的量化研究，还积极地探索新的应用范围和领域，并开发各种新的计量指标，不断地建立和出版基于各种指标的数据库和文献研究成果。

在这种社会网络视角的方法论中，矩阵原理被大量采用，这个来自线性代数的方法在研究知识本体单元的组合上是如此有用，本书从社会网络角度研究了管理科学等知识网络案例。在这方面的研究手段上，国内的大连理工大学、武汉大学和中国科学院文献情报中心等机构走在前列，南京大学、浙江大学、北京大学和中国科技信息研究所也实力不菲；国外则主要是印第安纳大学 Katy Börner 团队、德雷塞尔大学 Chen Chaomei 团队、阿姆斯特丹大学 Loet 团队及莱顿大学团队等，他们在工具开发和人才培养等方面皆成效显著。

当前科学知识图谱的出现和兴起，一方面是揭示科学知识及其活动规律的科学计量学从数学表达转向图形表达的产物，另一方面是显示科学知识地理分布的知识地图转向以图像可视化展现知识结构关系与演进规律的结果[③]。另外，多元函数，机器学习、模式识别、统计学、智能数据库、知

---

① Ma F. C, Lyu P. H, Yao Q, Yao L, Zhang S. J. , “Publication Trends and Knowledge Maps of Global Translational Medicine Research”, *Scientometrics*, 2014, 98, No. 1, pp. 221 – 246.

② 陈思彤. 布鲁克斯情报学思想研究. 东北师范大学硕士学位论文，2009.

③ 陈悦，刘则渊，陈劲，侯剑华. 科学知识图谱的发展历程. 科学学研究，2008 (3)：449 – 460.

识获取、数据可视化等多种技术与方法可以从共现矩阵中分析、抽取、挖掘论文数据特征项的关系结构及规律。此外，多元统计方法也是目前共现研究中核心的矩阵处理技术；原始共现矩阵的预处理（矩阵标准化处理、距离测度）也直接影响到统计结论的准确性。以上技术在知识网络的具体分析中作为方法论较有用。

第二章 科学知识共现网络的组合理论与方法

“方程式之美，远比符合实验结果更重要。”

Science is concerned only with observable things and that we can observe an object by letting it interact with some outside influence. Only qustions about the result of experiments have a real significance and it is only such questions that theoretical physics has to concider.

——狄拉克（Paul Adrien Maurice Dirac）

一门学科得以在学科之林中拥有自己的地位，需要拥有自身明确的研究对象、问题、范围、方法和哲学基础。网络科学作为当前时代第三次科技革命的主要成果，正日益渗透到每个人的日常生活中，广泛互联也成为当前时代对于人类思想影响最大的事物，在这种背景下以科学文献和数据、信息为研究对象的科学知识网络，成为在当代科学文献数字化和广泛互联背景下新生的研究主题，目前正以其强大的实用性和生命力在迅速成长，并将影响到整个科学知识利用的方方面面。

学科知识主要是通过以科学文献为载体的各种有形媒介来承载的，因此科学文献就是研究科学创新活动规律的主要依托体。科学文献有其基本组成，一篇科学文献可以通过标题、作者、机构、主题和关键词等多种特征项来共同刻画，同时这些属性通过组合也能得到多种知识共现网络。通过使用多元统计的方法对目前海量的科学文献数据进行分析，就能得到科学数据背后所蕴含的各种法则，从而发现科学创新规律，以便更好地为科学家个体和群体的科学创造提供服务。

科学知识的研究需要依托于科学文献来进行，科学计量学和科技情报学学科的确立也是发端于学科文献的研究，1938 年科技情报学家的国际联盟——国际文献联合会（Fédération Internationale de Documentation，FID）成立，1978 年“Scientometrics”期刊创刊，因而这些学科均有很深的文献学渊源，其本身又是为了解决文献激增与文献利用间的矛盾而产生的，文献和计算因而是科学计量学的长久传统，这两种传统反映着学科的人文价值与技术理性，并希望未来能逐步统一。

2011 年，美国芝加哥大学科学家在《Science》上发表文章，提出元知识的概念①，用来代指那些表示知识的知识。我国知识工程专家、中国科学院院士陆汝钤先生也认为，知识元乃是采用本体形式表示的知识基本单元，而大量知识元集合起来就成为知识工程研究的基础素材，这里的本体定义了主题领域词汇表的基本术语及其关系，以及利用这些术语和关系限定该词汇表扩展的规则，它是一种能在语义层次上描述知识的概念模型，具有良好的概念层次结构和对逻辑推理的支持能力②。

科学知识作为现实世界更为高级的抽象体，本质上一定跟物理世界有着相同或者类似的内在规律。例如，在发现自然界的基本作用方面，牛顿的万有引力体系、麦克斯韦的电磁场理论、近代发展起来弱相互作用的量子力学等是科学家分别独自发现的，将物理学中的强力场、弱力场、万有引力场、电磁力场统一起来并由爱因斯坦发端的统一场论③，最终将所有作用力置于同一种理论框架进行了研究和处理。

作为科学学的重要研究范畴，科学知识及科学活动本身规律的研究，是建立在知识元共现关系之上的，如果科学知识的特征项或者元数据在时间维度或者空间维度上共同出现了，那么，这个联系能建立起来，否则面对目前庞大的科学数据就无从研究。事物的相关联系或者同时发生概率是共现关联得以产生的内在原因，而共现现象则是事物相互联系或者同时发生的外在表现，因此通过知识共现现象就可以让我们了解事物之间的关联类型和关系强弱，知识元共现就是科学文献内存在的客观稳定关系，是可以用来统一现有科学知识网络的基础性理论。

---

① James A. Evans，Jacob G. Foster.，“Metaknowledge”，*Science*，331，721（2011）.

② 赵焕洲，唐爱民．对两种知识组织系统——叙词表与 Ontology 的比较研究．情报理论与实践，2005（5）：469－471.

③ 张恒升，张振光．爱因斯坦统一场论的自洽．科技传播，2012（23）：111－112＋101.

第一节　科学知识共现关系及网络形成

科学知识自产生之后，就源源不断地以科学文献的形式集聚起来，一方面使得科学家获得需要的知识更加方便，另一方面也使得倍增的知识淹没了主要信息。知识网络形成之前，科学数据在被拆分成知识元后的数据量成倍增加，这时候可计量的数据元很容易形成海量级别的大数据，在这样的数据集中构建基于共现的相关关系比构建因果关系更容易形成正确的面向科技决策的结论，但如果沉湎于具体原因的探究反而会陷入无法自拔的泥潭之中。据统计，一线科研人员 50% 以上的时间和精力都花在了查找和阅读学科或领域内的相关文献当中，因此使用科学知识网络来推荐文献、挖掘线索、总结热点、发现前沿等对信息服务有着很大用处[①]。这一方面是因为所研究的科学数据对象在迅猛增加，另一方面是因为在元数据层面数据总体量很大，此时只有转变思维使用关联数据来构建知识网络才是一条正确的研究道路。

中国科学院前院长路甬祥院士认为，科学知识创新的目的就是追求新发现、探索新规律、创立新学说、创造新方法和积累新知识。Amidon 认为，知识创新是通过创造、演进、交流和应用等一系列过程，将新的思想转化为相应的产品和服务[②]。所谓的科学知识创新，在一定程度上是知识要素之间的重新组合与继续发展，从知识管理的角度上看，就是在形式上将知识元通过一定形式或者逻辑关系进行重组，这是一切创新活动的基础[③]。

一、何谓科学知识元共现关系

科学知识创新与知识共现网络的关系是密切相关的，知识共现网络中蕴含着大量的科学知识创新路径，要实现科学上的创新，找到这些可行路

① 张炳发．试论知识资本的概念和特征．济南大学学报（社会科学版），2001（5）：71－73.

② Amidon D. M.，“The Challenge of the Fifth Generation R&D”，*Research Technology Management*，1993，39（4）：33.

③ 毛良升．哲学视域中的创新研究．中共中央党校博士学位论文，2012.

径是必不可少的。所谓潜在路径，是指那些众多的能够实现最终目标的战略方案集。在通过知识共现网络找到这样提前的科学创新路径之后，就会催生很多科学上的创新成果。知识网络的研究已然起步，因此科学、合理地达成通过创新实现科学进步的可行性战略方案亦是可行的。由于共现网络是发端于底层的方法，不同的知识单元组合起来会形成不同的知识网络，并且这种知识网络内容亦可与时俱进，因此基于这种方法论的科学创新路径是全新并且无限的。这种数学上众多的可能性也使得路径依赖无法形成，这在科学创新上具有较大的优越性，能够启示科学家在学科领域进行多种科学探索。

在研究诸如科研合作网络等知识网络的过程中，巴拉巴西等证明了这种知识网络是一种复杂网络，并针对其结构的生成与演化建立了著名的B－A模型，也就是基于每次增加一个节点和择优连接两个简单的假设，推导出知识网络中幂律现象存在的事实，但是这种模型却无法解释其他知识网络中（诸如引文网络等）具有先发优势的节点并非一直保持这样的优势，而也有后来者居上的现象存在。

根据自组织理论，如果将知识网络中的节点看作凝聚态物质中的粒子，将链接看作粒子所在的能级，那么，这些粒子所具有的自适应性规律也在知识网络中存在，也就是粒子本身具有的吸引力使得它具有向着低能级跃迁的可能性，知识网络中吸引力或者适应性大的节点容易聚集到低的能级，该现象称为波色—爱因斯坦凝聚现象。这样一来，引文网络中出现层出不穷的新秀、共词网络中出现更多的知识前沿就是科学知识网络理论可解释的一种现象。

在传统的科学研究中，知识之间的关系通过功能或类型进行分类，可分为逻辑相关、因果相关、社会相关、假设相关、隐喻相关等，但在科学大数据研究中，只有共现相关关系可较为简单的提取和分析，其余相关关系均非常难以构建且结果的可验证程度较低，在研究层面上看目前并不可行，因此本书主要以研究共现关系为主。

二、知识元共现关系理论基础

知识元的关联关系是科学文献之间形成知识关联的最为典型的方式之一，充分体现了知识单元的累积性、继承性和可更新性，也可以展示知识单元之间的离散和交叉，聚合与重组[①]。Morris 的共现理论是基于论文特征项之间的多重关系展开的，从而得知知识单元重组既不是简单的相加，也不是单纯的形式上的重新组合，而是内容上的融合，这也是近年来知识融合研究领域的热点主题。

知识元素共现于一篇文献中，形成解决现实问题的一个方案，多个这样的方案就形成了一个方案的集合，对于整个文献集合来说，知识元是它的部分，部分之于整体固然重要，但是这些元素重组之后形成新的知识网络，则能发挥出原有部分甚至整体所无法发挥出来的作用。根据唯物辩证法的观点，这些单个元素之间都是互相联系而非孤立的，这种普遍的关联关系可以产生出知识之间的网络[②]。

现代认知心理学家认为运用知识网络解决问题是现代教育的终极目的，这种方法实质上就是通过联系的方法进行记忆、提取和活化人脑中的陈述性知识和程序性知识，使之达到最大化利用价值的一种手段。现代认知心理学则把知识定义为个体通过与其环境相互作用后获得的信息及其组织形式。

另外，本书所研究的知识网络对象一般均是用可视化的图形表达出来的，从物理学基础上看，人脑对于图像化的信息最敏感，网络化的拓扑结构的图像显得更为直观，表达信息也更快捷和有效，深层次的原因却在于人的创造力不仅取决于逻辑思维，还取决于信息可视化图谱带来的形象思维，通过图像可以在逻辑思维的基础上进一步激发人的想象力，从而更好地洞察数据背后的关系与规律。

1. 自然科学共现联系法则

在自然科学领域，科学家得以欣赏到客观规律、模型和理论背后的深刻之美，其直觉思维背后实质上是质朴的联系思维，而联系思维简单基础就是事物共同出现。顷刻秋霜，逡巡冬雪，江河横流，万物峥嵘，不管是物质探源，还是基因进化；不管是氧化还原，还是能量守恒，自然界总是遵循着简单的美学法则，因为客观数据世界的基本法则与规律也一定是简单而隽永的。

---

① 庄善洁．基于知识管理的图书馆知识地图的绘制．图书馆学研究，2005（10）：7－9.

② Hert C. A.，S. O. Denn D. W. Gillman，et al.，"Investigating and Modeling Metadata Use to Support Information Architecture Development in the Statistical Knowledge Network"，*Journal of the American Society for Information Science and Technology*. 2007，58，No. 9，p. 1267－1284.

这里的物质客体以及动植物，乃至地球、天体及辐射现象所代表的能量形式等全部宇宙与自然界构成的物质世界，可称为“世界一”，“世界一”还可以区分为无机自然界和生命自然界。几百年来人们分别从物理学、生物学、化学、医学和材料科学等领域探索世界一，但各个学科进行一般逻辑推理和规律发现都是基于普遍共现理论的联系法则，即人们通过观察发现当且仅当两种现实事物共同出现才可能产生普遍联系，相关变量背后的关系才可能被注意到，进而深入思考建立起一般通用的定律与法则。

在前人的研究体系中，知识元（Metadata）一般是指术语、概念和词语所表示的文献或者信息内容等这些含义多变而又不具象的东西，在本书中知识元被用来定义那些共同刻画一篇文献多重属性，如作者、引文、关键词等这些形式化而又具体的特征项，它们在进一步的研究中可被提取、组合、操作，并易于理解。

2. 社会科学共现联系法则

人文社会科学是人类探索社会现象本质及其规律的活动，以及反映社会现象本质及其规律的知识体系，只有对万事万物主动地、自觉地认识和思考，人本身固有的属性才能在知识中得以反映，所有的客体知识均可由主体知识转化而来，因而才具有了如此具体的、丰富的、系统的知识体系。1835 年，法国哲学家就有了社会物理学（Social Physics）这样的提法，并认为在社会数据普遍统计的基础上可以得到人类社会发展的精确规律①，因为人类本身也是自然界的一部分，受到了自然规律的支配，人的意识、心理、情感与智慧等主观世界可称为“世界二”。

在人类自身的主观认识和社会活动中，同样也是共现关系理论统治着绝大多数科学研究。在大数据环境下，人文社会科学研究也倾向于越来越多地采用计算与分析思维，对相关命题进行趋势分析。随着人文社会科学数据快速增长以及大数据分析技术的日益完善，人文社会科学大数据研究必然会成为人文社会科学的主流领域②。在人文社会科学领域，以人文计算、复杂网络分析、大规模数据分析等为特征的研究方法逐渐被采纳，人文社会科学的“科学性”显著增强，而批判性与人文关怀有所弱化，因此共现

---

① Mirowski，Philip.，“More Heat than Light：Economics as Social Physics，Physics as Nature’s Economics”，Cambridge University Press，1991.

② 孙建军．大数据时代人文社会科学如何发展？光明日报，2014 - 07 - 07.

联系法则不管是在人文还是在社会科学中可发挥作用的地方会越来越多。

茫茫寰宇，万千生灵；温饱得失，感同身受，基于人类群体行为研究的政治学、经济学、管理学、商业与金融、人文与社科等，只有当人类两种现象反复大量共现，这些行为及其结果才能得到关注、记录并形成人类认识的普遍规律。从感性直观、空间思维到理性直观，数学思维、哲学思维和视觉思维三种方式的渗透结合是世界二的典型特征。

从共现理论出发，在人文社科领域里发展出许多独特的自然科学所没有的研究方法，如问卷调查、走访调研和群体动力学方法等，没有人类心理现象的大量共现为基础，这些研究就无从谈起，也无法使人类从宏观上认识到自身的行为、心理和社会之间的联系，因此共现联系理论虽然简单却非常实用。

3. 科学知识共现联系法则

科学知识作为波普尔所讲的第三世界[①]，是以研究和认识科学活动规律为主要研究对象，包括人类创造的语言、文艺、宗教和科学技术等文化知识产品。人类创造了无与伦比的物质文明以及高度发达的现代社会，这些最终都以人类所独创的科学知识形式记录于一定载体，而且承担着人类文明重建的可能功用。我国历来很重视发展人文、社会科学且成果卓著、著述丰硕。

波普尔认为这些客观知识是具有网状结构的，本书认为共现联系理论在此同样适用，根据实体联系法则，世界三中的科学知识属性代表的对象一定可以在世界一中找到相应的物理实体，并能反映物理实体的活动规律。这种对应关系是本书得以通过知识网络就能研究得到科学创新活动规律的关键。作为科学知识这种自然界和社会的映像，其与主观经验之间有着一一对应的关系，但视觉经验并不决定于视网膜上的映像[②]。华人学者陈超美教授在其著作中高度认同赵红州教授的“科学创造就是知识元的游离和重组”，因此在其设计与开发的科学计量软件 Citespace 中大量体现了这种思路。这种思想的发展对于科学计量和知识网络的发展非常有用，因为只有从源头开始组合与开发研究，才能更接近问题的本源和深入探究现象背后的本质。

---

① 王克迪．信息化视野中的“三个世界理论”．北京大学博士学位论文，2000.

② Hert C. A. , S. Denn, S. W. Haas. , “The Role of Metadata in the Statistical Knowledge Network - An Emerging Research Agenda”, *Social Science Computer Review*. 2004. 22, No. 1, pp. 92 - 99.

对这些科学知识之间的规律、法则和理论的研究目前虽然还没有更有效的研究手段和研究方法，但基于共现关系理论的科学活动规律的认识和研究，即在科学知识元共现基础上的各种潜在关系的研究，却是未来有效开发蕴藏在这座人类知识宝库巨大价值的一把钥匙。

第二节　科学知识元共现理论与机制研究

对于“知识”一词，词源、辞海和韦氏词典中的定义均不相同，但较为一致的看法是知识是人们通过实践对客观事物及其运动过程与规律的认识，现代汉语词典中对知识的定义是，人们在改造世界的实践中获得的认识和经验的总和。因此，知识可以说是人对事物的认识和经验、包括技能的总和。知识属于信息的一部分，属于一种有价值信息的集合，其内涵比数据、信息更为深刻、丰富和广阔。知识能够作用于人本身并能导致其行为和行动发生改变。知识是那些被证实为真的信念。

例如，论文文本的知识结构就可以表示为｛标题；作者；摘要；关键词；参考文献｝，专利文本的知识结构可以表示为｛标题；摘要；权利项｝等，此外，专利的属性还包括专利类型、授权国、专利权人、研究领域、主体和文本等要素。这些知识构成下可组合的知识网络类型就有多种并已被研究多年，从知识元角度来看利用基本知识元可做知识解构、知识关联、知识重组、知识再造等进一步研究来进行科学创新。

科学文献著录在国际上有统一的规范，目前较为认可的是 Dublin Core[①]（DC），它是国际组织 Dublin Core Metadata Initiative（DCMI）拟定的用于标识电子资源的一种简要目录模式[②]。这个著录体系中包括题名（Title）、创建者（Creator）、主题（Subject）、描述（Description）、出版者（Publisher）、贡献人（Contributor）、日期（Date）、类型（Type）、格式（Format）、标识符（Indentifier）、来源（Source）、语种（Language）、关系（Relation）、

① Park, Jung－ran, Childress, Eric, “Dublin Core Metadata Semantics: An Analysis of the Perspectives of Information Professionals”, *Journal of information science*. 2009, 35, No. 6, pp. 727－739.

② 何平，凌美秀. 网络信息资源组织的标准化研究. 图书馆学刊，2005（3）：39－41.

范围（Coverage）和权限（Rights）15 种元数据①。它基本涵盖了一篇科学文献的所有知识元，可以作为共现的基本元素进行组合与使用。

与元知识类似，本书将关于数据的数据称为元数据，这种对文献的描述方式可以很好地实现对数据的组织、检索和管理。学科知识元实质上就是元数据，即关于学科文献数据的数据，它是描述数字化资源最基本的结构化数据，根据图书馆学中的 Dublin Core 知识分类与组织方法，一篇科学文献的最小知识元数据包括至少 15 个数据元，具体如表 2－1 所示。

表 2－1　DCMI 中科学数据集中的基本元素

NO.	项目	子项目	备注
1	题名（Title）	主题名（Main）	
2		其他题名（Alternative）	
3		拼音题名（Roman）	
4	创作者（Creater）	姓名（Name）	
5		朝代（Dynasty）	
6		创作方式	
7	主题与关键词（Subject）	主要主题（Subject）	
8		类别（Category）	
9		类目	
10		关键词（Keywords）	
11	描述（Description）	入藏方式	
12		入藏来源	
13		序跋位置（Preface Locality）	
14		序跋者（Preface Writer）	
15		序跋（Preface & Postscript）	
16		手写题记位置（About Manuscript Locality）	
17		手写题记人（About Manuscript Preface Writer）	
18		手写题记（Colophon）	
19		标记（Public Notice）	
20		收藏印记（Seal）	

① 凌海云．基于语义网的智能搜索技术的研究与实现．电子科技大学硕士论文，2004.

续表

NO.	项目	子项目	备注
21	描述（Description）	版本（Edition）	
22		装订（Binding）	
23		装潢（Mount）	
24		版式行款	
25		刻工（Carver）	
26		避讳（Tabooed Word）	
27		保存现况（Conditions）	
28		评等（Grade）	
29		附注项（Notes）	
30		释文（Transcription）	
31		篇目	
32	出版（Publish）	出版者（Publisher）	
33		出版地（Published Place）	
34		出版年（中历）（Published Text Date）	
35		出版年（西历）（Published Western Date）	
36		印刷时间（中历）（Printed Text Date）	
37		印刷时间（西历）（Printed Western Date）	
38	其他贡献人（Contributor）	姓名（Name）	
39		朝代（Dynasty）	
40		著作方式（Role）	
41		姓名（Name）	
42		朝代（Dynasty）	
43		著作方式（Role）	
44	日期（Date）	编目日期（Cataloging Date）	时间维度
45		制作时间（Created）	
46		取得时间（Acquired）	
47	资源类型（Type）	自订藏品	
48		原件与否	

续表

NO.	项目	子项目	备注
49	资料格式（Format）	数量（Quantity）	
50		图像（Decoration）	
51		高广（Dimensions）	
52		材质（Material）	
53	识别码（Identifier）	书号	
54		索书号（Call Number）	
55		登记号（Accession）	
56	来源（Source）		
57	语种（Language）	编目语种（Cataloging Language）	
58	关系（Relation）	作品语种（Item Language）	
59		收藏著录	
60	时空范围（Coverage）		
61	权限管理（Rights）	现藏人（Owner）	
62		现藏者国别（Owner Country）	

Dublin Core（DC）是当代数字图书馆中使用的一组简单的元数据元素集合，主要用于描述数字资源、馆藏对象和元数据①。这15大项元数据不仅适用于电子文献目录，也适用于各类电子化公务文档目录，产品、商品、藏品目录，具有很好的实用性②。它一出现就被北美、欧洲、亚洲和澳洲20多个国家认同，不仅图书馆、博物馆，不少政府机构、商业组织也正在或准备采用。

在知识科学相关的管理活动中，人类知识创造过程以及人类与所创造的知识之间相互作用关系的研究是知识管理学和科学计量学的主要研究对象，但以往的各种知识管理理论研究很大程度上是基于定性描述的上述关系的各种分析，目前已经远不能适应科学创造活动的需要。因此，需重新

① 刘芳，朱沙．数字图书馆中基于XML/RDF的DC元数据描述体系．大学图书情报学刊，2005（3）：25-26+38.

② 陈瑞雪．基于XML的Dublin Core——建设数字图书馆的一种技术趋势．图书馆研究与工作，2004（1）：2-3.

构建新的理论与方法，才能应对日益庞大的科学大数据时代科技信息爆炸的学科危机。

从宏观上看，人类认识自然世界与其本身的世界，是遵循着一定的规律的。简而言之，只有当两件事物大量或者同时间或同空间反复出现时，才能引起认识主体的注意，从而形诸文字通过世代流传才能形成知识进行流传，不管是自然哲学的牛顿三大定律，还是社会科学的巨著《资本论》，概莫能外。

学科知识共现（Co－occurrence）是指基于学科知识元共同出现构建知识关联，使各相关属性形成一个新的联系意义系统，这种关联可以表现为一种拓扑结构形式存在的网络结构，它是知识本身因某种关联如共现等关系相互聚集形成的网络。随着科学数据积累规模越来越大，在大数据的处理上简单算法比小数据的复杂算法更为有效，而且分析结论的可靠性更好①。这是因为：一方面数据量的跃升造成数据比软件重要，使得之前的软件包围数据完全变成数据包围软件，数据比软件在未来更有价值；另一方面海量数据的支撑使得发展趋势的分析更接近现实情况，而且这种近似结论在海量数据证据的支撑下比精确结果所立足的非完全数据对社会科学的研究更加重要。

由于描述一篇科学文献的属性有多种，基于这些属性建立起来的知识网络也多种多样，从某一个角度使用这些知识网络来考察科学创新规律都有一定的局限性②，但一方面因为目前科学论文的数据积累极其巨大无法在本书中作为研究对象进行详尽考察，另一方面因为共现组合网络的函数是个多元变量的复杂函数，影响最终结果的变量极多且难以穷尽，因此采用同时从整体和部分入手研究的办法较为合适，本书选择了使用上述知识元组合成知识网络，并从整体网和节点的视角使用复杂网络与社会网络的方法进行了研究。

在知识网络的研究中，广义的知识元是指科学文献中任何一种相对独立的单元内容和形式，是从文献中可游离出来的具有相对独立性的知识或

① King A. J.，Farrer E. C.，Suding K. N. et al.，“Cooccurrence Patterns of Plants and Soil Bacteria in the High－alpine Subnival Zone Track Environmental Harshness”，vol 3，pg 347，2012，*Frontiers in Microbiology*. 2013. 4.

② 陈玉兰．基于标签特征向量的网页去噪声研究及其应用．华东师范大学硕士论文，2010.

信息单元①；狭义的知识单元是指不可继续再分解的构成整个知识系统的最基本的知识单元。在知识管理、知识分析、知识发现、知识组织、知识工程和知识表示中，知识元都是其过程中不得不处理的最小知识基本单位②，因此在进一步的知识存储、知识检索、知识计量、知识挖掘、知识生产、知识创造和知识服务中，知识元发挥着更大的作用。在现代社会中，基于科学数据挖掘从而获得创新结论的研发人员被称为数据科学家，数据科学家主要从事三类活动并且均能在社会上获得巨大的经济收益。尤其是像麦肯锡（MC Kinsey）这样的公司甚至认为数据科学家是当今和未来的稀缺资源，因此从事统计和数学研究的大部分科学家在大数据时代将更有用处，并且不可替代。

一、知识元共现关系的内在机制

1980年，布鲁克斯在其著作中根据心理学家托尔曼（E. C. Toiman）提出的认知地图理论，提出“认识地图”学说③，他找到文献内容所揭示的相互联系的节点并按照逻辑关系标示出来，这种知识网络图谱就表现了知识的内在结构，但其本质上仍是指导研究者在混沌状态下找到走出困境的一个计划、一种认知图谱，它是知识在认知状态中的内在结构，这种结构形成人的知识框架和思维格局④。1984年，赵红州最早提出了“知识单元”（Knowledge Elements）的概念，其定义为能够用数学式表示的科学概念，并在此基础上导出了科学指数增长定律。1997年，刘则渊教授在此基础上发展出了知识计量学；1999年，王续琨等对知识单元（Knowledge Unit）的内涵进行了深入讨论；2004年温有奎在《知识元挖掘》一书中⑤，提出知识元的不同排列组合可以构成不同的知识单元，不同的知识单元按照不同的逻辑关系可以组成不同的知识元链接，无数知识元链接可以构成知识网

---

① 沈君．知识网络视角的专利技术主题结构分析．大连理工大学博士学位论文，2012.

② 杨晓霞．中国汽车工业自主知识产权战略研究．天津大学硕士学位论文，2007.

③ Brookes, “The Foundation of Information Science. 1. Philosophical Aspects”, *Journal of Information Science*, 2 (3-4), pp. 125-133, 1980.

④ 蒋永福．客观知识与图书馆——从客观知识角度理解的图书馆学．中国图书馆学报，2000（5）：44-49.

⑤ 温浩．知识元挖掘．西安电子科技大学出版社，2005.

络①；国外也有人对这方面进行过研究②。

同时，教育心理学家将知识共现解读为元素关联，如果在现实世界中两者同时共现，则这种关联性在人的意识中就会得到加强，从而建立起确定无疑的关系来。社会学中称这种关联为心理距离，距离的远近、网络的密度等在心理学上皆可找到实际的映射图像。学科知识单元共现关系研究的理论基础是心理学中的临近联系法则③、知识结构和映射原则，该法则是指在人的想象和思维中，会把曾经感受过在一起的对象自动联系到一起，从而看到一个就想起另一个，这两者之间联系的密切程度可以使用共现频次来表征，这就给定量化研究科学知识本体单元之间的关系提供了理论上的依据。

从逻辑关系而言，只有当两种可描述的属性在同一个物理空间或者同一段时间段内共同出现，其相互之间的联系才有可能被建立起来。如果众多属性没有时间或空间上的这种同一性，则它们之间的关系就不会存在。一种物理实在知识空间会形成映射关系，从物理学角度来说，知识元是离子化了的科学概念，而科学概念是场化了的知识元，利用共现关系重组这些知识元，就是一个创造和创新的过程，也是科学创新的主要路径之一。

二、知识元共现关系的外部实现

科学知识元的共现关系之所以重要，还因为共现关系可以通过矩阵化的表达转化成定量数学形式加以测度，尤其是在当前计算机软件的帮助下可以进行可视化表达。由于其逻辑关系简单但分析结果可靠，因此吸引了很多学者深入研究使之成为知识网络和知识管理的主要领域。在本书研究的知识网络中，单一知识网络对应着正方矩阵，混合知识网络对应的是一般矩阵，前者如共被引网络、科研合作网络和共词网络，后者如科学引文网络，典型的知识共现矩阵如图 2 -1 所示：

---

① 朱庆华.《知识元挖掘》评介——兼议情报学的理论研究.情报科学，2006（12）：1899 -1902.

② Ding Y., Song M., Han J., Yu Q., Yan E., et al., "Entitymetrics: Measuring the Impact of Entities", 2013, PLoS One 8, No. 8, p. e71416. doi: 10. 137/journal. pone. 0071416.

③ Manfred Wettler, Rein Hard Rapp, "Computation of Word Association Based on the Co -occurrences of Words in Large Corporation", In Proceedings of the 1st Workshop on Very Large Corpora: Academic and Industrial Perspectives.

8950								
697	4584							
422	358	4026						
555	306	205	3564					
430	385	312	202	3375				
208	108	117	152	93	2477			
139	103	97	177	73	136	2186		
113	138	139	65	112	144	79	1955	
138	0	96	73	77	89	36	78	1913

图 2－1 科学知识元共现数量矩阵

依据上述矩阵绘制出来的知识网络图谱中，节点的大小由矩阵对角线上的值决定，连线的粗细由任意两个行、列节点共现的频次决定，因此在这种知识元共现关系的表达上，矩阵数字和知识网络的效果是一样的，并且矩阵还可以进行多种运算，如可以通过矩阵的乘法来计算知识网络图中节点间的可达路径个数。知识网络图谱由于其直观的可视化效果，在实际中采用的较多。

在典型知识网络中，节点之间的区别依赖于它们在网络中所占据的地位，整个网络的结构也依赖于这些节点之间的互动模式，因此节点主体与网络整体是部分与整体的关系。与此类似，尽管科学引文网络、科研合作网络、共被引网络、共词网络和多种共现网络已经由不同学者分别发现，但基于共现理论的知识网络统一理论目前尚未出现，能将上述所有类型科学知识网络统一并可以继续有序推进的理论尚未见到，本书认为基于共现这个特征可以解决上述问题并成为统一的自洽理论。

从科学研究的路线来看，一般有归纳和演绎两种方法，所谓归纳就是从各种不同的个性特征中总结出共性特征来，它首先需要对搜集到的资料和信息进行综合分析，然后归纳出共性的东西，从而揭示事物的内在联系，并根据资料的典型事例从不同角度说明事物的规律和特点，如总结各种知识网络的共同表现来进行研究，最后阐明自己的观点；演绎法是从一般的共性特征出发，经过一定的逻辑推理和数学推演来研究个性特征，它是一种必然性推理。

本书采取的是后一种研究路线，即经过一个共同概念联系着两个属性判断作为前提，推出另一个性质判断作为结论的三段论推理。例如，在科学数据的共现研究方面，利用一定研究手段将网络信息整理成元数据，进而对知识元进行重组与利用。

第三节　科学知识元共现关系的组织方法

当代科学知识在学科分类与研究方向上高度分化，但这些极其精细的知识要在一定生长点上重新集聚起来发挥作用则要对科学知识进行积分化处理，即将之按照一定的相关关系组织成知识网络。基于知识元的共现关系，可以构建出共现网络来，这种知识网络从本质上来说是知识组织的结果。知识网络是知识经历了被组织到关联后的线状、链状，再到网状的高级形态的科学数据组织形态。

这种思路下的知识组织的概念最早是由美国科学家布里斯（H. E Bliss）在 1929 年提出来的，它是指按照知识的内在逻辑关系，运用一定的组织方法和工具、标准等对知识元进行整理、加工、表示和控制、利用等一系列有序化、系统化的工作[①]。在未来数据驱动的创新环境中，知识组织是知识增值与科学创新的重要生长方向。

一、学科知识关联共现数学机理

马克思曾经说过，只有成功地应用了数学，一门学科才算达到了完善的地步，只有当定量研究在一门学科内出现和应用的时候，这门学科才会逐渐成熟，因此数学在学科内的成熟应用能反过来推动该门学科飞速发展[②]。

组合数学（Combinatiorial Mathematics）主要研究的是离散对象[③]，如文献就是一种科学知识的离散对象，而数据库就是收集了大量这种离散对象的集合。在满足一定条件的基础上，在数学上可组合设计成有关组合矩阵、

① Hjerland, Birger, " Fundamentals of Knowledge Organization ", *Knowledge organization* 30. 2, No. 2003, 87 - 111.

② Karl Marx, Eine Sammlung von Erinner ungesund Aufsätzen Ditz Ver lag, Ber lin, 1974, S, 42.

③ http://www. combinatorics. net. cn/introduction/index. htm. 2015 - 02 - 19.

组合计数、组合模型与组合优化的问题。本书主要是基于比文献更为基本的知识元来作为组合的基本元素。文献属性的共现关联关系主要有隶属、引用、合作、使用等，这些关系如果是通过论文本身桥接关联起来的，就称为直接关联关系；如果两者之间是直接关联而不通过论文本身，就称为间接关联关系。

国际上的都柏林核心元数据倡议（Dublin Core Metadata Initiative，DCMI）[①]，我国的《中华人民共和国国家标准 UDC 002. 81 GB 7713—87 科学技术报告、学位论文和学术论文的编写格式》等都对科学文献的著录进行了规范。在全球图书馆数据库的分类法则中，DCMI 包括 15 项广义的元数据，包括名称（Title），创作、制作者（Creator），主题及关键词（Subject and Keywords），说明（Description），出版者（Publisher），发行者（Contributor），时间（Date），类型（Type），格式（Format），标识（Identifier），来源（Source），语言（Language），相关资源（Relation），范围（Coverage）和版权（Rights）等。以上科学字段中，前 9 种主要用来描述一篇文献本身的各种属性，后 3 种主要描述文献的参考文献属性。这些属性一般同时共同存在于一篇科学文献中，这是科学知识网络能够形成的前提条件。其中，对于数据库来说文献本身可以称为主键（Primary Key），因为其他字段或者说不同的数据主要是通过这个主键才建立起各种共现关系的。

据此，表征科学论文的主要可组合属性有以下 15 种，如表 2 –2 所示：

表 2 –2　数据库对科学文献刻画所需基本元素

序号	代码	Dublin Core	含 义	中文含义
1	TI	Title	Title	题名
2	AU	Creator	Author	著者
3	SC	Subject	Subject Category	学科类别
4	KE	Description	Keywords	关键词
5	PU	Publisher	Accession Number	出版商
6	AF	Contributor	Author Affiliation/Countries	机构/国家
7	PT	Type	Publication Type	出版类型

① http：//dublincore. org/.

续表

序号	代码	Dublin Core	含 义	中文含义
8	PY	Date	Publication Year	年份
9	UT	Indentifier	Accession Number	唯一识别号
10	SO	Source	Source	期刊
11	DI	Format	Digital Object Identifier	样式
12	LA	Language	Cited Author	文献语种
13	TC	Relation	Times Cited	被引次数
14	CO	Coverage	Full Coverage	覆盖范围
15	RI	Rights	Open Access or not	获取权限

在时间和空间维度上共同出现的知识元可以计量、组合及利用，在这些论文基本属性里面，论文本身和参考文献属于关联属性，因为其他的属性都是基于这两个主要属性连接起来的，如果一个属性与自身进行组合生成知识网络，上述起桥接作用的属性就发挥不了作用；但是如果两个属性之间进行组合，借助这种桥接作用的属性就可以组合成一个知识网络，否则两个属性直接组合虽然在数学上是可行的，但在现实中尚无实际的意义。

二、学科知识关联共现数学法则

由于科学文献知识元之间的组合形式，也就是比如从 N 种基本知识元出发，自身与自身组合生成矩阵，此谓单一知识网络；任取两种知识元进行组合，将得到混合知识网络；当然，也可任取三种知识元进行组合，这将得到超级知识网络，网络的复杂性将得到进一步提高。因此，从数学上看，三种以上的组合可能性也是存在的，随着更多技术手段和实际需求的出现，这部分也将成为研究热点。

单纯从组合概率上说，上述学科文献知识元属性组合的可能性很多，而且每次任取的知识元数量越多，得到的结果将越复杂，因此知识共现以此获得理论基础，形成知识共现理论群。从图书馆学中的文献角度出发，本书仅计算了每次任取一种和两种知识元时得到的组合结果，其数学结果如下：

$$C = C_{15}^{1} + C_{15}^{2} = \binom{15}{01} + \binom{15}{02} = \frac{P_{15}^{1}}{1!} + \frac{P_{15}^{2}}{2!} = 15 + \frac{15!}{2!\ (15-2)!} = 120(\text{种}) \tag{2-1}$$

但是，表2－2只考虑了文献基本属性，除了这些基本属性之外，也有不少重要字段可以用来刻画文献，如参考文献（CR）、参考著者（CA）、参考期刊（CS）和参考文献年份（CY）等。所以说，单纯从一篇文献的各种属性组合上，知识共现网络的类型就有上百种之多，但目前受限于这些字段的可获得性以及所组合知识网络的实际意义，主要作为重点研究对象的网络类型还极其有限。基于以上科学文献的主要属性，通过组合的方式，我们得到的单一知识网络的数目与知识元数量是一样多的，但混合知识网络数量要远多于单纯知识网络的种类，说明未来知识网络领域尚可研究的范围还很大。如果考虑知识元的不同组合层次，以文献或者参考文献这样"粒度"较大的元数据进行组合，得到的主要有科学引文网络和文献共被引网络，如果沿着文献的其他属性继续细化进行组合，将可以得到"粒度"更细的知识共现网络，如学科共词网络和科研合作网络等。

三、学科知识关联共现数学结果

根据以上组合数学计算，本节主要将有意义的计算结果罗列出来，其中一种是单一或单纯知识网络，这也是目前研究的主要热点，另一种是混合知识网络，将是未来可供开发与挖掘的知识网络研究方向。这些组合里面除了常用的一些知识网络外，大部分目前还没有得到有效的研究及开发，表2－3给出了主要的知识网络类型及其网络的共现矩阵组合，以及其现实中的实际意义。

在该列表里获得的知识网络类型中，大部分的知识网络均在本书的研究范围内，尤其是对单一知识网络我们深入研究过其各种可能组合与应用方向，还对这些单一知识网络的可能类型如主题共现网络等进行了开发，对于现有单一知识网络及与科学创新的关系进行了探讨。对于混合知识网络的研究，如作者、机构共现网络，本书作者曾在论著中对其进行过研究，即选取了计量经济学（Econometric）科学数据做了实证研究，发现了该领域内科学家的跳槽现象（即作者在其学术生命周期内与机构交叉共现的次数）与其科学影响力的一般关系①，这是本书中异共现知识网络的典型案例。

表 2-3 知识元组合所得知识共现网络类型

序号	组合类型	组合方式	知识网络	备注
1	学科类别之间	SC×SC	主题共现网络	同共现网络
2	参考文献之间	CR×CR	文献共被引网络	
3	参考文献的作者之间	CA×CA	著者共被引网络	
4	参考文献作者的机构之间	CS×CS	期刊共被引网络	
5	论文作者之间	AU×AU	著者合作网络	
6	作者机构之间	AF×AF	机构合作网络	
7	作者国别之间	CO×CO	国家合作网络	
8	作者关键词之间	KE×KE	领域共词网络	
9	机标关键词之间	KP×KP	语义知识网络	
10	论文与参考文献之间	TI×CR	科学引文网络	异共现网络
11	作者及其机构之间	AU×AF	作者机构共现网络	

间接关联的异共现矩阵也可以通过矩阵乘法获得，美国科学家 Morris 在他的博士学位论文里提出过统一的转换方式。同共现矩阵的行、列不仅代表相同类型的特征项，而且是相同规模和内容的样本数据集，这样的同共现矩阵是对称方阵。根据研究目的的要求，可以对同类型特征项的数据集进行分类，将具备某种共性特征的（两个）数据子集抽取出来，两个子集之间的共现矩阵会构成一个不对称同共现矩阵。

从科学论文同种属性组合得到的知识网络来看，其背后用到的数学计算较为单一，然而对于相异属性组合得到的知识网络，由于涉及矩阵转换及分析，数学计算上较为复杂。这方面的研究在美国科学家 Morris 的博士学位论文中，对于各种共现矩阵的数学转换关系已有系统的研究，荷兰兰登

① Ma Feicheng, Lyu Penghui, Hao Bo. Paper Citation and Academic Job Selection for Econometric Scholar. Proceedings of 10th International Conference on Webometrics, Informetrics and Scientometrics & 15th COLLNET Meeting: 100, Ilmenau, Germany 2014.

大学科学家 Engleman 也发现，对于原始的二值共现矩阵可以通过矩阵乘法转换成相应的对称共现矩阵，再通过可视化技术就可以获得相应的知识网络图谱。

按照知识元层次来分：第一种知识网络是基于文献层次的分类[①]，主要是以文献和参考文献为组合元素的较大粒度的宏观共现网络；第二种是基于文献属性的分类，主要由文献和参考文献的下一级描述性属性为组合元素的较小粒度的微观共现网络；第三种是介于宏观和微观之间的、跨集团的知识元组合起来的混合知识网络。

按照知识元组合数量来分：第一种知识网络主要是科学文献知识元自身之间组合而成的单一知识网络，这些知识网络的起步较早研究也较为充分；第二种是两种科学文献知识元之间组合而成的混合知识网络，这类网络已经较为复杂但价值巨大；第三种是三种及以上科学文献知识元之间组合而成的知识超网络，一般涉及主体与知识客体之间的复杂关系，目前还鲜有学者深入进行此类研究。由于现有的基于科学文献基础上的知识网络研究属于非自发式的，在知识元数量组合基础上会使现有绝大多数知识网络的研究不但可以纳入同一个理论体系，还可以继续推演出新型知识网络，为未来知识网络的研究指明方向。

本章小结

本章重点研究了主要知识网络的共性理论特征，系统地对科学知识网络的现有类型做了总结与归纳，证明共现特征是自然科学、社会科学与科学学的一般共同特征。基于该知识共现网络的数据整合可以获得比原有知识更多的新知识，因而可以获得新认识来丰富现有科学知识体系。

科学知识网络对于现有学科知识可以实现重组及网络化，可发现隐藏在数据表面之下的科学创新规律，基于这些规律可以对学科知识发展进行预测，使得科学数据不再是静态的数据，而是具有了鲜活生命的动态数据，同时数据分析的范围也由“已知”扩大到“未知”，从“过去”（历史数

① 王旻霞，赵丙军．科学知识网络的结构特征及演化动力．情报杂志，2014（5）：88－95.

据）推向“将来”（未来前沿），从而推动知识网络在具体学科中的广泛应用。

由于未来科学数据不仅可以来源于数据库，还可以来源于互联网，未来在数据来源上的壁垒消失后，借助于数据挖掘和知识发现，本书建立起的知识共现网络理论体系可利用在诸多科学领域，在科学大数据时代可以获得更宽广的研究范畴与应用。

第三章　科学知识共现网络类型及构建方法

科学研究基于同一法则，即一切事物的产生取决于自然规律，这也适用于人们的行动。

Scientific research is based on the idea that everything that takes place is determined by laws of nature, and therefore this holds for the the action of people.

——爱因斯坦（Albert Einstein）

为何在目前科学数据已结构化的情况下，本书依然使用较大篇幅来讨论数据集的获取和数据库的建设问题呢？这是因为，随着各国政府开放数据活动的进行，政府已将自身在行政和人口普查等过程中产生的数据信息逐渐公开了。与此类似，科学文献在一些具有前瞻意识的科学家的倡导下也逐渐变得易于获取，尤其是目前一些可公开获取（Open Acceess，OA）的学术期刊的出现①，并以不断增长的比例发布了科学数据源，未来在网络中免费获取科学数据将逐渐成为主流，因此对于从网络中采集来的数据如何有效编码和建库就成为知识网络研究的一个前提和必要环节。

在最新科学数据仓库的设计理念中，通过学术搜索引擎可以将诸如互联网渠道与科学领域知识相关的外部数据与数据库内部数据进行自动爬取与整合，从而形成基于互联网的数据仓库，这种科学数据仓储中的数据具有实时变动、跨域来源和结构相异等特点，但对于数据存储结构的设计要求无疑均大大提高，使得专门设计相应的数据存储和调用的框架与算法等顶层设计变得日益重要，目前已经有研究机构将收集到的互联网上与科技

① Davis P. M.，“Open Access：Increased Citations Not Guaranteed”，*Science*，2009，325（5938）：266.

及其产业相关的一切数据实时存储起来，以备深入认识这些科学数据中所蕴含的巨大知识价值。

研究结果表明，科学知识组成的复杂网络并非由节点和链接组成的均匀海洋，它的网络拓扑结构和演化历程受诸如幂律、无尺度和小世界等多种法则支配。正是由于这些现象的存在和背后的机理，才使得科学创新在一些微小而精细结构上生长出来，最后促成上千年来科学发展上的生生不息、进化常新。为了追溯这个过程是如何形成的，本书需要从科学文献自身出发，仔细解剖和重构科学知识网络的形成过程，以获得对人类科学知识和创新规律更为深入的认识与理解。

从哲学中认识论的观点看，知识是人的主观世界对客观世界的概括与反映，由于知识是信息、经验、价值观与洞察力的结合，它能对新的内容进行评价和吸收，因此，知识才有了无限的继续发展的可能性。若认识是指人们获得的关于世界的活动及其成果的认识，是主体对客体观念的有效把握。我们认识科学知识的时候，就遵循着同样的规律，在这些知识本身形成的信息海洋中，只有当一些知识单元大量反复共现，它们之间才有可能存在一些必然与或然的规律，也才能被我们经过研究认识到，建立起深层次的联系来。

知识共现是指相同或者不同类型科学论文属性共同出现的现象，多篇论文之间一般会有共同出现的合作者、共同出现的合作机构、共同出现的主题或者关键词以及共同出现的文献与关键词，共同出现的机构与作者作为研究知识网络的切入点。要研究这些知识共现网络，构建这些知识元之间的定量化关系就非常重要，只有得到关系矩阵，才能更好地揭示知识内容间的关联和特征项所隐含的价值。通过共现关系构建关系矩阵后，文献中的这种矩阵关系就可能转化为因果关系，通过因果关系的传递，则更为复杂的内在规律就可被挖掘出来。科学大数据一般是基于多源异构、跨域关联的海量数据所产生的科学知识网络背后的范式和关联形态上颠覆性变化的总和。

由于信息不仅与物质、能量一样，是当今使用最多、最基础的概念，而且与其并称为当代社会发展的三大支柱性资源，然而物质与能源属于消耗性资源，用一点少一点，信息却是可以组合与再利用的可增值性资源，一旦取得，即可反复深化利用。因此，对于科技文献及科学信息之间的关系网络的深入挖掘可以使基于科学共现网络的知识增值。

进入新时代以来，信息与知识的开放得到了全社会的重视，基于对海量数据的分析为科学大数据产生潜在价值，那么如何获得海量数据来让科学大数据中的价值显现出来呢？这其中最不可或缺的环节就是数据开放。现在推进数据开放更为重要的是通过数据的共享来产生更多的价值。在大数据应用日益重要的今天，数据资源的开放共享已经成为在数据大战中保持优势的关键，这方面各国已经行动起来。在此基础上如何真正利用好日益开放的科学数据呢？知识挖掘和再组织手段就显得非常重要，如美国总统奥巴马（Barack Obama）上任伊始，就选定印度裔的移民科学家昆德拉（Vivek Kundra）作为其首席信息官（Chief Information Officer，CIO）[①]，来主要负责对美国政府掌握的海量数据进行挖掘和组织。

第一节　学科文献数据集与知识共现

自诞生以来，人类就一直尝试着将自身获得的经验诉诸文字或者用图形记录下来，从中国古代的结绳记事到全球现代的信息互联网，都是人类在科学知识积累上的巨大进步。长久以来，人类在自然与社会科学的殿堂里开疆拓土，孜孜不倦地求取一切对于外界和自身认识的知识，并积累下浩如烟海的科技与人文、社科文献，这些资料在数字化时代通过电子化逐渐变为中国记忆和世界记忆，同时使得科学知识的再利用和网络化成为可能[②]。在现代社会中，计算机作为人类大脑的延伸，基于逻辑上的组合与设计原理的研究探索，与计算机技术中的高速计算相结合已大大增强了人类的数据处理能力。科学知识是人类认识自然的社会性经验与智慧的总和，将科学知识分门别类记录、整理于专门数据库，则是利用现代科学数据的前提条件。

以科技论文为例，目前积累于各大结构化专门数据库的文献条目数以亿计，科研信息的获取与利用已经变得越来越困难。但是基于大数据处理

① https：//www. whitehouse. gov/the_ press_ office/President – Obama – Names – Vivek – Kundra – Chief – Information – Officer/.

② 马费成．数字时代不能没有“中国记忆”．中国社会科学报，2014 – 05 – 26.

的思想，我们依然可以通过研究全部数据来对科学信息做出整体上的科学认知。因为绝大多数数据库是实时更新的无法做到鸟瞰全貌，同时限于目前的技术手段和有限精力，本书从全球数据库中抽取出管理科学的部分文献数据，建立了相应科学知识元数据库来进行更具针对性的知识创新规律研究，实现所谓小数据的知识价值挖掘。

一、学科知识存储与知识共现

科学知识从生产到存储、利用，主要沿着从数据、信息、知识到情报的链条在演进，本书主要研究的是经过分门别类存储的信息，也就是被结构化了的数据，非结构化数据则首先需要按照字段的分类规则结构化后存入数据库待用。尤其是互联网与自媒体时代的科学家、研究机构和团体也能够选择各种渠道发布自己的科学数据、研究进展和研发结果，这将逐渐使得传统数据库和图书馆不再是科学数据的唯一来源，同时也给科学知识网络发展带来了机遇与挑战。

当前广泛互联时代里以科学家为中心产生了大量非结构化的科学数据，这些数据如果收集起来均可被视为科学大数据，因为这种数据在数量上远胜于结构化数据。大数据存储与管理首先要用存储器件把采集到的数据存储起来，建立起相应的数据库，并进行管理和调用①。重点解决复杂结构化、半结构化和非结构化大数据的管理与处理技术，是当前科学信息及知识挖掘研究里的前提和难点。

提及科学数据的存储，IBM 推出第一款商用硬盘存储器之时，每兆（M，10^6）字节需要 6000 美元，而目前每兆字节价格约为 0.005 美分，半个世纪来科学数据的硬盘存储成本几乎已经下降到原价格的 1 亿分之一。不远的将来，每太（T，2^{40}）硬盘的价格将下降到 1 ~ 5 美元。因此，未来数据存储的成本将会极其低廉，数据存储和调用的硬件成本几乎可以忽略不计，数据挖掘技术则成为大数据利用的主要瓶颈。

信息存储与检索一直是信息管理和计算机科学研究的重点领域之一，在目前常见的数据库中，数据是以分类条目来呈现的，这也给人们研究共现关系带来了可能。在传统的文献记录中，虽然也能观察到某些字段共现

① 孙丽红．数据采集系统及应用设计．吉林大学硕士学位论文，2008.

的现象，但计算机出现之后，才使得统计和研究共现现象变得更为方便和快捷。在学科知识存储方面，从最早的数据库技术，到后来的数据仓库和数据仓储，人类目前的科学数据在分机构、分时段（是指收集数据起始年的不同）的各种数据库中已经积累的越来越多，以汤姆森·路透公司（Thomson Route）的 Web of Science 数据库为例，累计的数据量即文献篇数已经达到了 9000 万（截至 2015 年为 93450000）篇之多，如此庞大的存储量对于数据挖掘带来前所未有的机遇，也给知识网络研究提供了前所未有的挑战。

本书首先需要进行学科数据库的构建，也就是建立一个学科文献的数据集，将上述整理好的科学数据存在 MySQL 数据库中，如图 3－1 所示，下一步将编写命令使之生成共现矩阵。在数据收集尤其是未来非结构化数据段收集方面，因为收集多个数据集或者每个数据包中更多数据记录的额外成本一般较低，这样收集尽可能多的数据并在一开始就考虑各种潜在的二次用途并使其具有可扩展性是非常有意义的，因为这可以增加科学数据的潜在价值。

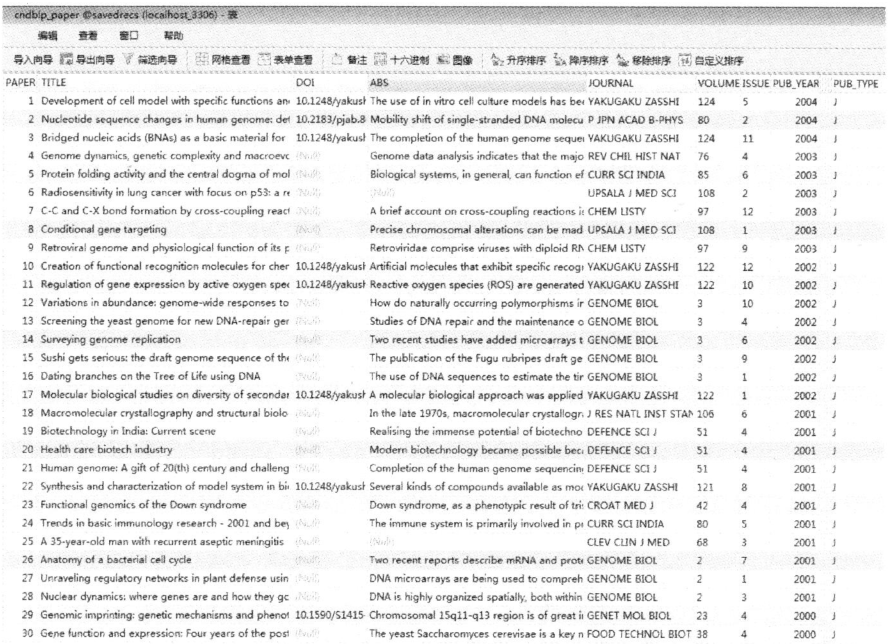
cndblp_paper @savedrecs (localhost_3306) - 表

编辑　查看　窗口　帮助

导入向导　导出向导　筛选向导　网格查看　表单查看　备注　十六进制　图像　升序排序　降序排序　移除排序　自定义排序

PAPER	TITLE	DOI	ABS	JOURNAL	VOLUME	ISSUE	PUB_YEAR	PUB_TYPE
1	Development of cell model with specific functions an	10.1248/yakush	The use of in vitro cell culture models has be	YAKUGAKU ZASSHI	124	5	2004	J
2	Nucleotide sequence changes in human genome: de	10.2183/pjab.8	Mobility shift of single-stranded DNA molecu	P JPN ACAD B-PHYS	80	2	2004	J
3	Bridged nucleic acids (BNAs) as a basic material for	10.1248/yakush	The completion of the human genome seque	YAKUGAKU ZASSHI	124	11	2004	J
4	Genome dynamics, genetic complexity and macroevo	(Null)	Genome data analysis indicates that the majo	REV CHIL HIST NAT	76	4	2003	J
5	Protein folding activity and the central dogma of mol	(Null)	Biological systems, in general, can function ef	CURR SCI INDIA	85	6	2003	J
6	Radiosensitivity in lung cancer with focus on p53: a re	(Null)	(Null)	UPSALA J MED SCI	108	2	2003	J
7	C-C and C-X bond formation by cross-coupling react	(Null)	A brief account on cross-coupling reactions is	CHEM LISTY	97	12	2003	J
8	Conditional gene targeting	(Null)	Precise chromosomal alterations can be mad	UPSALA J MED SCI	108	1	2003	J
9	Retroviral genome and physiological function of its p	(Null)	Retroviridae comprise viruses with diploid RN	CHEM LISTY	97	9	2003	J
10	Creation of functional recognition molecules for cher	10.1248/yakush	Artificial molecules that exhibit specific recog	YAKUGAKU ZASSHI	122	12	2002	J
11	Regulation of gene expression by active oxygen spec	10.1248/yakush	Reactive oxygen species (ROS) are generated	YAKUGAKU ZASSHI	122	10	2002	J
12	Variations in abundance: genome-wide responses to	(Null)	How do naturally occurring polymorphisms ir	GENOME BIOL	3	10	2002	J
13	Screening the yeast genome for new DNA-repair ger	(Null)	Studies of DNA repair and the maintenance o	GENOME BIOL	3	4	2002	J
14	Surveying genome replication	(Null)	Two recent studies have added microarrays t	GENOME BIOL	3	6	2002	J
15	Sushi gets serious: the draft genome sequence of the	(Null)	The publication of the Fugu rubripes draft ge	GENOME BIOL	3	9	2002	J
16	Dating branches on the Tree of Life using DNA	(Null)	The use of DNA sequences to estimate the tir	GENOME BIOL	3	1	2002	J
17	Molecular biological studies on diversity of secondar	10.1248/yakush	A molecular biological approach was applied	YAKUGAKU ZASSHI	122	1	2002	J
18	Macromolecular crystallography and structural biolo	(Null)	In the late 1970s, macromolecular crystallogr	J RES NATL INST STAN	106	6	2001	J
19	Biotechnology in India: Current scene	(Null)	Realising the immense potential of biotechno	DEFENCE SCI J	51	4	2001	J
20	Health care biotech industry	(Null)	Modern biotechnology became possible bec	DEFENCE SCI J	51	4	2001	J
21	Human genome: A gift of 20(th) century and challeng	(Null)	Completion of the human genome sequencin	DEFENCE SCI J	51	4	2001	J
22	Synthesis and characterization of model system in bi	10.1248/yakush	Several kinds of compounds available as mo	YAKUGAKU ZASSHI	121	8	2001	J
23	Functional genomics of the Down syndrome	(Null)	Down syndrome, as a phenotypic result of tri	CROAT MED J	42	4	2001	J
24	Trends in basic immunology research - 2001 and bey	(Null)	The immune system is primarily involved in p	CURR SCI INDIA	80	5	2001	J
25	A 35-year-old man with recurrent aseptic meningitis	(Null)	(Null)	CLEV CLIN J MED	68	3	2001	J
26	Anatomy of a bacterial cell cycle	(Null)	Two recent reports describe mRNA and prot	GENOME BIOL	2	7	2001	J
27	Unraveling regulatory networks in plant defense usin	(Null)	DNA microarrays are being used to compreh	GENOME BIOL	2	1	2001	J
28	Nuclear dynamics: where genes are and how they gc	(Null)	DNA is highly organized spatially, both within	GENOME BIOL	2	3	2001	J
29	Genomic imprinting: genetic mechanisms and phenot	10.1590/S1415-	Chromosomal 15q11-q13 region is of great i	GENET MOL BIOL	23	4	2000	J
30	Gene function and expression: Four years of the post	(Null)	The yeast Saccharomyces cerevisae is a key n	FOOD TECHNOL BIOT	38	4	2000	J

图 3－1　存储为专门数据库格式的科学数据集

数据库未来的存储结构可能也将随之改变，这是因为传统的数据库是为数据稀缺的时代设计的，所以能够也需要严密的逻辑结构，但是一旦增加元数据或者未知的文献特征项，就需要改变底层的设计，这也就大大限制了数据的检索及利用，因此以往的数据存储和分析方法也就越来越与日益增长的海量网络科学大数据相冲突，但是基于共现关系的元数据提取和研究是非常简单的，也就依然能在未来的科学大数据环境下使用，这从根本上避免了数据与数据库之间的诸多矛盾。

知识网络是在互联网环境下基于数据库、数据仓储、知识仓库等技术基础上发展起来的新型网络科学分支，而且是高价值密度的网络类型。从图书馆学的视角来看，远古以来的结绳记事、羊皮珍卷、纸版图书和光盘文献中的科学知识元均很难被跨越时空大规模调用与组合，但长久以来开发的知识组织和分类利用的思想却可以在数字化之后的数据库文献开发与利用中继续发挥作用，使得知识迅速被网络化和有序化，以供有需求的人们实时利用。

二、学科知识检索与知识共现

科学知识主要来源于学术期刊，而在学术期刊上公开发表的论文又有着严格的著录规范，这就给我们抽取可结构化的数据提供了可能。从结构和可用性上来说，数据的分类、信息的检索和知识的组织均要建立在数据的有序化存储之上，否则知识网络的形成就无从谈起。只有学科知识元相依相伴地共存于一篇论文中，才能继续进行知识组织来得到进一步的科学创新规律。

文献数据存储于数据库中，还只是静态的知识①，一旦开始从不同的角度分析，就是一个动态的数据集了，其中蕴含着无数种可能。从学科数据集里将所需要的部分数据检索出来进行组合重构，是建立在这些知识元在数据库中本来就具有共现关系基础上的，从一个到两个维度的分析，还只是简单的知识网络；如果从三个以上维度相交叉、组合就会产生复杂的知识网络，这些结果对科学决策和产生新知识均非常重要。

检索及重构得到的知识元进行各种组合后会得到共现矩阵，共现矩阵

---

① 李杰．安全科学技术信息检索基础．北京：首都经济贸易大学出版社，2014.

是共现关系的数学体现，基于共现矩阵可以开发获得更有价值的科学知识网络挖掘结果，其中选择合理的向量相似性测度算法尤为重要，因为这决定了能否得到规律性的科学创新活动的路径。目前，人们采用较多的是皮尔逊相关系数，然而荷兰科学家 Leydesdorff 研究发现，几种相关系数得到的相似性测度结论差异性不大，结论呈线性相关。

三、学科数据库之于知识共现

在科学数据的存储、检索和利用上数据库技术功不可没，人类知识从图书馆中的分类存储到数字化的数据库绝对是一个巨大的质的飞跃，这不仅体现在存储形态发生了变化，更重要的是在数字化存储技术基础上数据的存储和检索变得更为快捷便利。尽管在非数字化时代知识单元的共现关系也客观存在，但是人工组合知识共现关系进而研究知识网络的工作量巨大难以具备现实可行性。目前借助高速发展的计算机和数据库技术，我们才得以将科学数据利用起来，从而开发出蕴藏在科学数据背后的巨大价值。

1. 学科数据的数据来源

由于本书研究的对象是学科知识，因此不管对于学科内的一个主题还是整个学科的文献数据进行知识发现，首先都需要获得这些科学知识的原始数据，这些数据可以从结构化的数据库中获得，也可以从非结构化的网上学术论文数据源或者搜索引擎反馈结果中抽取，但共同点是经过多年累积目前学科文献的数量一般都很大，区别是来自网络的科学公开数据是免费的，来自科学数据库的科学文献可能需要付费下载。

目前科学数据的来源极为多样，如表 3－1 所示，因而数据整合极为重要。学科数据的来源类型主要分为论文数据和专利数据，目前大多数科学数据可以取自结构化数据库。其中论文数据以加菲尔德创立的科学引文索引数据库 SCI（Science Citation Index）较为全面，其包含了文献摘要在内的较齐全的文献字段，专利数据以英国化学家汉斯（Monty Hyams）创立的全球专利数据库 DII（Derwent Innovation Index）最为权威，这些数据是最基础的科学与技术文献数据。

表 3－1　未来科学数据的几种主要来源

数据类别	数据来源举例	数据源阐释
搜索引擎	Google Scholar	谷歌学术搜索
	Bing	微软搜索引擎
	百度学术	中文学术搜索
OA 数据平台	PLoS 平台	出版及公开获取平台
	Ex Libris 平台	全球公开获取源
	中国科技论文在线	中国科技公开数据
	BMC 出版集团	英国生物类出版平台
科学数据库	Science Citation Index	英文科学引文数据库
	Derwent Innovation Index	英文发明专利数据库
	CNKI	中文科学文献数据库
	……	……

表 3－1 中的 SCI 由美国科学情报研究所（Institute for Scientific Information，ISI）编辑出版。SCI 于 1961 年创刊，当年收录期刊 613 种；1961～1965 年为不定期出版，到 1965 年共出版了三卷；1966 年起改为季刊；1979 年改为双月刊，并自这年起每年发行上一年度世界范围内的期刊引用报告（Journal Citation Report，JCR）；另出年刊和五年累计本，JCR 在年刊中列出。

Derwent 数据库 1948 年创立，由德温特世界专利索引数据库（Derwent World Patent Index，DWPI）和德温特专利引文索引数据库（Derwent Patent Citation Index，DPCI）合并而成，共可分为三个部分：化学（Chemical Section，A－M）、电子电气（Electrical & Electronic Section，S－X）和工程（Engineering Section，P－Q）。这些文献数据目前都被集成在 Web of Science 数据平台，该平台还包含了中国科学引文数据库（CSCD）等数据，该数据平台是本书科学数据分析的主要来源之一。

2. 学科数据集存储组织

随着科学文献可分门别类而又源源不断地以结构化的数据形式来记录在数据库并有序组织起来，这样形成好的数据资源，不仅可供不同领域的科学家使用，越来越多的访问者也研究这些数据库中的子集，再从这些子集中提取自己感兴趣的知识领域进行研究和分析挖掘，这时就需要组织一个知识共现网络来有效地表达这些科学知识。

科学知识在一个时空点上集聚起来，还远不能发挥其应用的巨大功用，只有通过一定的调用并将知识存量有序组织起来，如通过科学知识网络的形式架构来挖掘其中的有用信息，知识才能真正地变成人类的智慧，才有利于我们去建设智能化的知识体系，这也是科学知识自动化发展的未来目标之一。

在目前的数据库查询和提取上，MySQL 语言就可以完全胜任并能按照需要生成我们所需要的关系矩阵，并且针对结构化数据集的查询与调用非常便捷。以同共现矩阵为例，它揭示了同种特征项内部的关联结构，使用 MySQL 生成就很方便。在同共现矩阵的基础上再利用可视化技术展现同一种特征项之间的关系就可以得到知识图谱。由于目前主流的可视化技术多数是基于同共现矩阵的，美国科学计量学家 Morris Steven 还利用两个异共现矩阵相同特征项之间建立起的关联，将交叉图技术引入文献计量领域的信息可视化中，揭示了两种特征项之间的关系，成功地拓展了异共现矩阵在共现研究中的应用范围。

3. *学科数据库数据利用*

因数据源中的数据量非常大，研究对象与其他数据混在一起，不符合我们的研究要求，因此首先要将符合一定特征的数据筛选分离出来，这可以通过计算机命令执行。需要注意的是使用专业检索时务必保证检全检准，之后进行数据清洗，将所有噪音信息全部去除以免干扰研究，同时对部分字段进行标准化处理，得到所需数据后最后进行格式转化，统一成易于提取和组合的数据形式来进行利用。

本书经过探索和尝试，在全球较为权威的数据库中获得了部分学科内若干主题的数据以备下一步研究使用。在数据集的建库过程当中，虽然大量文献数据信息通过结构化导入知识仓库中，但因这些知识元之间的关系没有建立起来，知识无法网络化。由于知识元是知识序化的基础，通过对知识元的组合，将离散的知识元按照一定的规则组合、集成和自适应之后，一些潜在的知识规律和科学规律就会浮现出来，一些从未被发现的知识之间的关联关系才会被发现，从而实现知识重组和增值。

学科文献的基本属性就是知识元，是以往科学计量学进行统计的基本单元。从数据结构的角度来看，传统的二维编码的关系模型即全部数据及其相互联系所组成的表单式存储方式可能被新兴的数据编码方式所代替，以便数据字段的可扩展性得到加强。这种关系需要提供一组完备的高级关系运算以支持对数据库中各种知识网络进行组合与生成的关系运算，如图 3 – 2 所示的科学学合作网络矩阵。并且这种运算在大数据环境下通过数据库定义的操作就能实现，因此未来数据存储的格式将更简单、数据关系的生成更快捷、更能对大规模数据进行运算得到各种个性化的数据关系。

	Herman, W H	Karter, A J	Mangione, C	Brown, A F	Kim, C	Marrero, D G	McEwen, L N	Narayan, K M	Zhang, H J	Rietschel, M	Safford, M M	Kolski-Andre	Ettner, S L	Li, Y	Hof, P R	Spertus, J A	Duru, O K	Rehemtulla,	Selby, J V	Thompson, T	Lawrence, T	Chen, Y	Gerzoff, R B
Herman, W H	31	16	13	8	10	12	15	5	0	0	8	0	8	0	0	0	5	0	7	7	0	0	6
Karter, A J	16	31	11	14	6	11	11	3	0	0	6	0	6	0	0	0	8	0	5	6	0	0	9
Mangione, C M	13	11	28	8	11	9	8	6	0	0	5	0	8	0	0	0	9	0	8	7	0	0	8
Brown, A F	8	14	8	20	6	7	3	5	0	0	10	0	7	0	0	0	8	0	5	6	0	0	9
Kim, C	10	6	11	6	19	7	6	6	0	0	6	0	4	0	0	0	2	0	6	8	0	0	5
Marrero, D G	12	11	9	7	7	19	7	3	0	0	7	0	2	0	0	0	6	0	8	3	0	0	5
McEwen, L N	15	11	8	3	6	7	17	0	0	0	1	0	1	0	0	0	2	0	3	2	0	0	3
Narayan, K M V	5	3	6	5	6	3	0	16	0	0	4	0	3	0	0	0	3	0	4	6	0	0	3
Zhang, H J	0	0	0	0	0	0	0	0	16	0	0	0	0	0	0	0	0	0	0	0	0	0	0
Rietschel, M	0	0	0	0	0	0	0	0	0	15	0	0	0	0	0	0	0	0	0	0	0	0	0
Safford, M M	8	6	5	10	6	7	1	4	0	0	15	0	3	0	0	0	4	0	4	7	0	0	3
Kolski-Andreac	0	0	0	0	0	0	0	0	0	0	0	15	0	0	0	0	0	0	0	0	0	0	0
Ettner, S L	8	6	8	7	4	2	1	3	0	0	3	0	15	0	0	0	7	0	1	2	0	0	3
Li, Y	0	0	0	0	0	0	0	0	0	0	0	0	0	15	0	1	0	0	0	0	0	0	0
Hof, P R	0	0	0	0	0	0	0	0	0	0	0	0	0	0	14	0	0	0	0	0	0	0	0
Spertus, J A	0	0	0	0	0	0	0	0	0	0	0	0	0	1	0	14	0	0	0	0	0	0	0
Duru, O K	5	8	9	8	2	6	2	3	0	0	4	0	7	0	0	0	14	0	2	1	0	0	3
Rehemtulla, A	0	0	0	0	0	0	0	0	0	0	0	0	0	0	0	0	0	13	0	0	4	0	0
Selby, J V	7	5	8	5	6	8	3	4	0	0	4	0	1	0	0	0	2	0	13	5	0	0	5
Thompson, T J	7	6	7	6	8	3	2	6	0	0	7	0	2	0	0	0	1	0	5	13	0	0	2
Lawrence, T S	0	0	0	0	0	0	0	0	0	0	0	0	0	0	0	0	0	4	0	0	13	0	0
Chen, Y	0	0	0	0	0	0	0	0	0	0	0	0	0	0	0	0	0	0	0	0	0	13	0
Gerzoff, R B	6	9	8	9	5	5	3	3	0	0	3	0	3	0	0	0	3	0	5	2	0	0	13

图 3 – 2　科学文献知识元共现的正方对称矩阵

另外，数据及其关系只是存储在机器里面的有用数据，这些信息要转化成人工可读的信息产品，还要借助于高级可视化技术，可视化是一种使复杂信息能够快速和容易被人理解的手段，是一种聚焦在信息里重要特征的压缩语言，是可以放大人类感知的图形化表示方法。可视化就是把数据、信息和知识转化为图形化的表示形式并获得对数据更深层次认识的过程①，

① 洪文学，王金甲．可视化和可视化分析学．燕山大学学报，2010（2）：95 – 99 + 105.

可视化作为一种可以放大人类感知的数据、信息、知识的表示方法，日益受到重视并得到越来越广泛的应用，未来针对各种数据网络和数据类型会产生普适的和个性化的可视化技术。本书中正是借助了大量的可视化工具才使得科学知识网络得到了形象化的展示。

第二节　文献字段共现关系构建方法

表达科学数据的基本单元及文献的各种字段，是科学数据得以准确刻画及存在的必要元素。要准确刻画一篇科学文献，至少需要几十种数据字段，举例如下：

FN File Name

VR Version Number

PT Publication Type(J = Journal; B = Book; S = Series; P = Patent)

AU Author(s)(in English)

BA Book Author(s)

CA Group Author(s)

GP Book Group Author(s)

RI Researcher ID Number

OI ORCID Identifier(Open Researcher and Contributor ID)

BE Editor(s)

Z2 Author(s)(in second language)

TI Title

Z1 Title(in second language)

FT Foreign Title

PN Part / Patent Number

AE Patent Assignee

Z3 Full Source Title(in second language)(includes title and subtitle)

SO Full Source Title(includes title and subtitle)

SE Book Series Title

BS Book Series Subtitle

VL Volume

IS Issue

SI Special Issue

MA Meeting Abstract Number

BP Beginning Page

EP Ending Page

AR Article Number

DI Digital Object Identifier(DOI)

D2 Book Digital Object Identifier(DOI)

SU Supplement

PD Publication Date

PY Publication Year

AB Abstract

Z4 Abstract(in second language)

CT Conference Title

CY Conference Date

SP Conference Sponsor

CL Conference Location

TC Times Cites in Web of Science Core Collection

Z8 Times Cited in Chinese Science Citation Database

ZB Times Cited in BIOSIS Citation Index

Z9 Total Times Cited(Web of Science Core, BIOSIS Citation Index, and Chinese Science Citation Database)

SN International Standard Serial Number(ISSN)

IE Electronic International Standard Serial Number(eISSN)

BN International Standard Book Number(ISBN)

UT Accession Number / ISI Unique Article Identifier

……

上述字段在重组和利用后，主要呈现出来的是两大共现体系，其一是在空间维度上的共现关系，也就是两种知识元在同一个空间（此处主要是指同一篇科学文献内）同时存在；其二是在时间维度上的共现关系，也就是同一种知识元甚至知识网络经历了时间的作用，在整个时间轴上遥相呼应，形成时间上的同时出现的关系。

根据上述分类，同一种知识元或者知识网络在时间上反复出现，这种知识网络可以称为时序分布知识网络；同一种知识元在空间里同时出现，进而考察其共现关系构成的是单一关系知识网络，这种网络也是目前广为研究的科学知识网络；不同种的知识元在空间里反复出现，将构成混合知识网络，这种网络新颖研究前景较大；不同种知识元或者知识网络在时间轴上反复出现得到的知识网络，可称之为多重关系知识网络，或者知识网络的演化图谱，是较为复杂的一类知识网络。

下面将对这几种知识网络逐一展开分析，在时间与空间这两种物理维度上，科学知识元的组合方式主要有表 3 –2 所述的几种，其中有的科学知识网络类型已经吸引了不少学者进行研究，并取得了不菲的学术成就，有的知识网络类型至今尚未有科学家涉足，如果找到这类知识网络蕴含的实际意义，这些新型知识网络将是未来可以展开深入研究的一块学术沃土。

表 3 –2 科学知识元在时空维度上的共现组合

组合	时间	空间
同知识元	时序分布知识网络 （各种统计图谱）	单纯知识网络 （科学知识网络）
异知识元	多重关系知识网络 （知识网络演化）	混合知识网络 （复杂知识网络）

一、时序分布知识网络

传统的数据统计一般都以时间为序来组织知识，一方面因为时间是现实世界的重要物理属性，另一方面因为时间对于科学创新活动的影响很大，本书涉及的函数变量中包含了几个时间属性以及较多的空间属性。这些空间属性知识元均可与时间进行组合生成关联关系，另外两个在空间上可以共现的知识元的组合也可以在时间上进行演化，从而得到时序演化知识网络。这一类共现关系主要是从时间演化的角度，使用各种知识元与时间组合，以考察在时间轴上各种知识元的变化情况，常用的科学计量指标也主要是对这些对象的分析为主要内容，从而分析得出各种结论来，如表3 –3 所示。

表3－3　时间序列科学知识网络组合类型

序号	组合类型	组合方式	矩阵含义	备注
1	被引数与年度	TC×PY	科学引文网络	异共现网络
2	文献与被引年度	CR×CY	文献年度被引	
3	作者与被引年度	CA×CY	著者年度被引	
4	期刊与被引年度	CS×CY	期刊年度被引	
5	作者与年度	AU×PY	作者递增趋势	
6	机构与年度	AF×PY	机构递增趋势	
7	国家与年度	CO×PY	国家递增趋势	
8	关键词与年度	KE×PY	关键词递增趋势	
9	标签数与年度	KP×PY	机标词递增趋势	
10	主题与年度	SC×PY	主题数递增趋势	
	……	……	……	

二、同共现的知识网络

基于科学论文的同一知识元进行关联组合，就得到单纯关系知识网络，即同一关系知识网络。这种知识网络主要是学科知识的同种属性共现矩阵得到的，不需要进行进一步的矩阵变换或函数运算，就可以直接可视化后得到相应知识网络图谱。这类科学知识网络主要有科学引文网络、文献共被引网络、著者共被引网络、期刊共被引网络、著者合作网络、机构合作网络、国家合作网络、关键词共词网络、学科语义网络、主题共现网络、文献耦合网络等，也是本书研究的主体内容。

由于在学科本体单元的共现方面，目前研究最多的就是单属性共现现象，以及基于这种同共现的单纯关系知识网络，这种知识网络一般包括关键词与关键词之间形成的共词网络、论文与论文之间形成的文献耦合网络、引文与引文之间形成的文献共被引网络、作者与作者之间形成的科研合作网络、引文作者与引文作者之间形成的作者共被引网络等。异共现矩阵可以揭示两种不同特征项的关系，而同共现矩阵只能揭示同种特征项内部的关联关系。单纯关系网络中，由于矩阵的行和列是同一个属性，因此必然组合得到对称矩阵，如式（3－1）所示。对称矩阵中有一半数据是相同的，可以考虑使用 NWB 等数据格式来存储这些矩阵信息，以便在科学大数据研究中更为节省存储空间，并且数据调用和利用更为便捷。

$$\begin{pmatrix} a_{00} & a_{01} & a_{02} \\ & a_{11} & a_{12} \\ & & a_{22} \end{pmatrix} \tag{3-1}$$

三、异共现的知识网络

混合知识网络也就是异共现的知识网络将有着更大的理论及实践研究需求，如在混合知识网络研究方面的作者—词汇混合知识网络，可以考察科学社团研究热点等问题。该网络的研究需要首先构建一个科学家合作网络，然后以科学家为中心，以他们常用的词汇继续与科学家这个节点相连接，从而形成创新主体与客体混合连接形成的知识网络，在这个知识网络上，将会很容易看出哪些科学家在哪些研究领域有所合作，从而为科学家之间的合作发现更多的潜在研究方向，或者在词汇知识网络上发现更多潜在的合作者，从而形成创新群体研究。

在混合知识网络类型中，基于时间维度的演化是一类研究热点，如将某种类型的知识网络在时间维度上的演化情况展示出来，或者将各个时间段上的网络切片出来进行对比研究，以获得网络的动态演化规律，这种类型的知识网络更能展示清楚网络节点和链接关系的动态演化过程，本书第六章就对关键词的演化情况进行了展示，这种网络从静态成为动态，其中包含着更大的信息量。

随着人们对于知识元之间关系的探索和科学创新活动规律认识的深化，目前基于相异属性的混合关系知识网络研究越来越受到各国学者的重视，事实上在数学层面，通过不同属性组合得到共现矩阵后，进一步进行线性代数中矩阵之间的运算，也可以构建出关联关系矩阵，从而绘制出这种混合关系知识网络。如表 3 -4 所示。

笔者曾在获得的数据基础上，获得了混合以及异构的知识网络类型，主要包括论文与引文之间形成的科学引文网络、论文及其关键词形成的知识网络、论文及其期刊形成的知识网络、论文及其作者形成的知识网络、作者及其机构形成的知识网络、引文及其作者形成的知识网络、引文及其期刊形成的知识网络、关键词及作者机构形成的知识网络和关键词及期刊形成的知识网络等研究成果。

表 3-4 混合关系科学知识网络演化类型

序号	组合类型	组合方式	共现矩阵	备注
1	文献及参考文献矩阵年度变化	TI×CR×PY	引文网络演化图	异共现
2	参考文献矩阵年度变化	CR×CR×PY	文献共被引演化图	
3	被引作者矩阵年度变化	CA×CA×PY	作者共被引演化图	
4	被引期刊年度变化	CS×CS×PY	期刊共被引演化图	
5	作者合作矩阵年度变化	AU×AU×PY	作者合作网络演化	
6	机构合作矩阵年度变化	AF×AF×PY	机构合作网络演化	
7	国家合作矩阵年度变化	CO×CO×PY	国家合作网络演化	
8	关键词矩阵年度变化	KE×KE×PY	共词网络演化图	
9	标签词矩阵年度变化	KP×KP×PY	语义知识网络演化	
10	主题矩阵年度变化	SC×SC×PY	主题共现网络演化	
	……	……	……	

由于此处所指的混合知识网络一般都是通过论文本身或者论文的某个属性桥接而得到的共现矩阵，还不是通过完全没有关系的两种属性组合来的，因此根据组合矩阵本身的数学性质，两个对称矩阵经过运算，最后还是能得到一个对称的矩阵，这样的矩阵中数据信息已经被大大压缩了，如果对于远距离的属性进行数学组合，其中节点上的数值将不尽相同。

异共现矩阵与社会统计学中常用的矩阵相同，表达方式与关系数据库里的关系表类似：行代表数据样本个体，列代表指标，矩阵反映了每个数据样本在各个指标上的得分，如式（3-2）所示。异共现矩阵的行与列表示两种不同特征项的样本数据，可以把行看作数据样本，把列看作指标，因此，异共现矩阵与普通的多元数据向量表达类似。同共现矩阵类似于社会网络的1—模矩阵，而异共现矩阵则等同于社会学统计矩阵。

$$\begin{pmatrix} a_{00} & a_{01} & a_{02} \\ a_{10} & a_{11} & a_{12} \\ a_{20} & a_{21} & a_{22} \end{pmatrix} \tag{3-2}$$

基于多层次和多主体、多属性的知识融合与关联关系的这些知识网络，目前均称为知识超网络，其中多重关系的知识网络的研究需要更为复杂的数学手段和可视化工具来表达，其中科学创新规律更为复杂。基于本书所设想的共现关系基础上的知识网络既包括上文所列举的主要单一关系知识网络，也包括混合知识网络，但后者经常可以通过分解和简化成单一关系知识网络来研究，如在作者—词汇知识网络里，可以将某个作者团队的词汇共现网络单独进行研究，形成专家的领域知识网络；也可以通过学科领域的作者共现网络，来形成知识领域的社群或群组网络。如可以通过所在国家与通讯作者的混合共现矩阵，来寻找目标地区潜在的合作对象。

第三节　典型共现网络与科学知识创新

学科知识共现关系由于可以转换成数学化形式即共现矩阵，进而可以加以定量测度和研究，尤其是共现矩阵还可以继续在计算机软件的帮助下可视化出来，其方法简单结果可靠，已经在知识管理领域占据了一席之地，成为定量化研究尤其是科学计量学研究的热点。其中，科学引文网络和文献共被引网络是以知识元为基础的知识计量学推论出来的主要方法论，在绘制知识网络时，存在不同的分析单元可供选择，如引文、作者、期刊、词语等，对应的共现分析有共被引、共作者，期刊引用、共词分析等，甚至可以进一步分析知识网络的结构类型和关系亲疏等。

科学知识网络因其实际意义与学科背景，里面的绝大数分布并不符合泊松分布，这就能很好地解释科学创新是由少数科学家做出来的。均值就是常态，在科学研究领域也许并不适合，在科学知识网络中，网络中心节点的作用非常大，如果去掉这样的节点再做分析，如在实际知识网络中通过干扰或者删除网络中部分节点，则剩余网络部分的可连接性与核心属性就大大减少，这样可以识别关键节点的作用。

“知识发现”一词最早出现在 1989 年举行的国际联合人工智能学术会

议上[①]，近年来，逐渐成为计算机与信息管理等学科领域的研究热点。刚开始它以研究各种发现方法和算法为主，逐步转向系统的开发与应用，并注重多种发现策略和技术的集成，以及多学科的交叉研究。知识发现可以分为不同的类型。它与数据挖掘、信息检索、数据库查询、联机分析、机器学习等既有联系又有区别[②]。在应用研究方面，目前的知识发现已经应用到金融、零售、通信、医学、科学研究等多个领域，并显示出较大的利用价值。

通过关联数据就可以捕捉现在和预测未来，如果一个事物与另一个经常同时发生，当我们注意到其中一个发生了，即使我们不能直接测量或者观察到也可以预测另一个也将要发生。这个简单的相关关系在大数据环境中是极其有用的，因为大数据注重的是整体而不是部分，重视全部数据的研究而不仅是抽样调查的结论。在本书涉及的几种主要科学知识网络中，科学引文网络和学科共被引网络是有向知识网络，科研合作网络和学科共词网络、语义知识网络等是无向知识网络。

一、科学引文网络创新路径

科学知识网络的引证网络中，引用方向指向后出现科学文献的知识元，在以文献本身作为节点的科学引文网络和文献共被引网络中，尤其要注意网络链接的方向性，科学引文网络有着固定而明确的路径方向而在期刊和著者共被引网络中，由于共被引频次是主要因素，对于引用方向的关注程度则有所下降。

科学引文网络一般使用有向箭头连接，有向箭头一般指向被引文献，而箭尾指向引证文献，或者在时间轴上顺序展示引证关系，这样就可以清晰地表现出科学文献之间的纵向继承和横向联系的知识交流现象，形成一种纵横联系的知识网络。这种知识网络里面反映的数量特征和内在规律与科学创新路径密切相关。箭头的方向即是知识传播和流动的方向，流动方向如河水一样是不可逆转的。这种流动方向可以用数学形式表示为 A→B。引文网络形成的主要功用是对于被引文献来说，其蕴含的知识得到增值，

① 温磊．基于有向项集图的关联规则挖掘算法研究与应用．天津大学博士学位论文，2004.

② 陈海珍．关联规则挖掘算法研究及其在 CRM 中的应用．浙江工业大学硕士学位论文，2003.

得到进一步的继承和发展。

二、文献共被引网络与创新

在科学文献从产生到利用的过程中，如果两篇及其以上数量的科学文献同时被后来的一篇或者多篇其他文献共同引用，不管这些文献发表的时间前后如何，只要形成错综复杂的关联关系网络，就称为科学文献共被引网络。例如，若要更好地理解科学发现在某个专题发展中的作用，我们可以应用共被引分析，因为很多发现都是与具体的文章和作者联系在一起的。

文献共被引也是知识共享的一种，通过共被引文献，科学文献中蕴含的知识内容就被多个施引文献共享了，有助于加快知识的流动和利用效率。同时，出现文献共被引现象时，就说明至少有三种以上个体之间的关系，施引文献是在共被引的两种及其以上文献基础上的继承与发展，也是它们之间的知识重组，这是科学创新路径的另一种重要方法。

共被引对于科学创新发挥的作用其实是一种协同效应，或者说知识创新主体在深入吸收两个或者两个以上个体的知识及资源的基础上，产生了包括网络效应、学习效应、规模效应、集群效应、非线性创新效应等一系列的综合效应，这时在施引一方，知识的创新效应就显现出来了。

三、科研合作网络创新方法

科研合作是常见的一种科学知识网络，这种复杂网络同时也是人际关系复杂网络的另一种体现，常见的用于研究人际关系网络的社会网络方法在此同样适用。未来人类的价值将不再体现在与自我思维类似的同行的交际上面，而体现在与各行各业专家的交际上面，只有这样的知识才能广泛而深刻地进行传播，目前想要解决一个生物学难题，或许与天体物理学家或者结构化学专家联系才更能实现解答。

例如，双螺旋结构的发现，就主要是沿着这种创新路径发现的。发现 DNA 双螺旋结构时沃森（J. D. Watson）才 25 岁，他和有物理学背景的克里克（P. H. C. Crick）在卡文迪许实验室攻读博士学位期间一起发现 DNA 双螺旋结构，十年后获得了诺贝尔生理学或医学奖，从而以崭新的观点揭示出性状如何代代相传，50 年来，没有任何其他科学家对生物学思想的影响能像他们一样巨大①。

在大科学及大数据时代，具有一些知识管理或信息获取素养对于科学家来说极为重要，沿着文献线索或者知识网络将使得科学家之间的合作成为可能。这充分说明了科学知识只有碰撞交流，科学家之间只有相互研究合作，通过不同的优势互补才能解决当下日益复杂的科学难题，从而获得知识上的创新，为科学做出自身的贡献。

四、学科共词网络创新路径

关键词是文献研究主题的高度浓缩，根据关键词的受控性与规范性，如果两篇文献具有相同的关键词，则表明这两篇文献研究的主题较为接近；反之，如果两篇文献研究的主题相近，则它们具有的关键词个数就会越多。如果一个关键词在一个领域的文献集合中出现的越多，就表明这个词汇受关注的程度越高，属于该研究领域最为主要的研究方向与内容。同样，如果一个关键词在近期内的受关注度持续攀升，就表明该词汇代表的研究内容及方向是该领域未来的研究趋势。

共词网络是指同一篇论文内多个关键词同时出现而产生的关联关系网络，这种词汇反复大量出现构建出来的关键词共词网络，是一种基于论文词汇继承现象。如果我们想关注其更广泛的社会性，即非学术性因素时，便可以应用共词分析，因为这样我们可以更容易地获知公众或者政府对科学的态度。

学科共词网络是知识共享现象的一种深刻表示，国外也有人对比研究过大规模数据样本下的方法，结果发现基于相关论文的方法较好②。在科研合作网络和学科共词网络中，同样也是知识元的共现频次更受关注，这两种知识共现网络中节点的大小和连线的粗细更是关注的焦点，学科共词网络及其演化规律是解开科学前沿演变和热点涌现的关键所在。

---

① 郑经纬，彭蕴彬．从沃森——克里克 DNA 结构模型的成功，看自然科学方法论对科技工作者的作用．自然辩证法研究，1991（8）：56－61.

② Boyack K. W.，Newman D.，Duhon R. J.，Klavans R.，Patek M.，et al.，"Clustering More than Two Million Biomedical Publications：Comparing the Accuracies of Nine Text－Based Similarity Approaches"，PLoS One，2011，6，No. 3，p. e18029. doi：10. 1371/journal. pone. 0018029.

五、语义知识网络创新模式

语义网络是目前知识管理的研究热点，因为它在处理科学文献语义层面的时候比较有用。如果说机标关键词是通过机器给科学文献添加标签的方式实现内容的抽取，其后出现的学科叙词表则在上述基础上将一个学科内的主要概念构建成层级化的网络，而新近出现的本体数据库中所有学科的基本概念之间均构建了关系，这些概念及其关系使得学科本体构成网络，但与本体网络不同，语义网络是使用这些层级化概念库里的概念词汇对单篇论文进行标引，标引出来的这些词可以代表论文内容及其关系属性，在此基础上构建语义网络能充分表达文献的语义内容。

如果通过对于基于文献中机器标引的主题词共现关系的掌握，在此基础上使用组合的方法即可构建出语义知识网络。通过这种新型网络的发展可以开发出文献之间的有机联系，定位单篇文献在整个学科中解决问题的大小和贡献。从而判断现有的论文在学科内是继续发展原有逻辑联系，还是彻底颠覆原有知识体系，在整个学科或者领域的语义知识网络基础上就能获得比较清楚的语义逻辑关系图。从而科学创新的大小具有了量化并可见的衡量标准，为未来的研究提前定位成为可能，就能实现知识管理成为所有学科基础性支撑的目的。

本章小结

本章通过对科学数据专门构建数据仓库，然后提取其中的知识元共现关系，其后建立了多种类型的知识网络，比如时序分布知识网络、单纯关系知识网络和混合关系知识网络，在时间与空间维度上将科学数据元的可能组合做了研究，将共现理论组合得到的知识网络分类并确定了本书主要考察的几种知识网络类型。

本书最后选定了几种典型的科学知识网络诸如科学引文网络、文献共被引网络、科研合作网络、学科共词网络和语义知识网络，分析了其可能的科学创新模式。如科学引文网络中知识沿着整个网络得以转移；共被引网络中的知识在整个网络中得到共享；科研合作网络里不同的科研主体在该知识网络中得到交流；共词网络里的核心词汇在知识网络中得以扩散；语义知识网络中知识在被重新组织之后得到简化并直观可见。

第四章 科学引文网络的理论与实证研究

如果我看得更远的话，那是因为我站在巨人的肩膀上。

If I have seen further it is by standing on the shoulders of giants.

——牛顿（Isaac Newton）

在人类科学创新史上，科学引文网络催生科学创新有毋庸置疑的著名先例。如爱因斯坦这样伟大的科学家，之前如果没有黎曼几何作为基础，其相对论学说也无从诞生①；同样由于莱比锡大学《学术论文集》在1684年首次发表了莱布尼兹的微积分论文，其后才诞生了牛顿伟大的经典力学理论②。科学史上纵然在1666年、1905年这样的科学奇迹年，科学创新确实发生了，但之前的科学文献对于后人的科学创新所起的作用依然不容小觑。

在科学知识的时间维度上，后出现的论文引用了之前发表的论文，它们之间就在时间轴上产生了共现关系。这在物理世界中是时间对称破缺性的一种体现，其他类型的知识网络都是反演对称的，即改变链接方向其结果仍然具有意义，然而引文网络是反演不对称的，科学引文网络在时间上必须遵守先后次序，这种在时间轴上形成的共现关系对于科学知识的继承和传播的研究非常重要。

本书所谓科学引文网络，实质上是将论文本身（以TI字段代表）作为被引和施引对象节点来构建引文网络的，这是基于文献在“篇”的整体层面上的一种知识网络。对于未来的科学大数据来说，将“要全体不要抽样、

① 阎晨光，邓明立．黎曼的几何思想及其对相对论的影响．科学技术与辩证法，2009（3）：82－85＋101＋112.

② 孙小礼．莱布尼茨与微积分发明权之争——纪念莱布尼茨诞生360周年．自然辩证法研究，2006（7）：90－96.

要效率不要精确、要相关不要因果”，这种情况下知识共现网络就能发挥大作用。这种网络实质上也是 V. Bush 提出的以文献单元为实体的引文链接思想的一种实现①，引文链接通过展示科学文献内容主题间的相互关联，揭示了科学研究之间承前启后的内在逻辑。如果从知识元层面继续细化，同样也可以组合出期刊引文网络、著者引文网络等。

在科学引文网络中，80%的引用指向38%的科学家，因此遵循幂律而非正态分布的科学家及其论著中，只有像牛顿和爱因斯坦这样的科学巨匠在幂律分布中才会占据中心位置并获得重点关注，而在正态分布中一些贡献平平的科学家群体也可能获得关注。人类最伟大的科学创新却是那些位居幂律之巅的伟人创造和引领的，大多数科学家只能在他们后面做一些跟随型的研究。因此，本书认为只要重点分析得到高被引前20%的科学文献，一个学科领域的主流和脉络基本就被认识和掌握了，这也是引文网络对于学科主流知识的主要贡献，可以从知识图谱中分析获得。

第一节　基于共现关系的科学引文网络

科学引文网络是知识网络领域甚至是知识管理领域发展最早和最好的，论文之间的相互引用关系是目前研究得较为充分的一种共现关系，作者和作者团队、机构甚至国家之间的引用作为无形学院的有形痕迹，至今已经形成完善的理论构架和思路设计，是知识管理学可向其他学科输出的为数不多的方法之一。这种知识网络是知识管理专家基于科学文献间的相互引证关系最早领悟出来的一种知识网络类型，对于这些引用和被引用之间的研究更能获得科学交流模式上的特征与规律，这是本书对科学引文网络继续关注的主要目的之一。

一、科学引文网络的发展历程

早在1927年，P. L. K. Cross 进行了科学文献研究史上第一次引文分析，

① Vannevar Bush，“As we may think（Reprinted）”，*Library Computing*，18（3）：180－188.

他统计了化学专业某些期刊论文的参考文献并进行了综合分析，据此得到了化学教育方面的核心期刊。由此开始，引文分析逐渐得到科学计量学家的重视。其后，加菲尔德（E. Garfield）使用他创立的SCI数据库，尝试利用科学引证网络来研究知识之间的传承、发展的脉络和结构，并开发了专门绘制引文网络的在线工具。

Price D. 在1965年发表的《科学论文的网络》中正式提出了科学引文网络的最初设想，在这种“引证网络”中他首次发现了知识之间的关联关系，并将其投射在二维网络图上，其后的各种引文网络研究基本都是基于这种关联共现关系的应用。Price D. 还借助于物理统计的方法对引文网络的拓扑结构及引用行为进行了深入分析，并形成了引证过程中的经典理论和一般方法。

借助于生物学和医学中的基因学说，英国著名遗传学家道金斯提出了思想基因学说，随后被印度情报学家S. K. Sen发展成为情报基因学说。我国学者刘植慧更是发展出了知识基因学说①，该学说的基本思想体现为知识基因的遗传与变异的交互运动，这些关于科学引文网络学说的建立均是为了更好地探明引文网络背后的发展动力学，目标在于揭示科学知识增长的内在机制，以及确立科学大厦的建设规律。

提及科学引文网络中论文被引的动力问题，与其将此看作是一个文献被引现象的结果，不如将其看作是一个原因。人类的科学引用行为到底可否预测？未来的引用到底完全是一种随机行为，还是一种确定性行为？本书认可从人类行为动力学来研究这件事，就可能找到很多引文网络背后的真正动因，以往的专家倾向于从心理学、管理学和社会科学等视角去做定性的分析，但美国科学家巴拉巴西提出的基于幂律的对未来定量化可精准预测的观点，由此出发可以找到科学家引用动机背后的与科学文献相关的原因。

在科学引文网络中，当科学文献被其后的论文引用时，知识就流向了施引文献，因此从被引文献到施引文献的链接就可以作为主要传播路径来进行研究，以识别科学发展的主要路径。然而在一个大型引文网络中，要想沿着这样的思路跟踪一个学科领域主要思想的流变实为不易，因此一种更为简化的方法就是识别其“主路径”，Hummon等已经将此方法应用在中

① 刘植惠．知识基因探索．情报理论与实践，1998（1）：62－64.

心性产出高的文献引文网络中，之后该方法还被从诸如从管理科学文献的引文网络移植到燃料电池的专利引文网络来应用。

根据科学引文网络来判断一个科学家在群体中的位置，就跟发明赛伯计量学（Sybermetrics）来选择棒球球员一样，尽管才刚起步可能还不成熟，但结果的准确性甚至超过了有着多年经验球探的预测。这是因为，通过客观数据来判断并做出决策，相比于权威专家的经验来说更具有事实依据和较少的主观色彩，不会受到旧的观念和个人偏好的影响，这也是基于数据的科研管理手段如今被大量采用的原因之一。

二、科学引文网络的发展方向

科学知识是一种负熵，根据普利高津（Illya Prigogine）的耗散理论，科学家主体只有输入了足够多的负熵，才能产生输出，"不学无术"说的就是没有足够多的输入，学术输出也就谈不上。因此，科学引文网络正是给一个学科领域内的科学家提供了关于学科知识的负熵产品，在此基础上整个引文体系才得以形成知识网络，网络中负熵值大的作品才能成为枢纽节点。因为这些节点的负熵值高，给网络中其他节点的创新提供了足够多的信息量①。

利用科学引文网络，人类的科学知识得到发展。从数据、信息到知识的负熵值是不断减小的，因此科学的进步也是一个信息熵值不断减小的过程，该过程符合耗散理论原理，对整个学科的引文网络或者引文网络引导下的整个学科发展方向的研究是极为重要的。在科学引文网络的研究方面，数据为其根本，深入挖掘可得到令人信服的研究结果；方法为其两翼，长久发展可以令其飞得更远。

论文之所以被引，从根本上说是因为被引文献触发了同行沿着该方向强烈而持久的探索动机，因此论文被引就是对内容本身在一定程度上的认可与发展。科学引文网络之所以能够形成，从科学知识创新路径的角度来看，一般是在一个学科领域的早期出现了原始的重大创新，从科学知识继承和发展的角度来看，后来者即使能做出更大的创新，也是因为他"站在

---

① Li，Y. L.，Zhang G. J. Feng Y. Q.，et al.，"An Entropy - based Social Network Community Detecting Method and its Application to Scientometrics"，*Scientometrics*. 2015，102（1）：1003 - 1017.

了巨人的肩膀上”，因此引文网络中大多数节点虽然未受关注，但不代表其对于学科的进步没有贡献。

三、科学引文网络研究的误区

对于科学引文网络图谱节点的指向，不管是以代数形式还是以拓扑网络表示，科学引文作为一种典型的有向非循环网络（Directed Acyclic Networks，DAN），也就是在这样的网络中，知识的传递路径是有着明确指向的，从物理上来说就是时间反演不对称，这与其他类型的知识网络明显不同。

然而目前在这样一个相对成熟和发展的理论基础上，很多应用和实证研究工作出现在专业领域的研究论著中，仍然没有在时间序列上将这些节点排序起来，忽视时间序列使得引用失去明确指向，导致节点之间的链接要么是双向的，要么是无向的。如果引用关系在引文网络中指向不明，只是将引文网络当作一个复杂网络的对象研究，就失去了科学引文网络本来的意义，这是科学引文网络目前发展的一大误区。

第二节　科学引文网络与科学创新路径

科学引文网络可以实现知识转移，对原有科学知识是一次再利用过程，这项创新指标可以由节点的知识转移存量以及节点的知识开放度来衡量。科学论文的被引数量可作为衡量论文价值的有形指标，没有被引的论文大多数会很快在知识汪洋中陷入沉寂。与纵向科学不同，科学引文网络所在的科学计量学，甚至知识管理学是应用型极强的横断科学，这种科学可为众多学科提供方法论和极有见地的研究结论，同时也表明现代科学作为一个整体在经、纬两度上得到了全面发展。

科学知识创新可以分成多种类型，其中像哥白尼的太阳中心说这种原始的科学创新并不是每个人或者每个时代都会有的，科学知识创新中所谓的吸收、改进、再创新的缓慢型技术创新正是沿着大多数科学引文网络所指向的具有拓扑结构的路径前进的。这种创新路径对于一个国家或者机构，尤其是尚未产生科学巨匠群体的民族未来发展来说，在初始的发展状态里无疑是最适合的路径。

本节主要研究科学引文网络里的知识转移与扩散、传播的规律，其中此处所指的知识主要是指个人知识，科学引文网络中的科学文献节点上的主来源是科学家个人，而非其所在机构，所以不能被认定为组织知识。而科学引文网络中包含了多种具体的创新模式与路径，如模仿创新的路径就主要来自于科学引文网络。

一、科学引文网络主要构建方法

一般情况下，我们可以将前后相继的引文关系表达成时间的函数，但事实上这种关系同样也可以用矩阵形式来表达，如果将论文本身编号后写成一行，而将论文的参考文献编号后写成一列，矩阵的节点表示引用次数，那么这种二元引用矩阵同样可以用来表现论文与参考文献之间的关联关系，其方向是由列指向行的。

引用矩阵与被引矩阵不同，它同被引矩阵的行与列具有相同的含义，代表被引用的参考文献、作者或期刊，而引用矩阵行与列具有不同的含义，代表不同类型的特征项共现矩阵：行表示引用特征项（Citing Entity），列代表被引特征项（Cited Entity）。例如，在期刊引用矩阵中，行代表引证期刊，列代表被引期刊。因为引用矩阵的行与列代表同一种特征项，但特征项类型不同，行是引用特征项，列是被引特征项。另外，大多数异共现矩阵是矩形阵列，而文献计量研究的引用矩阵基本上是方阵。

引用矩阵可以揭示学术影响力和交流模式的规律，在技术上利于矩阵转置，可以将 Q 型矩阵转换为 R 型矩阵，从而揭示和测度特征项在引用、被引网络中的地位。在科学引文网络中，施引文献原则上可以选择任何文献并作为其参考文献，但实质上引文网络并不是这样的随机网络，那些引用次数多的论文更有可能获得新的引用，引文网络的演化由偏好连接这个微妙而不可抗拒的法则支配，并受其影响，新节点会在无意间以更高的速率向已经拥有大量链接的节点添加新链接。

引用矩阵是研究者关注较多的直接关联矩阵，包括期刊（O［jp，jr］）、作者（O［ap，ar］）引用矩阵。引用矩阵涉及的两种特征项对应的物理实体相同，但在论文数据中所处的地位并不一样，分别是引用与被引关系，因此引用矩阵是一种异共现矩阵。在引证矩阵中，通常不用二值法来表达矩阵元素，而是用实际的引用频次来表达。由于引用和被引关系的不对等，引用矩阵是不对称的。引证关系与被引关系的不一致，使得引用矩阵在揭示、比较引用结构和被引结构方面具有特殊的意义和重要的研究价值，这也导致完全不同的科学创新模式的产生。

二、科学引文网络一般创建流程

引文网络出现以来，世界各国科学家陆续建立起包括期刊、专利、会议录以及网络文献在内的多种文献之间的科学引文数据库，并且其中的引文关系还可以跨库构建，形成了全球范围内日趋完备的科学知识网络，其获取流程如图 4－1 所示，尤其要注意将文献及其参考文献同时下载下来存储在本地数据库里才能构建出这种网络。

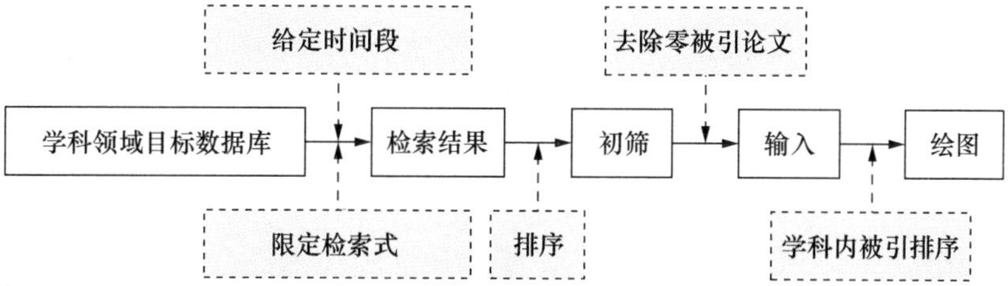

图 4－1　科学引文网络图的一般获取流程

Eugene Garfield 早在 2001 年前后就开发了 Histcite 应用软件，这是一个可对大规模数据进行分析的在线工具，可对学科领域文献进行引文时序分析，对于来源于 SCI 数据库的数据进行很好的分析。当然根据其他软件也可以尝试绘制科学引文网络，但是要避免本书上节中所述的研究误区，避免失去科学引文网络的本质特色。

在科学引文数据库中，一般包括引用（Citing）和被引（Cited）两种关系，当然这个区分主要还是以主体的不同视角决定的，在学术界也被称为后引（Backword Citation）和前引（Forword Citation），从引文网络视角来看，科学文献引用的参考文献一般被称为引文，引用一篇科学文献的文献被称为施引文献（Citing Documents），在构建科学引文网络时要注意同时将科学文献及其参考文献下载下来去构建科学知识网络。

三、引文网络与创新路径的发现

知识扩散是知识生产的核心环节，对知识的传承与创新起到了重要作用。在基础研究领域，由于知识具有规范性、公益性、开放性等特点，因此其扩散过程与规律具有典型特征。引用是科研人员在撰写科学文献时的一种学术行为，也是知识扩散的表现形式之一，大量的引用关系构成了引文网络，体现了知识扩散过程的持续性与复杂性，为研究知识扩散提供了方法与舞台①。

图 4-2 是复杂网络研究领域学术论文的引文网络图，2006 年后的图谱过于复杂本书未做展示。该图中 Albert R. 等发表于 2000 年的 781#［Nature. 406（6794）：378-382］和 805#文献与［Nature. 407（6804）：651-654］是该领域的两篇“开山之作”，其后 872#论文［Nature. 410（6825）：

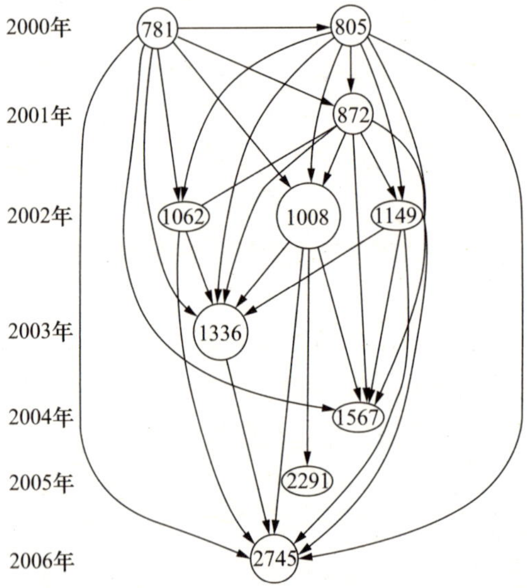

图 4-2　科学引文网络的引证关系与结构

---

① 王亮．基于 SCI 引文网络的知识扩散研究．哈尔滨工业大学博士学位论文，2014.

268 - 276］引用了前述两篇论文，这些论文又被其后的诸多论文引用，其中1008#［Reviews of Modern Physics. 74（1）：47 - 87］和1336#［SIAM Review45（2）：167 - 256］论文阐释了复杂网络的统计机制、结构与功能，是复杂网络研究领域最为重要的两篇研究成果被引最多，后续发表的探讨复杂网络动力学的2745#论文［Physics Reports. 424（4 - 5）：175 - 308］均引用了前述论文，从而形成了一张科学引文网络图，其中可以看出复杂网络领域的研究是沿着从概念到机制，从结构到动力学的创新路径前进的，基本刻画了复杂网络领域清晰的研究脉络，并在知识图谱上记录下基于时间序列的创新路径。

在科学引文网络中，由于网络的无标度特征，如果将创新看作一种可以沿着网络传播和扩散的要素，那么这种创新思想就会沿着知识网络在人际之间传播，因为与枢纽节点连接的节点极多，一旦新的思想出现，就会很快通过核心节点连接到网络中的其他节点，这样创新要素就迅速蔓延和传播开来。但在实际知识网络中，每种创新都有一个确定的传播速率和传播阈值，如果一个创新的传播率低于该临界阈值，那么它很快就会消亡，如果传播率高于该阈值，接受该创新的人数就会成指数增长，直到所有潜在接受者都接受为止，这种情形下科学创新的效率会大大提高。

科学引文网络也是一个动态的网络，因为不断地有新节点接入，以及有新的链接数被刷新，这种情况下唯一可考察的是相对数量的变化，也许我们无法遍历所有引文网络中的节点，但只要找到相对最大的节点即可，本书也是沿着这样的思路进行研究的，因此在图4 - 2中成千上万个节点中只凸显出主干节点来。在科学引文网络中，知识通过引文链接的这种特征关系链得到流动，并且只能是单方向性的。研究表明，知识流动的效率与知识网络中的网络路径长度呈负相关，这是因为知识流动的路径越长，其经过的中间节点就越多，知识的损耗就越大，成本就越高。通过科学引文网络，科学家拥有的知识得到了有效传播，通过什么结构的网络进行传播最有效率，是科学引文网络研究对于科学创新更有意义的研究方向，因为只有这样，引文网络中的全部节点才能获得有效的利用。

对于科学引文网络来说，网络中的节点一般具有对知识较强的吸收以及学习能力，还有解决问题的能力，节点所具有的这些能力其实都是节点吸纳外部链接的固有优势，本身与其创新能力有关，利于知识的获得、消化、转移和利用。如果一个节点的获得与消化知识的潜在能力强，转移和利用知识的现实吸收能力就强，那么无疑这样的节点在引文网络中具有非常强大的优势。

科学引文网络中创新能力较强的那些节点一般都是知识存量大，对内部、外部知识进行识别、捕捉、评价和消化并整合、利用和创造新知识的能力较强的节点。知识从个人或者组织一方转移给另一方个人或者组织的过程，一般由知识接受方的接受、吸纳和进一步提升所构成，这样接受方获取的知识才能产生有效价值，因为知识一般是有具体情境的，只有将特定情境中的知识获取并有效嫁接到另一个情境中，这个过程才算完成。

科学引文网络的拓扑次序是指引文网络中由起点到终点的方向，引文网络中的知识主要是从一个专家之处转移到另一个专家之处，据此 Nancy Dixon 认为知识转移包括远转移、近转移、连续转移、战略转移、专家转移等类型。科学引文网络对于我们的深刻启示是将知识的继承与创新发展相结合，我国才能走出一条真正的自强之路。在我国的科技强国战略中，目前已有了引进、吸收、再创新的实践，有些领域做了，但更多的领域还缺乏这种自发的实践与能动的反馈。面对我国的现实国情，将更多的人力、物力、财力等有限稀缺资源向跟踪、学习、引进、吸收和转化方向上倾斜，是一条与国家现有条件相符的科学发展之路。

第三节　管理科学引文网络实证研究

管理学的历史并不漫长，其初创阶段始于 19 世纪末到 20 世纪初，主要指以科学方法应用为基础的各种管理决策理论和方法的统称，进入 21 世纪以来，管理学应用了大量计算机处理手段，大大提高了研究效率，形成以定量化为主的管理科学研究特色，尤其是在定量研究方面管理科学还与运筹学等学科紧密结合，在科学引文索引（SCI）数据库中已有专门的分支（运筹学与管理科学，Operations Research & Management Science），该节中管理科学的期刊数据在本书中被单独予以研究。

从该分支所辖的期刊数据来看，美国一直居于全球管理科学研究的领先地位，在我国创新战略和科技引领经济的政策推动下，中国科学家在科技界的成果数量持续上升，目前发文量仅次于美国。《人民日报》曾经刊文指出，经过多年的大力发展，我国科学论文数虽然位居全球第二，但我国科技人员发表论文的总被引次数还比较靠后，且篇均被引次数低于世界平均值，有较大比例的论文为零被引论文。

通过我国管理科学家群体的共同努力，中国在管理科学研究方面取得了有目共睹的成就，嫦娥上天，蛟龙入海，西气东输，南水北调，高铁驰骋，三峡发电，我国诸多大型工程中无一例外地涉及大量管理优化和决策上的难题，这些实际问题的有效解决大大提高了我国管理科学的整体研究水平，使得我国在管理科学领域逐渐缩短了与发达国家的差距，近年来在论文产出上表现不俗。

在我国发表论文数量已经相继迈入科学大国的同时，如何实现我国向科学强国转变？如此之大的科学数据中又蕴含着怎样的科学创新规律？未来我国尤其是管理科学应该如何布局和分配有限的科研经费？等等。这些问题的答案其实可以通过基于共现的科学引文网络获得，在科学数据引文网络的背后，通过大数据挖掘就可以逐渐获得上述问题的答案和未来我国科学创新的方法和路径。

一、管理科学引文网络的特征及分布

管理学是一门在自然科学与社会科学领域基础上建立起来的综合性交叉学科，因此在全球性数据库如 Web of Science（WoS）中，一些管理学期刊既收录于 Science Citation Index（SCI），又收录于 Social Science Citaion Index（SSCI）；与此类似，按照我国目前的学科分类，管理学是与数学、化学、政治和经济等学科并列的学科门类，包括管理科学与工程、工商管理、公共管理、农林经济管理、图书馆情报及档案管理五大分支。作为综合性学科，管理学应用了定量研究方法，以及部分定性研究方法，在定量研究中，管理学应用了来自自然科学的众多方法，研究人类管理活动的基本规律与一般方法，提高了现代化生产力水平。

本书以管理科学期刊数据绘制了该领域的科学引文网络，通过知识网络研究管理科学的发展脉络。本书数据截至 2015 年，但因为近三年发表的科学文献被引量较少，这些文献节点很少能体现在引文网络里。管理科学引文网络如图 4－3 所示，在科学引文网络中，对于单个节点来说，既有指向它的链接，即施引文献，其数量多少称为入度；也有节点指向的链接，即参考文献，其数量多少称为出度。出度和入度大小是影响论文本身价值、促进科学创新的重要指标。一般来说，参考文献的数量和质量影响着科学论文的形成过程，而施引文献的数量和质量直接影响着科学论文的价值大小，但前者可以自主选择，后者由受众选择比较被动。

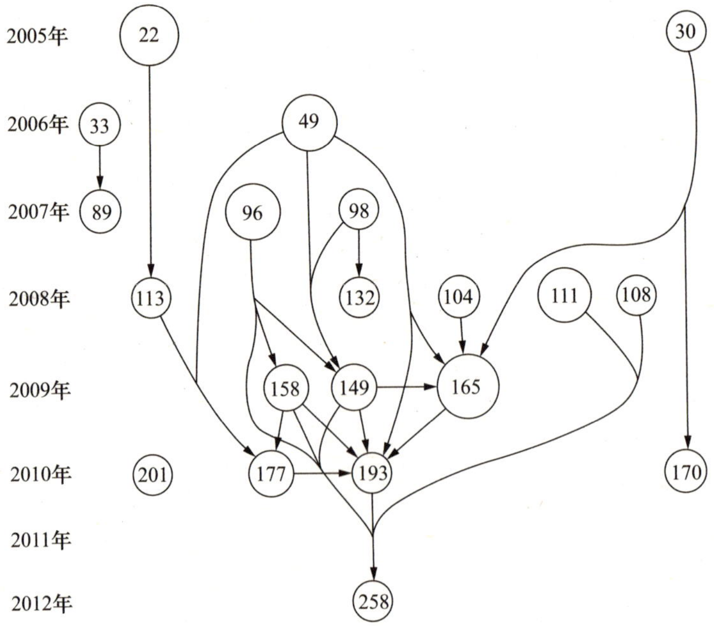

图 4－3　全球管理科学引文网络（部分）

该科学引文网络显示，近年来管理科学高被引论文中最大节点是 165#，该论文题名为 A Multi－criteria Intuitionistic Fuzzy Group Decision Making for Supplier Selection With TOPSIS Method，发表在 Expert Systems with Applications 上；最早被引的两篇开山之作为 22#与 30#论文，分别发表在 Transportation Research Part E－Logistics 和 Transportation Review 和 International Journal of Systems Science 上，题名为 An Integrated Logistics Operational Model for Green－supply Chain Management 和 Intuitionistic Fuzzy Interpretations of Multi－criteria Multi－person and Multi－measurement Tool Decision Making，因此如果能够预测这些网络的规模和结构，其特点也就能掌握了。

在科学引文网络中，主路径是从源点到汇点的通路，它能够反映科学的主要继承和扩散历程，由于该弧线的最高遍历权重大，使得依赖于此可以选择按照线性时序找到引文网络的主架构。管理科学引文网络中，从49#、149#到193#节点就形成了这样一条主路径，其中193#论文是一篇综述性论文，科学知识在这样的节点上汇聚起来，对整个引文网络又能产生较大影响。但目前我国科学家撰写的综述性论文还较少，尚未在国际科学界产生应有的影响①。

在科学引文网络中，关键节点对引文网络的前后连接作用很大，尤其是一些贡献突出的关键性节点，会催生和引发后续的多个较大节点的诞生，科学创新在这样的节点上容易诞生、传播和扩散，这一点在本课题组之前多个研究工作中都取得了证明②③。近年来，我国出台了多项科技政策，目前吸引了很多在国外的科学家回国效力，就是基于这样的一个战略考虑。科学创新一方面依靠内生，另一方面也可以依靠外引，因为在引文网络中这样的枢纽节点发挥的示范和引领作用很大，能给我国科技带来较高起点和更多创新，这也提醒我国科学家在科学创新的同时，也要重视对知识产权的保护。2015 年出台的《国务院关于深化体制改革加快实施创新驱动发展战略的若干意见》中就对这方面有明确的要求，说明我国已经认识到了科学创新自身的一些规律。

二、管理科学引文网络主要分区特点

中国在自然科学方面的产出近年来已经跃居世界前列，尤其是管理科学领域的科技文献数量已仅次于美国跃居世界第二位。这种科技优势使我国未来在科学引文网络中也有可能成为枢纽节点。由于科学与技术是国家发展的决定性力量，我国近 30 年来在管理科学等这样的学科上表现优异，

---

① Ho Yuhshan, Michael Kahn, "A Bibliometric Study of Highly Cited Reviews in the Science Citation Index expanded", *Journal of the Association for Information Science and Technology*, 65 No. 2, p. 372 - 385, 2014;

② Ma Feicheng, Lyu Penghui, Wang Xiaoyong, "Quantitative Characterization of the Research Productivity of Interdisciplinary", *COLLNET Journal of Scientoemtrics and Information Management*, 2014, 8 (1): 153 - 168.

③ Ren Junlin, Lyu Penghui, Wu Xinmu, Ma Feicheng, Wang Zhizhang, Yang Gang, "An Informetric Profile of Water Resources Management Literatures", *Water Resources Management*. 2013, 27 (13): 4679 - 4696.

同时我国制造业能在新中国成立后短短几十年间从一穷二白到迅速走向国际，在高铁、大飞机和航空母舰等高端装备制造等行业方面迅速获得全球认可。从技术发展的科学引证网络方面来看，正是因为沿着一个正确的科学知识创新引领路径在进步。

科学引文网络是一个复杂网络，复杂网络最重要的特征就是无尺度特性（Scale Free），或者叫无标度。简而言之，这是一种和我们现实世界认知中如人类身高的分布大不相同的分布，身高的分布显然是有尺度的，它以最高身高的人为限，人的身高分布呈高斯分布。但引文网络中被引次数的分布没有这样的标度，如果论文质量好，理论上引用次数可以无限大。在科学引文网络这样的复杂网络中，主要节点的中心度分布如呈幂律分布，核心节点就会因此拥有比其他节点更大的发展优势。在科学引文网络中，如果幂律开始占据统治地位的话，那么这种趋势就会越来越强，也就是说幂律趋势带来的优势统治地位也会随之越来越强。在科学引文网络中，Price D. 等发现网络链接的度分布满足负的幂律分布，根据数学上可证明，如果一个能够描述两种现象幂律的幂次不同的话，那么支配两种现象的原理就有着本质的不同。正如多年来美国位于科学引文的核心枢纽位置，从而凭借其科学技术优势在全球科学与经济领域称霸与垄断。这对未来中国的发展，将会产生不可低估的影响。

本书在 WoS 数据库中收集了管理科学高被引论文并对数据结果绘图，最后得到科学引文网络，如图 4 -4 所示。由于科学引文网络是有向网络，如同食物链和万维网一样，这种特质决定了整个网络的非均质性特点，根据巴拉巴西的研究结果，科学引文网络也是具有四个核心区域的复杂网络，跟其他有向网络一样具有四大核心子集。体现在全球管理科学引文网络上，就是明显的具有四个区分布的知识网络图。

在这样的复杂网络中，位于某个学科领域内的主要论文之间的链接关系形成一个最大的连通网络，在这个连通网络中任意节点之间互相可达，但网络规模较小；另外，有部分文献是指向这个文献集合的，它们是该连通网络的参考文献，形成了该领域的知识基础；还有一部分文献是该集合中论文的施引文献，它们是这个文献集合的发展产物，属于学科前沿，跟随这样的文献可以进入核心区域；最外层的文献集合具有较小网络规模，其内的文献有引用关系，但未与核心节点有引用关系，自身形成一个孤岛。

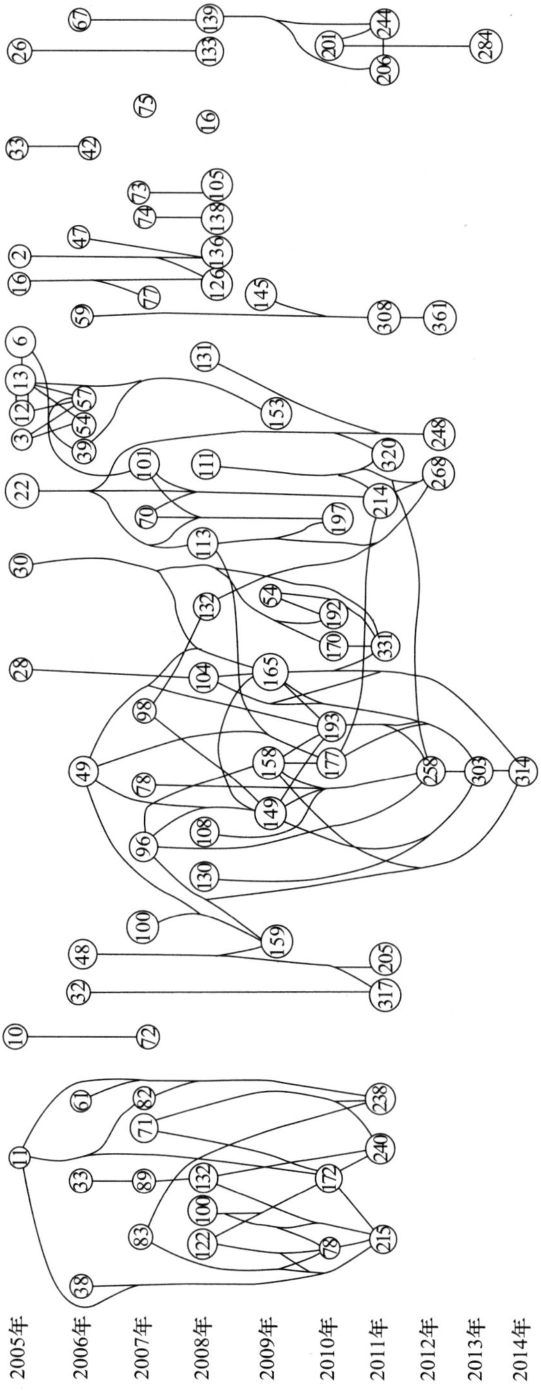

图4－4　全球管理科学引文网络

在科学引文网络中，引文网络节点分布规律表明，在管理学科引文网络里中国依然处于非核心地位。在以幂律主导的枢纽节点的分布中，只有占据绝对优势才能在全球科技领域拥有话语权。因为就科学创新而言，只有第一，没有第二，如果一项科技成果创新度高则被引率就会远大于其他论文。因此，在科学发展方面拥有绝对数量和质量的科技成果才能保证科学创新上的优势地位，根据科学引文网络反映的规律来看，科学技术在自然竞争和发展条件下成果倾向于幂律分布形式，这种趋势还将继续保持下去并且强者具有更强的先发优势，因此我国应该抓住当前的发展良机，继续将学科优势的地位加强并巩固下来，不要因为暂时的影响力不如他国或者尚未收到效果而固步自封。

三、引文网络中主节点知识扩散规律

我国在全球发表的国际论文数量不断攀升的同时，论文质量却受到了来自国内外同行的质疑，理由是这些年虽然我国发表的 SCI 论文数量上去了，但是被引数量却没有相应地居于最前列。在论文数量迅速崛起的同时，论文被引没有相应跟上，该现象称为被引延迟，是一种科研成果发表中的正常现象，因为被引需要时间，不是立刻可以看到效果的事情。

但国内外同行的质疑也为我国科学家努力提高论文被引提出了要求，因为毕竟论文的被引与科学创新休戚相关，论文数量与被引上升有无规律可言呢？我国应该沿着什么样的路径来引导未来科学的发展呢？在全球代表基础科学与技术科学的化学、工程和材料科技领域，近年来在世界 Top100 科学家的队列中，华人的名字越来越多，其中不少是与中国大陆相关的科学家，这说明华人本身极其优秀，只是需要按照科学创新规律得到正确引导。

以化学与材料科学的引文网络为例，本书数据来源于 ISI 的 In Cites 数据库，该数据库于每年 8 月更新，所有引证数据截至上一年年底。选择 In Cites 数据库相对于学科的影响力作为评价指标，是因为它是以篇均被引次数为基础、与全球平均水平相关的综合评价指标。根据国务院学位委员会办公室颁布的学科分类，学科门是最高级分类系统，包括哲学、经济学、法学、教育学、文学、历史学、自然科学、工学、农学、医学、管理学和艺术学等。本节以国务院学位委员会办公室学科分类（SCADC）为依据，考察了我国管理科学整体被引情况的变化，以相对于世界平均水平的被引率比例作为指数，其中论文的被引用次数以及对整个领域的价值是综合评价一篇科研论文的指标。

依据 WoS 的 InCite 数据库数据，中国在自然科学内的学科影响力和国家影响力年度增长趋势较好，中国篇均被引在近几年才逐渐赶上世界平均水平，但增长态势较好，近十年来呈逐步上升趋势。引用期增加后，中国的管理科学发文的影响力有不同幅度的提升，和美国的差距也有缩小，这表明近年来我国 SCI 发文量在快速增长的同时，论文质量也得到了较大的提高。提示我们适当地延长引用期有助于对我国 SCI 论文进行更合理的评价，因此被引率暂时位居他国之后，不能代表当前论文质量欠佳，延长被引周期，从更长时间维度看我国管理科学论文的被引率会得到公正的评价。

本章小结

本章基于科学文献与参考文献在时间上的共现关系基础上构建了科学引文网络这种知识网络类型，并对科学引文网络的发展历程和发展方向做了回顾，在此基础上重点论述了科学引文网络的构建办法、创建流程和发展误区等。最后总结了科学引文网络上的创新特征，如引文网络上的知识扩散、知识传播和知识继承规律，这些规律对于我国目前对科学创新的吸收、利用和再创新有所启示。

本章还以管理学等学科的数据做了实证研究，结果表明我国近年来在一些优势学科诸如运筹这样的领域逐渐跟上主流，上述两个学科中国家成果数量与排名呈幂律分布，我国暂时被引落后仅仅是因为被引延迟，在管理科学领域创新趋势良好，暂时无须担忧。

第五章　共被引网络的理论与实证研究

你可以从别人那里汲取某些思想，但必须用你自己的方式加以思考，在你的模子里铸成你思想的砂型。

You can learn some ideas from others, but you must use your own way of thinking, and cast your thoughts of sand mold.

——兰姆（Charles Lamb）

在科学发展过程中，知识通过共被引网络能得到最大程度的共享与扩散，共被引网络固有的规律在其中发挥着巨大作用。人类科学知识是沿着从论文到综述，从综述到著作，从著作到教材的过程逐渐积淀和积累的，这个过程中最基础的支配要素就是共被引文献的形成过程①。正因为这样，共被引文献被科研人员大量反复引用，从而脱颖而出成为最终被积淀和流传下来的科学知识，以及科学共同体认可的期刊或者权威科学家，归根结底，这是科学文献共被引网络规律的力量。

学科共被引网络是以参考文献（RI 字段）作为共被引分析的基本单元，研究科学文献被两个及其以上科学文献同时引证的网络，被引强度以引证它们的文献数量来衡量，通过这种分析可以在宏观逻辑学科体系的科学构成和结构特征上推测学科发展趋势，以了解科学知识与信息之间的交流规律②。共被引网络的知识共享能力较强，它也对知识网络的传播效果有着较

---

① 吕鹏辉，张凌．学科知识网络研究（Ⅱ）共被引网络的结构、特征与演化．情报学报，2014，33（4）：349－357.

② Ma Feicheng，Lyu Penghui，Wang Xiaoyong，"Quantitative Characterization of the Research Productivity of Interdisciplinary"，*COLLNET Journal of Scientoemtrics and Information Management*，2014，8（1）：153－168.

强的影响。共被引网络也是一种引文网络，该网络传播越发达，知识的传播速度就越快，传播的范围就越大，传播过程的损耗就越少，知识才能更好地到达接受的主体，这是共被引网络对科学创新的作用之一。

从复杂网络的角度来看，被引文献形成了高度有序的幂分布，这是源于新论文作者的偏好连接和择优连接的习惯造成的。但这种网络并非高度中心化的网络，而是具有多个等级的枢纽节点，这些枢纽节点将网络连接在一起，高度连通的节点之后紧跟着一些连接度稍低的节点，其后尾随着更多再小一点的节点，这种网络上的无尺度拓扑结构是网络长期选择与演化的结果。

在人为选择引用过程中，现有科学文献被引并非等同权重分布，总有一些文献、作者或者期刊被频繁引用而绝大多数文献却少有人问津。除此之外，现有共被引文献群在分布上也有一些类似于孤岛的分布，孤岛之间形成了空洞，从知识网络整体看就好像网络结构出现了洞穴，这些空洞是现有知识在未来得以弥合并继续得以发展的重要所在。某个或某些个体之间发生联系，但与其他个体不发生直接联系，无直接联系或关联间断的现象，是社会网络中的结构洞理论的主要观点，可以作为研究知识网络的基础理论之一。

知识网络在很大程度上具有无尺度特征，现有科学文献集里总存在少数文献获得了巨大的引用量，并且后续文献还会大量、共同引用这些经典文献。也就是说，共被引网络中形成的枢纽节点不仅是被引量高，关键还在于这些高被引文献共同在其他后续论文中大量持续出现，少数这样的文献是科学得以创新前进的关键与稳定力量，而科学文献数量居多且是很离散的，普通文献却没有这样的作用。

共被引网络具有以下特点：动态性，是指研究对象之间变化的短暂历时关系，它随着时间的变化而变化；相关性，共被引必须是由比它们新的后续发表的论文引用和决定的，这个关系有时序相关性和不可逆转性；共被引的论文之间没有线性模式，只能通过另外一个引用它的文献之间转化才能发生被引和线性关系。

从被引的角度看，文献、期刊和作者均可被其他文献长期大量引用，施引文献对被引文献中的知识单元进行重组，这些新的知识单元就成了知识网络中的新节点，与原有的节点之间形成了新的链接关系。在共被引网络的知识共享与扩散过程中，施引文献群对被引文献不是简单的叠加，而是一种知识汇聚，是一种经过消化加工、融合创新、深度重组产生新知识的过程，知识在共被引网络中集合化、精炼化和整序化，这些客观上的知识单元在结构上进行了重新组合形成新的知识产品，总而言之，其知识网络结构已发生了重大变化。

共被引网络由领域内的文献本身及其参考文献组成，可以用来研究学科知识的结构、研究热点、研究前沿、知识流动、学科评价、学科演进和学科发展范式等，尤其是对于成熟的学科来说，创新路径发现在共被引网络中可发现些许端倪，这其中蕴含的知识创新规律的发现非常值得探究，本书探究了几种具体共被引网络与科学创新规律之间的关系。

2005 年，Leot Leydesdorff 和 Liwen Vaughan 运用多元统计分析法和 Pajek 软件相结合将共被引研究延伸到了知识网络领域。Small 等基于共被引聚类的方法发现了在学科领域结构探测方面的一些规律①，这些规律如科学交流、群体演化和学科结构演进等均与科学创新密切相关；因此沿着此思路可以对共被引网络的创新规律进行总结。

第一节 文献共被引知识网络的主要类型

本书对一篇论文的参考文献字段进行分析，例如，Su Liang - xing，Lyu Peng - hui，Yang Zheng，Ding Shuai，Zhou Kai - le. Scientometric Cognitive and Evaluation on Smart City Related Construction & Building Technology Journals Data. Scientometrics，2015，105（1）：449 - 470. 其中数据库中存储有 Cited Author、Cited Journal、Cited References 和 Cited Year、Cited Reference Count、Cited Patent 等字段，本书主要对前三种的知识元共现网络进行研究，这三种网络在研究中具有一定的实际意义。虽然根据共现关系的组合，共被引这种知识网络可有很多种类型，但本书主要从以下几种有实际意义的知识网络开始研究知识创新规律。其中基于被引文献的概念之间的分析来追踪学科前沿热点，优于传统共词分析中的基于概念之间关系方法。剩余的几

① Small H.，“Macro - level Changes in the Structure of Co - citation Clusters：1983 - 1989”，*Scientometrics*，1993，26，No. 1，pp. 5 - 20.

种异共现共被引网络未来也望逐步得到开发与研究，当然这部分研究难度比较大。

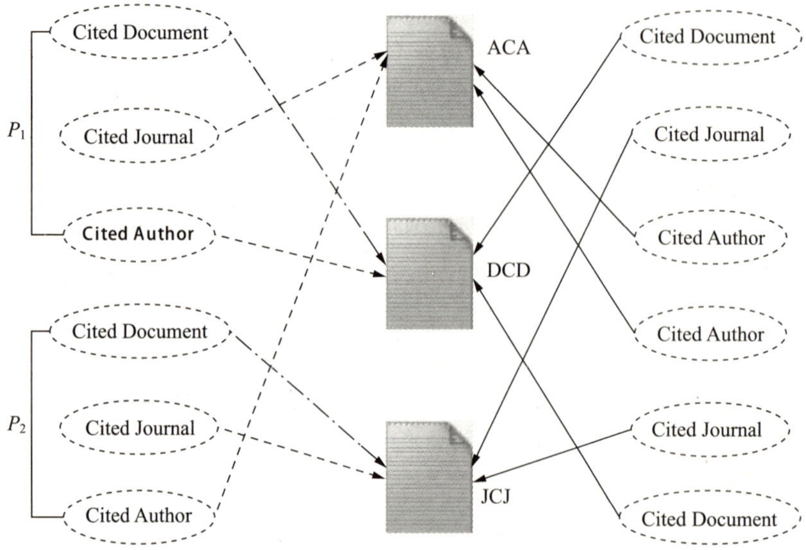

图 5-1　学科知识共被引网络主要关系及类型

根据一篇论文参考文献把最基本的知识元进行两两组合，可以得到如图 5-1 所示的关系与知识网络类型，一般情况下，一篇论文的文献字段、作者字段和期刊字段是在一起的，但也可以拆开组合成知识网络，但这种组合的实际意义为何目前尚不清楚。作者、文献和期刊这三个字段如果任取两个，则可以组成三种混合知识网络，这三个字段如果自身组合，也可以形成三种知识共现网络，也就是常见的著者共被引知识网络、文献共被引知识网络和期刊共被引知识网络，本书主要从这三种科学知识网络讲起。

第二节　文献共被引网络与领域知识基础形成

本书认为，文献共被引网络中的科学文献之所以能共被引，是因为这些文献具有一定的相似性，并且这种相似性是可以被测度的。处于文献共被引网络中核心节点位置的科学文献就是一个学科领域内的知识基础，可以继续发挥支撑科学创新的作用，是可以被反复利用的知识对象。

文献共被引网络是将文献本身作为研究对象，如果两个文献共同引用了其他文献，这种关系称为文献耦合，表明这两份文献在研究主题方面有一定相似性的关系；与此相反，如果两篇文献共同被其他文献引用，则被引的文献之间也形成共被引关系，这些文献是学科内文献研究和继续发展的基础。与此类似，共篇知识网络，是指论文之间基于相同关键词产生的关联关系网络，即两篇论文共同拥有的相同关键词越多，两篇论文的内容相关性越强，属论文共现研究范畴。中国医科大学的崔雷、郑华川等还详细研究过这方面现象①。这是共被引网络与其他类型知识网络相区别的重要之处，主要是研究的考察对象不同，本质上却都是文献共现关系的一种体现。

一、文献共被引网络研究的主要历程

历史上共被引研究最早始于1973年，苏联女科学家IV Marshakova在研究引证结构和文献分类时提出了Co－citation的概念，而亨利·斯莫尔（Henry Small）以粒子物理学文献数据为例进行了共被引强度与论文相似度之间关系的定量研究②。之后他还进行了大量的实践与实证研究，研究内容涉及物理学、生物医学、行为科学、材料科学和信息科学等众多领域，最终使得共被引分析理论与技术的研究流程日臻完善。

日本科学家野中郁次郎（Ikujiro Nonaka）认为，知识共享是知识创造的基础，共享了的知识作为基础会继续促进知识的创造③。宝贡敏和徐碧祥经过研究，将知识共享视为一种交换过程或者一种转化过程，具体说就是

---

① 郑华川，崔雷．胃癌前病变低频被引论文的共词和共篇聚类分析．中华医学图书情报杂志，2002（3）：1－3.

② Perianes－Rodríguez，Antonio，et al.，“Benchmarking and Visualising the Knowledge Base of Pharmaceutical Firms（1995－2009）”，13th Conference of the International－Society－for－Scientometrics－and－Informetrics，2009，No. 10，p. 132；

③ Nonaka，Ikujiro.，“A Dynamic Theory of Organizational Knowledge Creation”，*Organization science* 1994，5（1）：14－37.

知识拥有者将知识转移给知识需求者的过程。共被引网络是这样一种知识在其中可以得到共享和转移的知识网络①。

文献共被引网络对于科学知识创新主要是通过知识共享方式达到的，共被引文献里的科学知识通过知识网络传递给了引用文献，使得科学文献中的科学知识得到了扩散。

二、文献共被引现象研究的主要方法

在所有的共被引网络中，尽管文献共被引网络不像期刊或者著者共被引那样研究的很充分，但作为基于知识元共现理论指导组合出来的共被引网络之一，文献共被引网络在现实中也有着巨大的意义，并且是另外两种共被引网络存续的现实基础。在文献共被引网络中，一般以引用这些文献论文数量的多少来衡量其共被引程度，而共被引网络内团簇间的跨度一般使用共被引幅度来测度，文献被共被引的数量称为共被引强度或者共被引频次（Co－citation Frequency）。

科学文献共被引用的知识网络是人类理性与个体偏好共同决定的结果，被引文献的知识量是被他人引用的理性基础，但是选择哪些文献作为科学论文的参考文献又受制于文献的可获得性、作者见闻和学术偏好等多种非理性因素决定。从宏观上考察，共被引网络还是和其他知识网络一样，其中受幂律支配而不是之前人们猜测的随机正态分布的控制。这是因为这样的网络是无标度的，所以无法找到一篇代表性著作来衡量这批科学文献被引用的总体特性，这样固定的平均化节点性文献在网络中是不存在的。在这种无标度网络中，存在着一些关键性或者枢纽性的节点文献，正是这些文献从根本上决定着共被引网络的拓扑结构，也就是少数几篇科学文献决定了整个学科的未来走向，因此才使得核心知识元素的网络筛选变得容易。

对于一些共被引强度较高的个体或者团体来说，其内部知识存量较高，并且自身创造出了有价值的知识，形成了自身的知识基础，而且这种优势又通过共被引得到了进一步的加强，在知识网络中这样的节点对知识的聚集和吸收能力较强，这种优势形成了一种良性循环，其优势还会进一步得到巩固和加强，具有马太效应。

---

① 蒋卫平．论项目型组织的知识管理．项目管理技术，2008（6）：18－21.

在知识网络中，社会网络中的中间中心度概念可用来对节点进行研究。中间性这个概念是1979年由费里曼（L. C. Freeman）提出来的，目的是测度一个节点在多大程度上能位于网络上其他节点的中间，并可以对其他节点的链接起到中介的作用[①]。中间中心度主要用来测度主体对于信息控制的程度，如果一个节点处于许多其他知识节点连接的最短路径上面，那就说明该节点具有较高的中间中心度。共被引网络里如果一个节点可以连接到其他大多数节点，处于网络的中心位置，说明在知识共享中节点具有不可替代性。从网络的可控性角度来说，中间中心度测度一个节点对于其他节点连接的控制能力，一个节点位于整个网络的中心还是边缘，即取决于这个节点对于其他节点间连接的控制能力。

三、科学文献共被引网络与知识创新

通过文献共被引网络，学科知识得到了充分的共享，而知识共享是知识创新的主要环节，它是知识收集、转移、整合与创造等得以实现的前提和基础[②]。对于共被引的文献来说，它内含的知识在整个共被引网络中得到了共享，从而最大限度地发挥了知识的价值与潜能[③]。知识共享包括了知识提供者即共被引文献的外化，以及知识接受者即引证文献的内化[④]，通过这两大环节知识就从提供者处转移到了接受者之处，从而得以显著的提高接受者的吸纳效率和创新程度。

文献共被引网络具有分布式的自组织拓扑，因此其中共被引的部分文献被去除后并不影响整个网络的正常运行。从复杂网络的角度来看，共被引网络具有极大的灵活性和对于故障与错误的容纳能力，因此即使其中缺乏某些重要的科学文献，这个网络上的科学创新依然可以持续进行下去。共被引网络的超强容错和自纠正能力使得它与科学引文网络截然不同。

---

① Borgatti, Stephen P., Martin G. Everett and Linton C. Freeman, "Ucinet for Windows: Software for Social Network Analysis", *Encyclopedia of Social Network Analysis & Mining*, 2002 (10): 32.

② 宝贡敏，徐碧祥．国外知识共享理论研究述评．重庆大学学报（社会科学版），2007（2）：43－49.

③ 雷志柱，雷育生．国外知识搜索理论研究进展综述．图书情报工作，2011（2）：33－36.

④ 刘人境，张谦，闵文文．知识心理所有权与隐性知识共享关系研究．科技进步与对策，2013（3）：134－138.

基于文献共被引网络，最为主要的一点就是可以向一线的科研人员推送直接相关的科学文献，这也是科技信息自动化服务的一个重点研究方向。科学引文网络倾向于将被引最高的论文结果推送给科学家，但这个结果仅是一个学科中综合被引最高的科学文献，也许并非具体方向研究人员感兴趣的研究成果，共被引网络会将被更多科学家共同引用的文献筛选出来推送，从技术上说，大大提高了相关度，比单纯的科学引文网络的排序要精准一些。

但在这样的网络中，由于我们考察的是科学文献被引用形成的网络，施引文献继续被引的情形不在本书讨论范围内，因此使本来的有向网络成为无向加权网络。这样的网络中如果失去足够多的节点文献，整个网络瞬间就会分崩离析，其中的级联故障发生在网络局部当中，但如果继续输入其他的重要节点，通过网络的自组织，类似的拓扑结构又会重新建构起来使得科学创新能够继续进行下去。

文献共被引网络对于科学知识研究方面，可以用来挖掘其中的前沿领域、热点领域和正在出现的领域。美国科技信息研究所（Institute for Scientific Information，ISI）及其继任的汤姆森路透公司（Thomson Route）利用该方法结合其数据库做了大量的研究工作[①]，自动对高被引论文进行共被引聚类处理，用于"科学前沿"的发现并定期向外公布前沿领域（Research Fronts），如像2016年11月发布的《2016研究前沿》报告一样[②]。

基于文献共被引这种共现关系来给出推荐结果的方法在现实中越来越普遍地被采用，甚至深刻地改变着我们的教育环境，目前在很多名师参与的网上公开课（MOOC）中，通过收集学生重放的讲座视频片段，从而找出讲解不明确或者很吸引人的地方，然后反馈给设计和讲课的团队，所以未来老师的教育方法一定会随之改变，这种针对性的提高对于我们的教学和科研具有很大的提升作用。

---

① 姜春林，梁帅，丁堃．科学计量学视角下的弗朗西斯·纳林的学术成就及影响．现代情报，2012(3)：10－15.

② http：//science. thomsenreuters. com. cn/press/press20161031/.

第三节　期刊共被引网络与新领域识别及发现

一个成熟的学科会拥有自己固定的期刊群，从而学科共同体经常性的具有共同交流的阵地和可能性，科技期刊这种学术媒体出现后，各大学科之间有了明显的区别与差异。举例而言，研究化学的人员更倾向于将自己的学术成果发表在化学学科的期刊上，而不是发表在如管理学的期刊上，期刊使得科学家形成了共同社团和特殊的群体共同语言。但如果该领域或者学科尚不存在，通过期刊共被引网络就可以发现和识别这些潜在的热门领域，从而在最大程度上促使新学科的诞生。

期刊共被引现象的形成对于成熟学科而言，被引期刊大多数控制在学科内部期刊上，这些学术刊物是知识网络的主要组成元素；对于不成熟或者正在发展中的学科而言，尤其是交叉学科或者前沿学科，它们的共被引网络组成元素不仅来自学科内部认可的期刊，更重要的是来自学科外部的期刊——不仅来自一个学科，更多的来自多个学科，简言之，该学科正在吸收其他学科的养分，正在融合一些其他学科的知识，从而使自身变得日益强大起来。

一、期刊共被引网络理论的研究历程

因为期刊论文可以分成两种具有截然不同半衰期特征的文献：经典的和领先的，其中领先的是指研究前沿①。在 Price D. 的论著中，他将一个特定领域内通常由三四十篇近期发表的并被科学家经常引用的论文定义为研究前沿。统计发现，科学家更愿意多引用那些近期发表的文献，这种文献有即时性，可用即时因子来描述；研究前沿的实质就是在某一个研究领域内处于领先地位的成果和思想。

期刊共被引网络是指两种以上的期刊文献被其他期刊同时引用，这些

① 马楠，官建成．利用引文分析方法识别研究前沿的进展与展望．中国科技论坛，2006（4）：110－113＋128.

期刊之间形成的期刊共被引网络，这里的期刊数量称为期刊共被引强度或者期刊共被引频率，这种关联关系将众多的期刊按照被引关系组合起来，进而可以从一个角度揭示各个学科之间的相互关系和结构特征。

二、期刊共被引网络研究的主要方法

科学文献所在的期刊是对于密切相关的知识的第一次集中，而期刊共被引则是对于这些期刊的基于共现关系的又一次集中，这使得相关的文献在科学知识海洋中得以逐步汇聚从而形成一块具有一定鲜明特征的岛屿与绿地。因此，构建期刊共被引网络就是从大量科学期刊中寻找具有一定共同特征的期刊群。

期刊共被引网络构建的首要步骤是先得到共被引的关系矩阵，这是其中较为重要的关键性步骤，目前一般有几种方法可以生成这种稀疏共现矩阵。在网络规模不大的情况下，利用 Microsoft Excel 2016 的透视或者宏的功能加上 VB 命令即可直接生成关系矩阵；在网络规模较大的情况下，可使用 TDA 等专门工具生成共现矩阵；如果处理科学大数据，则需要使用专门编制的计算机命令来得到二维共现矩阵。构建好这样的共现矩阵，就可以使用专门软件或工具绘制共被引网络知识图谱了。

三、期刊共被引网络与核心期刊分布

在帮助学科或者领域科研人员识别核心期刊方面，布拉德福定律指出了核心期刊占据的比例，而共被引网络能够比其他方法更好地指出这部分期刊具体是哪些期刊①。经过实时的期刊共被引网络分析，可以得到当下核心甚至权威期刊的目录，从而为科研人员更好地从事与科学创造相关的活动提供定量化依据②。

格兰维诺特（M. S. Granovetter）在 1973 年指出，在知识网络中强连接是获取冗余信息的主要通道，弱连接是获取全新知识的主要渠道，但信息与资源不一定总能在弱连接中得到，强连接往往是个体与外界发生联系的

① 肖勇．国外情报学（资讯学）学科基础理论建设现状．情报资料工作，2008（4）：34－38.
② 孙见山．科研社交网络的论文推荐．中国科学技术大学博士学位论文，2014.

基础与出发点，在知识网络中，经常性的知识流动总是发生在强连接之间[①]。博特（R. S. Burt）提出了社会网络的结构洞学说，认为理想中的网络节点是互联的，但实际网络中总存在一些节点，它与部分节点发生互联而与剩余部分不连接，因此未连接的部分在整个网络中就像产生了空洞一样，其中处于空洞位置的节点就具有潜在的沟通现有网络集群的信息和控制优势[②]。

在共被引网络中，成千上万个节点和链接通过自组织行为形成连通区域内的分形结构，最终在这些分形结构上出现科学前沿与热点涌现，知识网络背后的支配法则与物理世界中的普适原理并无二致。知识网络中节点的分岔、分形和混沌等非线性现象也足以引起人们的重视，共被引网络作为引文网络在不同视角下的知识网络，其分布遵循着幂律而非正态分布，这种差别正如航空网络与高速公路网络间的差别一样巨大。

第四节　著者共被引网络与科学共同体的诞生

著者共被引又称作者共被引（Author Co - citation Analysis，ACA），这种知识网络是共被引方法框架下形成的一个重要结果。著者共被引是指研究两个及两个以上著者发表的文献同时被其他文献著者引用的情况，著者共被引网络里一般两篇及两篇以上论文的作者在他们的文章中引用了相同论文，引用论文通常用来论证先前的相关研究或支持作者的论点。两个研究相同或者相关主题的作者，在自己的文章中引用相同的论文是一个非常普遍和自然的现象。

同时被引强度可用引证文献著者的数量来衡量，这样众多的著者按照被引关系可以形成一个著者相关群，可用来揭示学科内专业人员的组织结构、联系程度以及学科专业之间的联系和发展演化情况。由于引文网络对于学科内引用或者学科外引用无法区分，或者区分得不是很清楚，在杰出

① Granovetter，Mark S.，"The Strength of Weak Ties"，*American journal of sociology*，1973（3）：1360 - 1380.

② Burt，Ronald S.，"Structural Holes：The Social Structure of Competition"，Harvard University Press，2009.

科学家或者学术权威的认定方面，本书认为采用著者共被引网络的研究方法较为合理。著者共被引这种知识网络可以综合考量共被引的数量和共被引的强度，通过这种办法甄选出来的节点具有更大的比较优势①，也正是科学共同体共识的一种知识发现方法，能更客观地代表真实情况。

一、著者共被引网络理论的研究历程

1981 年，White 和 Griffith 的论文《作者共被引：科学结构的文献测量方法》，以一定规则选取了 39 位情报科学的核心作者，以 1972～1979 年的 SSCI 为数据来源，通过绘制作者共被引网络，总结出了情报学的五大分支：科学交流、文献计量、情报检索数学定律和一般理论②，在这个知识图谱中，文献计量居于中心位置，说明定量化研究是知识管理研究的灵魂所在。其中 H. D. White 以研究作者共被引为主，目的是回顾性的描述单个学科或者研究团队以及它们之间的相互依赖关系③。

依据以上方法，王崇光、佘珊等选取了 JASIST（Journal of the American Society for Information Science and Technology，现名为 Journal of the Association for Information Science and Technology）、JIS（Journal of Information Science）和 Scientometrics 等期刊，对 1989～1990 年的论文进行了作者共被引聚类，结果发现知识管理研究的人员数量有了明显增加，学科热点也随之有所转移。著名哲学家 T. S. Kuhn 曾经说过，科学研究尽管是由个人进行的，但科学知识本质上却是集团的产物④；如不考虑创造这种知识的集团的特殊性，那就无法理解知识的特有效能，也无法理解它的发展方式⑤。

二、著者共被引网络研究类型与方法

在被引作者字段，主要有三种字段可供组合，其组合结果如图 5－2 所

① 宋丽萍．从两次 ACA 分析看情报科学的发展．图书情报工作，2004（10）：35－37＋44.

② White，Howard D. and Belver C. Griffith，"Author Cocitation：A Literature Measure of Intellectual Structure"，*Journal of the American Society for information Science*，1981，32（3）：163－171.

③ Kuhn，Thomas S，"The Structure of Scientific Revolutions"，University of Chicago press，2012.

④ 何萍．现代科学认识的集体主体研究．国内哲学动态，1985（5）：5－10.

⑤ T. S Kuhn. 必要的张力．记树生等译．福州：福建人民出版社，1981.

示。在科学文献的知识共现网络层面上，著者共被引网络一般包括第一作者共被引网络和全体作者共被引网络，前者是由论文文献的第一作者构成的共被引网络，该观点主要强调了论文第一作者对于论文的巨大贡献，但实际情形中论文的合作者、通讯作者和共同第一作者在其中也功不可没，因此本书主要采用全体作者共被引网络研究方法。

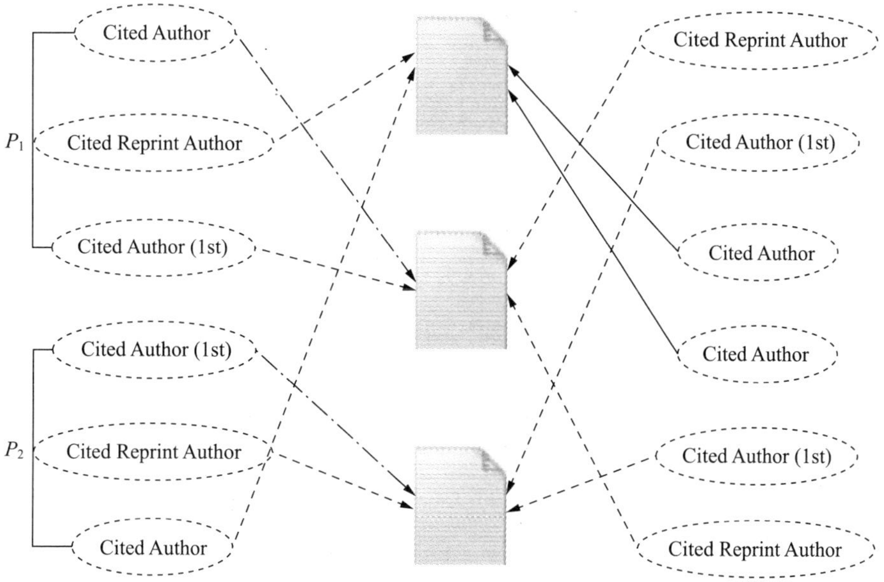

图 5－2　论文作者共被引网络主要组合类型

在著者共被引分析中，通过文献作者之间的共现关系构建其基本关系，然后基于这种文献之间的相关关系生成共现关系矩阵，因为著者的数量比期刊和文献的数目要多很多，得到共现矩阵后绘制著者共被引网络，但因为该网络中的节点数目过多，主要的节点和链接关系容易被淹没，因此需要根据网络节点的二八分布原则先行进行降噪处理。

三、著者共被引网络与科学共同体

著者共被引分析是重要而且独特的，因为共被引文献与施引文献之间的语义关系十分密切，被引文献中的观点、主题、思想、概念、理论、方法等，自然而然地嵌入引用文献的内容中。著者共被引分析，通过共被引数据结构构造和概述了一个能够在共被引网络或协作图中进行描述的科技领域。

科学共同体是遵守同一科学规范的科学家所组成的群体①，他们在同一科学规范的约束和自我认同下，科学共同体的成员掌握着大体相同的思想和接受大体相同的理论，有着共同的探索目标。在科学文献层面体现为共同被引的作者集群。

单个个体的引用行为数据似乎是杂乱无章的，但当数据累积到一定程度时，群体行为就会在数据上呈现一种秩序和规律，通过这种科研同行群体行为动力学，共被引的文献就被挖掘出来。共被引网络对于我们的启示是理论要与实践相结合，共被引网络核心中的科学发现固然重要，但在拿来与自身的基础结合的过程中需要注意结合自身情况使用，这样才能走出一条有特色的创新之路来。

第五节　管理科学共被引网络实证研究

本书将时间段限制到2015年底，通过使用管理学科分类码检索密切相关文献，将上述论文连同文献引用的参考文献一起检索出来单独存储在本地数据库中，然后利用这批数据研究了管理科学百余年来的科学创新历程。本节主要针对领域论文的参考文献进行了共被引研究，该学科数据库中已存在论文与参考文献间的大量共现关系，这种关系是共被引网络得以形成的有形基础。

美国德雷塞尔大学华人科学家陈超美博士在其著作《科学前沿图谱：知识可视化探索》中，实质上已经将知识本身作为可计量的单位②，通过

---

① 马恒通．再论图书馆学是一门前科学．四川图书馆学报，1998（6）：2－15.

② Chen C.，"Mapping Scientific Frontiers：The Quest for Knowledge Visualization"，*Springer*，2003. ISSN：1－85233－494－0.1－85233－494－0.

他开发的 Citespace 等工具体现了这一思想①，另外业界的很多同行已经在知识单元的计量与可视化方面做出了多种探索。因存在经常被一起引用的文献或者作者、期刊等，表示着他们在研究主题的概念、理论或者方法上是密切相关的，本书使用了 Citespace 软件②来进行文献共被引网络的研究。

首先将本地学科数据库中的数据按照需求全部命名后调用为纯文本文件，软件的时间范围调整到 1901 ~2015 年每 5 年为一时段，根据共被引网络类型分别选取 Cited Reference、Cited Journal 和 Cited Author 作为节点类型，逐渐调整工具参数，即可得到对应的三种类型的学科共被引网络。

一、管理学领域文献共被引网络

以科学文献本身也就是在“篇”层面使用上述科学数据绘图，得到了如图 5 -3 所示的管理科学领域相关文献的共被引网络。文献共被引网络一般可以生成以枢纽节点为核心的复杂共被引网络，为显示科学文献的前后引用关系，本书在软件工具的主面板上调整参数，获得了文献的被引时区图。所有高被引论文按照时序先后关系，在时间轴上依次排列后得到总体层次清晰、共同被引频次高的知识图谱。

管理科学最早共被引的文献是从 20 世纪 50 年代左右开始的，Methods Feasible 上的一篇论文成为该领域最早共被引的文献，2000 年左右，管理科学中出现了具有较高共被引次数的科学文献，也正是在这个时候，管理科学作为一门显学逐渐巩固了自己的地位，一些管理学大师也跻身诺贝尔奖获得者之列。在这些管理科学史上做出过巨大贡献的论文当中，一些获得共同高被引的论文得以流传下来，成为管理学教科书中的经典内容。这些文献经历了时间和历史的考验，因为其共被引强度高而得到广泛的传播。从文献共被引的角度说，正是这些文献得以成就和促成了管理科学这门学说的诞生，科学就是通过这样的人择过程而得以延续的。

---

① Chen C.，“CiteSpace Ⅱ：Detecting and Visualizing Emerging Trends and Transient Patterns in Scientific Literature”，*Journal of the American Society of Information Science and Technology*，2006，57，No. 3，p. 359 -277；

② 李杰，陈超美. CiteSpace：科技文本挖掘及可视化. 首都经济贸易大学出版社，2016.

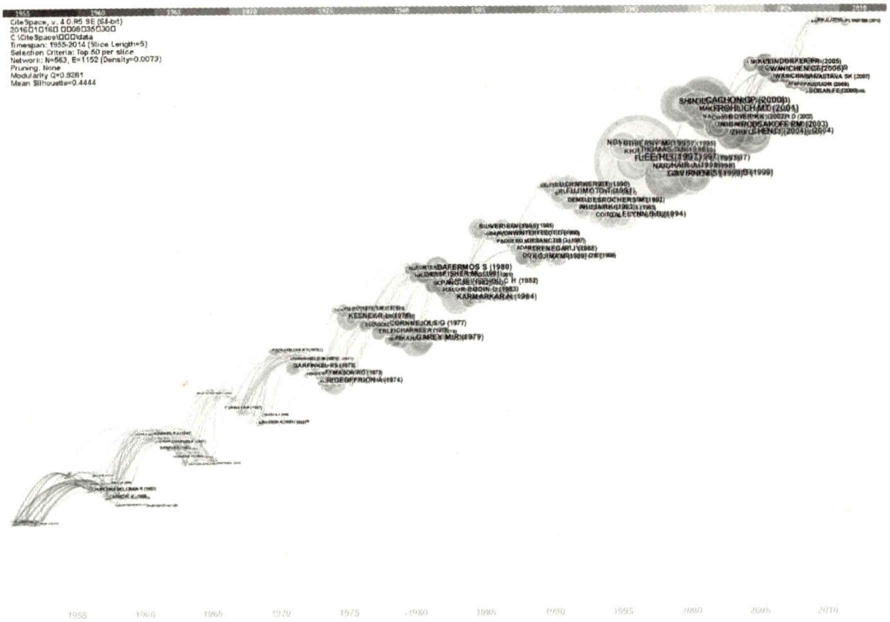

图 5－3　全球管理科学领域文献共被引网络

在科学发展史上，也许有一些偶然的因素左右着科学创新的进程，但一个时代下来，还是主要的这些节点性的科学文献组成了整个科学大厦的骨干，因为这些科学文献作为科学共同体中多数科学家共同认同的知识，是经过了时间的严格检验的。虽然著名科学家的出现受各种时代因素的制约，但只要客观条件成熟了，总会出现领军的科学家及其著作，正是这样的科学著作奠基了一门学科的基本科学基础，使得后人具备继续前进和发展的知识基础。

二、管理学领域期刊共被引网络

管理科学文献的期刊共被引网络经调整参数，生成如图 5－4 所示的知识网络图，其中共被引的期刊明显分成三大阵营，即图中上半部分所示的经济管理类期刊和下半部分所示的管理学期刊，另外还有一些运筹学研究期刊位于图中下半部分。从图中可以看出，虽然管理科学发源于经济研究，但目前研究和应用最多的却是在运筹学科，其期刊数量和密度均要大于管理学交叉类期刊，这是因为管理科学研究的对象更偏向于经济发展等这些人类关注领域的客观规律。

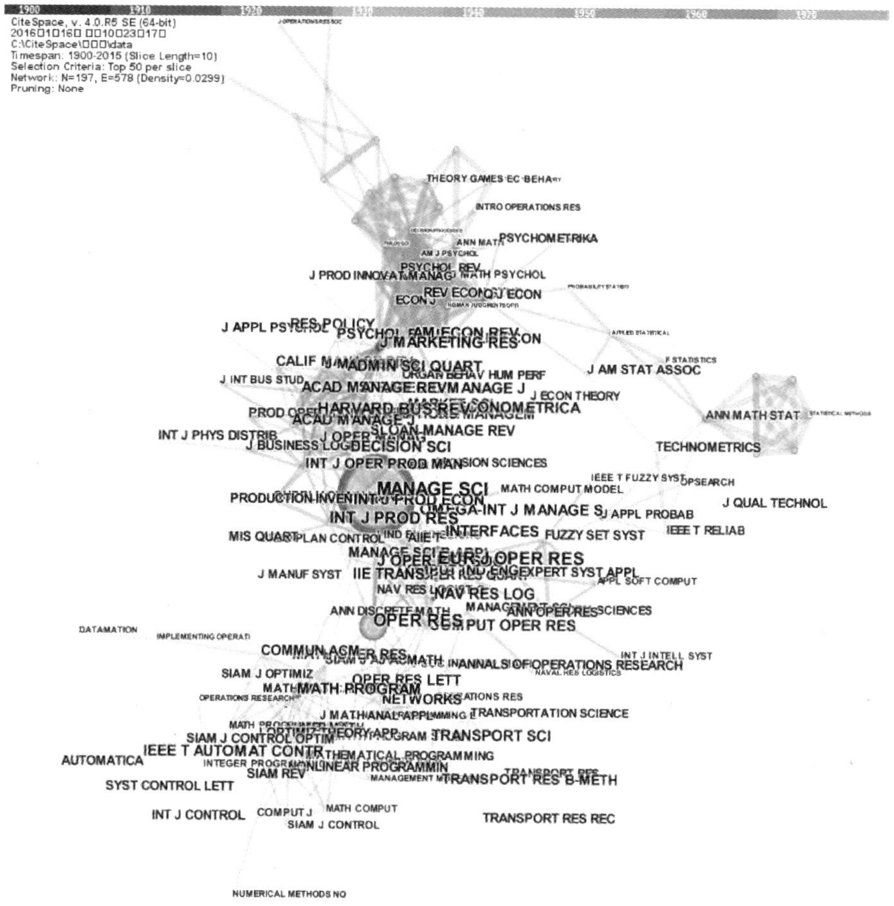

图 5-4 全球管理科学文献的期刊共被引网络

期刊作为论文的集合体，自身的筛选和过滤作用较强，在这些定位明确的高共被引期刊的基础上，学科逐渐分化和诞生，由于管理科学期刊的聚类作用，整个管理科学被发展成多个学科，如经济管理、项目管理、信息管理、产品管理学科等，同样这些原来并不存在的学科也是吸收了管理科学理论发展起来的交叉科学，在这一点上管理科学在自身发展过程中的创新极为显著，催生了大批新学科。在管理科学发展过程中，其一部分领域知识来自经济学期刊，另一部分来自运筹类期刊，在这两大类期刊之外，还有一部分连接两大聚类的跨学科期刊群。目前这三部分还没有融为一体，期刊共被引网络中心还存在较大的结构性空洞，这说明未来管理科学还会继续发展，直到整个领域的知识形成完整的有机体系。

三、管理学领域著者共被引网络

学术成果的著者是科学知识生产的主体，也是一个领域知识产生的稳定源头，著者虽然互相之间相对独立地从事知识的生产，但由于研究对象和引用群体相对趋同化，因此著者共被引现象大量存在于科技文献中。

本书还生成了管理科学领域的著者共被引网络，如图 5 – 5 所示，该图显示共被引强度较高的科学家形成两大社团。与期刊共被引网络类似，这两

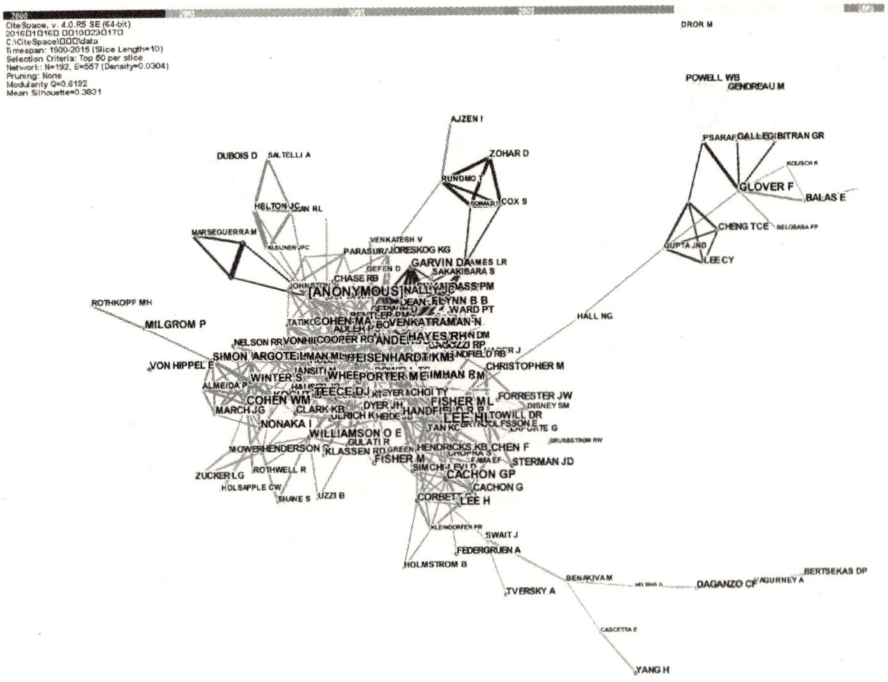

图 5 – 5　管理科学领域的著者共被引网络

大科学家共被引社团也主要是经济和管理两大学科共同体。这两大学科的科学家有人曾获得了诺贝尔奖，他们基于管理学理论解决了更多的科学难题。

这一方面说明管理科学这个学科吸引了许多的科学大师从事基础研究，另一方面形成的作者共被引网络中却很少有我国著名科学家的身影，毕竟基础科学的成就需要多年的积累，近年来我国管理学界在工程管理领域做出了巨大贡献，希望有朝一日在作者共被引网络中我国科学家也能占有一席之地。

本章小结

本章从科学文献的共被引网络与知识创新间的关系着手，总结了文献共被引网络研究的理论基础，并总结了主要的共被引网络类型。共被引网络中节点的共现是因为具有相似的知识基因，这种相似性是促成科学知识共享的基础，能够加快知识扩散和促进进一步创新。共被引网络可以分成文献共被引网络，期刊共被引网络和著者共被引网络，其中著者共被引网络又分第一作者共被引网络和全部作者共被引网络，在共被引网络中科学共同体和知识基础得以形成，从而促使新的领域逐渐诞生。

通过管理科学相关文献共被引网络的研究，这个学科的科学史特征被发现，虽然历史久远但真正发展壮大也是近十几年来的事；通过考察期刊共被引网络，发现管理科学的文献基础主要来自经济、管理和一些与运筹交叉学科期刊，期刊共被引网络中尚存在较大的结构洞，未来继续创新的空间还很大。著者共被引网络中形成了两大科学共同体，分别是较小的管理科学作者聚类群以及较大的经管作者聚类群，目前这两类科学共同体拥有各自的学科话语体系，但均获得了整个管理科学领域科学家的认可，成就较大，目前还处于对学科的发展和完善中。

第六章　科研合作网络的理论与实证研究

科学家不是依赖于个人的思想，而是综合了几千人的智慧，所有的人想一个问题，并且每人做它的部分工作，添加到正建立起来的宏伟知识大厦之中。

Scientists do not depend on the person's thought, but thousands of people's wisdom, all people think a problem, and each person to make parts of it work, add to the great knowledge building is built up.

——卢瑟福（Ernest Rutherford）

21 世纪前期的科学时代中，科学家个人就能独自完成科学知识创造活动，然而随着工业和知识经济时代的到来，仅靠个体科学家已经很难胜任一些大型科学研究，这时候科学家或者科学机构之间就以合作的形式组织起来进行科学知识集体创造。自从 1996 年联合国教科文组织的年度报告中正式使用“大科学”的称呼以来，在知识管理领域，这种日益显著的合作化趋势成为“大科学”时代显著的发展特色。诺贝尔奖获得者狄拉克甚至认为在这种合作态势下二流的物理学家去做一流的工作变得日趋容易，否则一流的科学家去做二流的工作都感觉到有些困难[①]。

由于现代科学与技术的发展高度分化，导致学科的设置越来越细化，学科之间的交叉与融合程度也越来越普遍，众多学科之间的知识需要得到传播和交流，这最终使得科学得到了更大的发展与创新。波尔曾说，所有科学的进步取决于合作。由于目前合作研究的比例呈稳步上升态势，而且

---

① Dampier W. C.，“A History of Science and its Relation with Philosophy and Religion”，Cambridge University Press，1985.

朝着高水平、深层次和多方位的方向发展[①]。目前，跨学科研究的形成使得这种研究范围更为普遍的扩大，学术思想得以充分交流与融合，跨学科研究中形成团队或者个人新的合作研究模式，它把来自两个以上学科或者专业知识社团的信息、数据、技能、工具、观点、概念和理论综合起来，加深了对学科的基本认识，或者用来解决那些难以使用单一学科或者领域知识与技能所能解决的问题。科研合作主要的产出对象就是科学论文，同时作者、机构和国家共现研究是文献中基本的实现单元，通过这种知识网络可以研究当前的合作态势，这也是所谓的无形学院得以形成的必要条件。

Science 杂志社在其创刊 125 周年之际总结的 125 个重大科学难题中，合作行为如何进化位列其第 15[②]。因此包括科研合作在内的人类合作现象的研究，成为人类有史以来极为重要的一项科学难题。对于这项研究从达尔文时代对于人类合作的本质思考开始，到目前最为前沿的屡次斩获诺贝尔奖的合作博弈论，还都很难解释清楚人类在合作现象上的种种动因及选择。因此，本书基于共现网络将科研合作中的种种具体知识网络展示出来，对其演化与机理也仅能做一个简单的分析。

在科研合作关系网络中，科学知识得到了充分的交流，其中交流的对象即知识本身既包括个人知识又包括组织知识；前者主要是由科学家之间的交流形成的，后者主要是由组织之间的互相交流产生的。按照罗素的观点，在一个经常交流的集体中，个人的知识一般是被综合在组织的知识网络中的，组织放大了由个人创造的知识[③]，作为整体的机构才能发挥出知识的作用来，使之成为科学生产力，因此在合作网络中，本书不仅关注著者合作网络，而且也关注机构与国家合作网络。

由于合作双方信息不对称的存在，彼此之间存在一个信息上的势差，因此通过合作可以降低甚至消除这种势差，自身额外信息的取得重要但经常被忽略的部分就是一个人如何透过其合作关系来获得所需信息，这也是合作网络得以存在的原因。研究显示人们倾向于向朋友或同事求助的程度，比向其他信息资源如数据库或文件资料求助的程度要高出 5 倍[④]。因此，在研究合作中节点的链接关系越多越好，在合作网络中知识流动的效率与网

① 王燕华．大学科研合作制度及其效应研究．华中科技大学博士学位论文，2011.
② 黄少安，张苏．人类的合作及其演进研究．中国社会科学，2013（7）：77－89.
③ 张以彬，陈洁．利用知识管理来创造竞争优势．图书与情报，2008（3）：6.
④ 王莉．基于用户浏览行为的文献链接分析．现代情报，2009（4）：150－152＋155.

络的聚合系数正相关，聚合系数越大，知识网络的透明度就越大，就越有利于合作规范的形成，对于聚合度大的节点，其主动进行知识流动的倾向性就越明显，这在科研合作网络中可以找到证据。

目前科研合作网络的研究主要有两种路线：一种是对于整个网络的研究，另一种是处在个体视角研究节点与其他节点产生的链接关系，这两种角度一种是宏观视角，另一种是微观视角。通过组织起来的科学社团以及科学家、科研机构之间的科研合作本身对于知识创新在某种意义上来讲就是一种创新路径，因为共同体比起创新个体而言，创新力量大大提高，个体难以解决的知识创新的难题也能得以破解。在知识经济时代，科研合作网络的形成比起单个科研活动而言本身就已形成了一条科学知识创新路径。

科研合作使得科学家个体拥有的知识在科学家之间得到快速交换和流动，正如发生在人体内的生物化学反应一样活跃。单个来考察细胞之内的上百万次化学反应，并不能解释生物体为何拥有如此强大的功能；科学家之间的偶尔合作，对于人类知识的促进也许贡献有限，但在当今大科学时代，群体的成千上万次协作与合作，才最终使得像载人航天、太空探索和原子能开发等这样的大型科研项目成为可能，也最终获得了科学上的巨大创新，这些就是科研合作效果上的成功之处。

第一节 科研主体间的合作关系探究

自从人类社会进入工业时代以来，农业经济时代及其以前的那种个体独自组织和进行创新的模式一去不返。从工业经济时代到知识经济时代的发展，科学知识创新乃至社会上的其他创新活动，在合作方面已逐渐由自发到自觉、从或然到必然，最后进入创新的自由王国。在科研活动中大量的合作研究之下，产生了占比极高的科研合作论文，这部分论文目前在绝大多数学科与领域中占据科学文献主体。

科学家是科学论文的创造者，据统计目前包含科学论文在内的全部信息资源的数量已经远远超过地球的人口数量，这显然是合作研究的力量。科学家之间通过合作，完成知识的发现、传播和交流。在科学知识生产过程中作为创新主体的人及由人组成团体的行为模式对于实现科学知识创新是非常重要的。

作为个体来说，受制于个人所能接触到的科研条件与环境的制约，个体合作行为具有非常大的个体局限性特征。因此，科学家合作网络与科学社团的合作网络（如机构合作网络、国家合作网络）就具有非常大的差异，科学社团作为个体的一个有机集合体，具有个体所不具有的整体创造优势。从哲学上来说，整体与部分，又是相互依存、相互促进的唯物辩证关系。

科研主体之间为什么要合作？其根本动因何在？除了上述客观条件促使科研合作形成外，科研主体的内在需求甚至对于合作绩效的利己性也促进着合作。从合作博弈的角度来说，重复囚徒困境实验结果显示，一个理性成熟的人或者一个理性成熟的集体甚至国家，因其自身长期利益的考虑也决定了选择对自身最佳的策略，也就是选择与其他个人、集体和国家进行研究合作，因此在科学研究文献中可以看到大量科研主体之间的合作关系存在。受知识扩散边界的限制，合作网络知识扩散还可以分为个体层面、机构层面和国家层面的扩散。

在合作现象中，埃尔德什一生与507位作者合作发表过1500余篇数学论文，因而产生了一个埃尔德什数，他本人的这个指数是0，与他合作过的科学家的埃尔德什数是1，再与其合作者共同发表过论文的埃尔德什数是2，以此类推下去大多数的埃尔德什数都很小，最终的结果是大多数数学家的埃尔德什数介于2~5，因此这个指数的存在本身就表明，科学界形成了一个高度互联的知识网络，一个领域内的科学家通过他们撰写的论文相互连接在一起。

一、合作网络的主要研究历程

1978年开始，美国科学家D. de B. Beaver和R. Rosen就在“Scientometrics”的创刊号上发表了有关科学合作研究主题的论文，论述了科学专业化分工是研究合作网络的起源和发展动因①；美国科学家M. E. J. Newman是较早开始研究科研合作模式的科学家，他从论文数量分布规律、合作人数分布规律、网络节点平均距离等方面研究科研合作网络，并提出了一种计算

① D de B. Beaver and R.，“Rosen. Studies in Scientific Collaboration：Part 1. The Professional Origins of Scientific Co - authorship”，*Scientometrics*，1978，1（1）：65 - 84.

合作网络权重的方法，由此估算合作强度的大小[①]，他对物理学等三种学科的数据进行采样，分析了不同主题和时间的推移对合作模式产生的影响[②]。

Price D. 研究指出，科学合作有助于获得隐性知识，共享隐性知识会产生社会效益；科研合作有助于获得知识再生产，科研合作是克服因科学家个体竞争产生效率低下现象的一种主要模式。美国西北大学凯洛格商学院的布雷恩·乌西（Brain Uzzi）教授领导的研究小组，分析了1990万篇学术论文和220万份美国专利，将分析结果发表在2007年的《科学》杂志[③]。他们发现，除了人文艺术方面的文章，在科学与工程类论文、社会科学类论文和各类专利中，通过小组合作取得成果的比例，在过去几十年中一直处于稳步上升态势。

以社会科学论文为例，小组合作的论文比例从1955年的15%上升到了2000年的51.5%。除去人文艺术领域，一篇论文或一项专利合作者的平均数量均有明显上升。而且一篇有多个合作者的论文，影响力也明显高于单一作者的论文。乌西小组还考察了美国662所主要大学在1975~2005年发表的420万篇论文，分析结果同样发表在2008年的《科学》杂志上。他们发现，在科学与工程类论文和社会科学类论文中，跨机构合作的比例在稳步上升。以社会科学类论文为例，在1975年，跨机构合作的论文仅占2%左右，但到了2005年，这一比例已经接近35%。并且通过跨机构合作发表的论文，平均引用次数要超过某一个机构单独发表的论文。

根据美国科学家H. 朱克曼的研究，诺贝尔奖获得者的研究成果大多数是通过不同方式的合作获得的。该论文中所取时间段为1901~1972年，有超过2/3的获奖者通过与他人合作完成了自己的研究。Larsen K. 在他2008年的论文中通过研究纳米太阳能电池领域的作者合作网络来加深对一个新兴研究领域的科学产出、影响和结构评价措施的利用。Y. Harande的研究表明在技术研究领域，高产研究者在科研合作上同样也是最为活跃的[④]。

---

① Newman M. E. J. "Who is the Best Connected Scientist? A Study of Scientific Coauthorship Networks," *Lecture Notes in Physics*, 2004, 650, No. 1, pp. 337-370.

② Newman M. E. J. "Coauthorship Networks and Patterns of Scientific Collaboration", *Proceedings of the National Academy of the United States of America*, 2004, No. 101, pp. 5200-5205.

③ Wuchty, Stefan, Benjamin F. Jones and Brian Uzzi. "The Increasing Dominance of Teams in Production of Knowledge", *Science* 316. 5827, No. 2007, pp. 1036-1039.

④ Y. I Harande, "Author Productivity and Collaboration: An Investigation of the Relationship Using the Literature of Technology", *Libri.* 2001, 51, No. 2, pp. 124-127.

P. Holdder 和 M. L. Pao 的研究也表明①，科学家高产与合作水平的高低成正比关系，最高产的科学家之间的科研合作也最为频繁。

在国内，大连理工大学 WISE 实验室的刘则渊、陈悦等，通过理论与实践相结合的方式，对经济学、能源技术、蛋白质工程、国际纳米技术、世界航空航天技术等领域的发明专利与学术论文的合作网络进行了深入的研究，发表了数十篇有影响力的学术论文。科研合作可以取长补短、降低研究难度，大幅度提高自己的科研产率并培养出复合型人才，因此合作关系模式自出现后就获得了科研人员的普遍欢迎。

二、科研合作网络的研究方法

从节点个体视角看，一般使用社会网络分析（Social Network Analysis，SNA）研究行为主体之间的关系，这是一种综合了数学、图论和统计学的基于个体行为观察的科学研究方法。社会网络研究方法②，这种特殊的源于社会学的研究方法，更着眼于网络中的节点也就是个体的研究，因此对于创新主体的研究更为直接，经常在合作网络中大量使用。在本书研究网络节点如何创新的工作中，社会网络研究方法发挥了重要的作用。

根据威尔曼（B. Wellman）的定义，社会网络是某些个体之间的社会关系构成的稳定系统。Fallah 等认为知识扩散主要集中在网络内部进行，受知识扩散边界的限制，知识扩散还可以分为个体层面、机构层面和国家层面等三种层面的有效扩散。因此本书科研合作网络的研究也可以在这三个层面进行，知识创新路径的考察也限于在这三种合作网络之内。

随着全球合作网络规模的扩大，科学文献大数据集中的知识元数目也成倍增加，在研究这类知识网络时，只有高频反复共现的网络节点及其关系在知识网络的解读中会对科学创新有所启示，同时为了突出枢纽节点，大量低频节点在作图中会通过提高阈值而在知识网络中不予显示。为了避免给计算带来过大的运算压力，低频节点在矩阵中会被舍弃掉，这里依据的是普莱斯定律（Price Law）：

---

① M. L. Pao, "Co - authorship as Communication Measure", *Library Research*, 1981, 2, pp. 327 - 338.

② 刘军．社会网络分析导论．北京：社会科学文献出版社，2004.

$$\sum_{m+1}^{i} n(x) = \sqrt{N} \qquad (6-1)$$

在式（6－1）中，公式含义为：撰写全部论文一半的高产作者的数量，等于全部著者数量的平方根，其中 n(x) 是撰写 x 篇论文的作者数，i 是该领域最为高产作者的论文数量，N 为著者总数。

本章的实证研究部分即是按照这样的规则来进行网络节点选取的，因为在原始数据尤其是学科数据集及科学文献的作者群体非常大的情况下，只有按照这样的法则进行筛选，才能得到本书想要的数据结果。理论上舍弃掉的大部分数据将对最终结果产生一定影响，但这种影响比较有限。

通常在合作网络中重点分析的均是高产著者的合作态势，低产作者由于著作本身数量有限，合作频次相应不高，在整个合作网络中也无法占据核心位置，因而这部分作者的合著不作为本书的重点关注对象。

三、科研合作网络的研究类型

对于科学文献中反映出来的合作关系而言，从知识共现角度来看共现的字段主要是以作者（Authors）、机构（Author Affiliation）和国家（Countries）为主。如图 6－1 所示。本书基于上述科学论文三种基本的创造主体，组合出了六种知识网络类型，除此之外，虽然其他的合作关系也可能存在，但那种合而不作没有科研文献产出的现象不在本书的研究范围之内。本书从这三种基本的文献创造主体出发，可以构建出对应的三种单一类型科研合作网络，并且这三种网络之间是彼此紧密相关，对于这三种科研合作网络而言，个体与社团作为网络主要节点的规律并无二致。

虽然要实现科学创新，科研合作网络存在着很多种可能，但对于创新路径研究来说，国家合作网络、机构合作网络和著者合作网络构建简单，容易理解，可以较好地达成研究目标。另外，作者与机构之间的混合知识网络作为一种新型知识网络，本课题组也进行过详细考察①。

① Ma Feicheng, Lyu Penghui, Hao Bo. Paper Citation and Academic Job Selection for Econometric Scholar. In Proceedings of 10th International Conference on Webometrics, Informetrics and Scientometrics & 15th COLLNET Meeting, p. 126－133 , Ilmenau, Germany 2014.

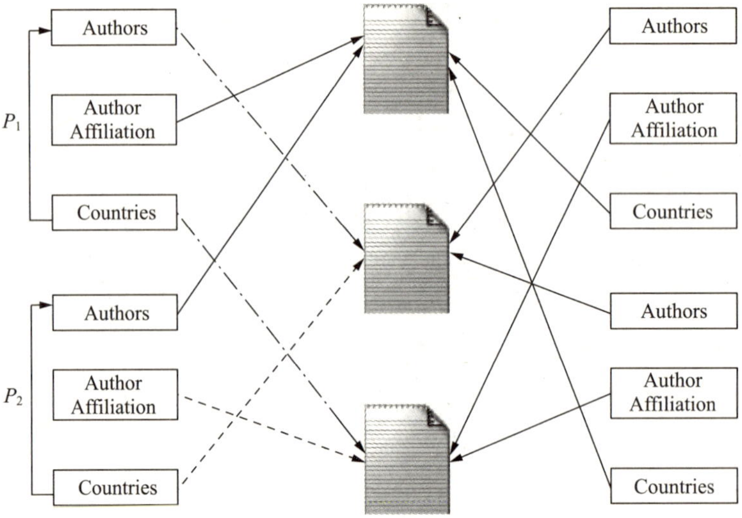

图 6－1　科研合作网络主要组合关系及类型

第二节　国家合作网络与科学知识创新

科学项目中经常能见到国家合作的现象，如由美国国家航空航天局、欧洲空间局和意大利航天局合作的卡西尼—惠更斯号（Cassini－Huygens）探测计划①；由 34 个国家所属的大学与实验室所共同出资合作兴建并由来自大约 80 个国家的 7000 名科学家和工程师日常维护的欧洲核子中心的强子对撞机（Large Hadron Collider，LHC）②；由欧盟、印度、日本、韩国、俄罗斯、美国和中国耗资 50 亿美元建造的国际热核聚变实验研究（International Thermonuclear Experimental Reactor，ITER）项目③，另外在国际空间站计划、南北极科考项目中，来自不同国家的科学家共克艰难，共同应对技

① http：//www. nasa. gov/centers/jpl/missions/cassini. html.

② http：//home. web. cern. ch/topics/large－hadron－collider.

③ http：//www. tdd. org. cn/en/display. asp？ id＝1045.

术难题。

由于这些越来越多的研究课题的需要，来自多国的科学家通力合作，最后形成了国家合作网络。正因如此，近年来在科学数据库中出现了超级庞大的科研作者队伍，甚至出现“一篇论文，三千作者”的团队作者现象。因此在国际上的学术同行里越来越多的合作已经成为一种大趋势。据统计，2013 年我国科学家参与的作者数量大于 1000、合作机构数大于 150 个的国际合作论文就有 167 篇；作者数量超过 100 人、合作机构数量大于 30 个的论文有 427 篇[①]。

2009 年，英国皇家学会发布的《知识、网络与国家：21 世纪的全球科研合作》显示，国际间的科研合作目前正处于逐步上升的趋势。该报告称，当时所有发表在国际期刊上的文章里，有超过 35% 的是国际合作的产物，这个数字在过去 15 年内增加量为 10% 。在中国，国际合作论文在本国论文总产量中的占比却由 1996 年的 18% 下降到了 2008 年的 15%，这与美国、德国等国家完全相反。

F. Naren 等的研究发现，国际合作论文的被引用频次是来自单个国家论文的被引频次的两倍[②]，这说明国家合作网络可以有效地提升研究的水平与成果档次。中国学者马楠等对中国在分子生物学领域 1999 ~ 2003 年的 6538 篇论文的合作情况进行了研究[③]，结果发现非合作论文占比 1.58%，本地合作论文占比 42.43%，国内合作论文占比 34.37%，国际合作论文占比 21.62%，其中国际合作论文对加强中国学术界与该领域主流学者的联系与提高其国际知名度均有很大帮助。

一、国家合作网络结构特征

从世界主要科技大国的国际合作论文占所有科技论文的比重来看，绝

---

① 金炬，武夷山，梁战平．国际科技合作文献计量学研究综述——《科学计量学（Scientometrics）》期刊相关论文综述．图书情报工作，2007（3）：63 – 67.

② F. Naren，E. Whitlow. Measurement of Scientific Cooperation and Coauthorship in CEC – related Area of Science. Office for Official Publications of the European Communities. Luxumbourg，Report EUR 12900，1990.

③ Nan Ma，Jiancheng Guan. “An Exploratory Study on Collaboration Profiles of Chinese Publications in Molecular Biology”，*Scientometrics*，2005，65（3）：343 – 355.

大数国家的国际合作论文比例都在稳步上升，在科学知识创新方面，很多崛起的欧洲国家都是通过科研合作的国际化来带动国家科技实力进步的，如20世纪80年代的荷兰，90年代的西班牙、意大利均是如此，这说明国家合作网络是科学知识创新的一条重要路径。中国国际合作论文的增长速度，比全球总体科学合作论文的增长速度低很多，近年来虽然我国科技论文总数在迅猛增长，然而国际合作论文的比例甚至是下降的，这个趋势目前只有巴西和土耳其的情况跟我国类似。

国家合作网络是全球最大范围的一个社会网络的小规模原型，它的独特之处是所有的链接可定期发布，并且这些链接关系都被记录在科学文献数据库中，这相当于为科学家之间的合作链接自动建立了一个详细的数字化记录，该记录使得科学活动及其背后的创新特点有迹可循。国家合作网络中有着鲜明的结构特点，由于全球总共有195个国家，31个地区，因此该网络中最大节点数不超过226个，实质上绝大多数国家合作网络的节点数都小于220个，国家合作网络之间的最大区别主要是由国家之间的合作强度造成的。

全球国家合作网络的节点数目是一定的，这是因为在这个高度一体化的时代，在科学合作这个无国界的领域，鲜有不存在国家合作领域的例子。因此，对于国家合作网络这样的小型网络来说，主要的问题是如何加强现有的链接关系，而不是创造新的链接。国家创新系统在知识创新的过程中，科研合作网络的强连接和弱连接具有不同的作用，强连接可以加强现有的合作网络关系，而弱连接有可能提供系统外的信息与知识。

二、国家合作网络之于创新

国家科研合作集合国家之间的优势力量，一般用于从事非常规力量所不能完成的科研任务，而且这种网络中节点指向的都是具有科研与优势实力的国家，可以发挥双方甚至几方的研究优势。合作网络对于我们创新的启示是“他山之石，可以攻玉”，在攻克科学难题的过程中，要善于与他国合作，取长补短，在短时期内使自身的创新能力得到大幅提升。

对于科研合作网络来说，知识在局部范围内扩散时，主体之间的交流与合作路径的发现极为重要，在创新网络内高水平知识创造者是整个知识网络知识的扩散源头，合作行为则为知识扩散和流动创造了条件并制造了多种相关关系。

因此，对于网络中的节点这个主体而言，一方面需要选择知识互补的个体进行合作，另一方面需要按照择优连接的原则进行连接。在创新网络中，节点的度分布与其社会性链接的多寡密切相关，并且单个节点的演化规律总是倾向于从关系稀疏的地带向关系稠密地带过渡，以获取更多的连接关系。拥有较多连接关系的节点总是拥有更多的基础资源和创新机会，也就容易成为科研合作网络中的创新生成中心，这些节点占据着网络中的关键路径。

第三节　机构合作网络与科学知识创新

在大科学时代，科学家之间的合作已经难以胜任大型科学探索和研究项目的需要，机构合作经常是国家层面上为了实现大科学工程而采取的机构合作研究行动。机构合作从而在人类历史上实现巨大科技创新的案例不胜枚举，像美国的由著名洛斯阿拉莫斯国家实验室、布鲁克海文国家实验室、阿贡国家实验室、芝加哥大学等参与完成的曼哈顿工程（Manhattan Project）①；俄罗斯的由俄罗斯联邦航天局、赫鲁尼契夫国家航天研制中心和科罗廖夫航天公司支持的和平号空间站②等。

大科学研究具有投资强度大、多学科交叉、实验设备复杂、研究目标宏伟等特点，因此大科学工程既成为科学技术高度发展的综合体现，又成为显示一个机构甚至国家科技实力的重要标志。在我国，由中国科学院等机构合作的“两弹一星”计划③，动用了成千上万个不同机构的力量并有效合作才得以完成，也促使我国国防实力发生了质的飞跃。当前在安徽省合肥“科学岛”上，中国科学院为了参与研发俗称“小太阳”的大型核聚变项目，等离子体物理研究所、强磁研究中心、固体物理研究所和中国科技大学等机构通力合作，才获得了瞬间超高温度和压强堪比太阳表面的放电

① http：//energy. gov/management/office - management/operational - management/history/manhattan - project.

② http：//www. math168. com/sxsh/1055. htm.

③ http：//www. js. xinhuanet. com/2012 - 12/19/c_ 114077154. htm.

现象，这些机构正在为解决未来能源问题而研究合作。

本书将机构合作网络视为科学家合作网络的一个上位的簇（Cluster）合作网络，这是因为，在一个机构内部科学家社团之间本身有着很强的链接关系，大家之间拥有彼此相同或者相似的研究主题和知识结构，而机构之间的合作可视为这种强连接之外的一种弱连接，而合作网络中往往是弱连接在起作用。

一、机构合作网络结构特征

印度学者 A. Basu 等通过对印度科研机构的案例研究，发现国际之间的合作不仅对增加科研机构论文的产出，而且对科研机构论文的平均影响因子贡献巨大①。N. Narvaez – Berthelemot 等认为在当代科学研究中，国际合著论文已经成为主要组成部分，越来越多的发展中国家科研机构都在积极参与国际合作，以增加其合著论文的产出②。

机构作为特点鲜明的科学家社群，具有非常突出的社会性，机构合作网络以科学家合作网络为桥梁，但又与科学家合作网络明显不同。发展定位不同或者研究领域不同的科研机构之间在战略层面上很难发生合作关系，共同产出论文就更谈不上了。机构之间的合作关系也与机构内部的聚类系数密切相关，少数机构个体之间的合作大大缩短了机构合作网络的平均路径，但这却很难明显改变其聚类系数。

二、机构合作网络之于创新

机构之间合作网络的创新路径，目前主要是由行政力量促使其达成合作关系的，但是从长远来看遵循科研合作本身的规律比较好。机构的科研实力由于历史、资源和人才等因素，分布极不平衡，因此如何寻找能与自

① Aparna Basu and Ritu Aggarwal, "International Collaboration in Science in India and its impact on Institutional Performance", *Scientometrics*, 2001, 52 (3): 379 – 394.

② N. Narvaez – Berthelemot, "An In6dex to Measure the International Collaboration of Developing Countries Based on the Participation of National Institutions: The Case of Latin America", *Scientometrics*, 1995, 34 (1), 37 – 44.

身优势互补、克服劣势的机构就是通过现有机构合作网络研究[①]，并提供相应的必要信息来进行决策的工作。

通过对海量科学文献数据的分析，以科学为中心的“科学学”的研究将能够揭示什么样的组织与合作模式，能够产生最具影响力的原创性科学成果。尽管科学家个体无法依葫画瓢，但这对大学、科研机构和政府部门来说，具有非常重大的价值，在机构合作网络上目前这方面的研究还不多。

第四节　科学家合作网络与知识创新

科学家之间因成功合作而形成科学史上重大创新的例子数不胜数，像物理学领域内的杨振宁与李政道合作发现的宇称不守恒定律、生物学领域沃森与克里克合作发现 DNA 双螺旋结构等[②]，都需要非常不同的学科背景知识来辅助科学创新。一般科研人员之间也需要在面对共同研究难题时展开科研合作，发挥各自的优点与特长，合作产出更多、更好的科技成果来。但从科学文献的知识网络角度看，科学家合作网络则主要是由学科领域内高产科学家之间的科研合作形成的，低产科学家所形成的科研合作网络并不明显。同时与高产科学家合作能提高个人的产出能力，与低产科学家合作一般会降低个人的产出能力，因此各产出能力水平的科学家均倾向与更高产的科学家合作。

在科学家合作网络中，不同领域的科学家之间的间隔是 4 ~6 个合作链接，欧盟科学家对全世界 36 个国家在科学家合作偏好方面的数据进行研究之后发现，不同的地理位置、文化和语言区域决定了合作和参考、引用时的具体选择，其中历史文化和语言上的接近程度是影响合作行为最主要的因素[③]。

---

① 吴杨：团队知识创新过程及其管理研究．哈尔滨工业大学博士学位论文，2009.

② http：//www. kedo. gov. cn/story/kxjqw/253988. shtml.

③ Schubert，A.，& Glanzel，W.，“Cross – national Preference in Co – authorship，References and Citations”，*Scientometrics*，2006，69（2）：409 – 428.

一、科学家合作网络结构特征

M. E. J. Newman 的研究结果表明，科学家合作网络具有高聚类性，如果两个科学家都与第三个科学家合作，那么这两个科学家之间的合作概率相对于随机网络中的概率要大，因为通过互相介绍并建立信任后比较容易形成新的合作关系。在合作网络中，可以通过介数来确定最有影响力的科学家，介数高的科学家对整个合作网络中的信息流动和知识传播起到的作用最大，该网络具有典型的小世界特征①。科研合作网络是由科学家有意识和慎重的选择形成的，是合作者基于知识交换和知识共享目的的结构化形式，站在作者的角度看，这种网络也可称为共作者网络（Coauthorship Networks），是目前研究较多的一种知识网络。

科学家合作网络的结构中，美国巴拉巴西团队 2000 年春天组织人员利用 1991 ~ 1998 年发表的论文对生物物理学进行了研究，结果发现在 70975 位数学家通过超过 20000 篇合作论文链接在一起，这个网络中有着高度聚类的结构；另外，圣塔菲研究所的物理学家马克·纽曼（Mark Newman）也研究了物理学家、医学博士和计算机、数学家的合作网络，他认为数字化的世界对我们完全理解网络提供了前所未有的机遇，这些合作网络的研究结果表明，科学家的日常事务发生在稠密连接的科学家社团中，这些社团之间通过偶然的弱关系连接。

在这些科研合作网络中，如果数学家是随机选择合作者的，该网络的聚类系数将会非常小，但实际合作网络中的聚类系数高出了 10000 倍，因此科学家合作网络并不是一个标准的随机网络，而是一个高度聚类的知识网络。科学家合作网络具有一定的幂律分布特征，即网络分布节点的度分布呈幂律分布，这样的无标度网络中，通过网络的主要节点，就能获得很高的知识交流和共享效率。从创新路径角度来看，科学家宜通过与科研合作网络中度数大的节点科学家展开合作，共同完成研究来交换科学思想、激荡科学想法来获得创新。

如图 6 -2 所示，从全体作者、第一作者和通讯作者组成的共现网络类

---

① M. E. J. Newman，"The Structure of Scientific Collaboration Networks"，*PNAS*，2001，98（2）：404 - 409.

型来看，至少有六种类型的共现网络可以研究，限于实际情况，本书只对全体作者组成的著者合作网络进行了详细研究，这种知识网络对于作者的覆盖面广，用来研究著者合作网络中的科学创新较为合适。

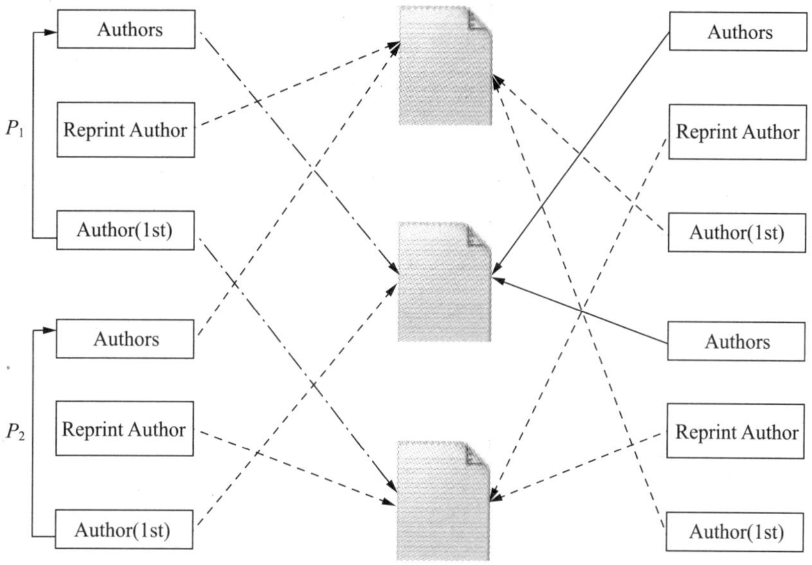

图 6－2　著者科研合作网络主要组合类型

在中国这样一个注重关系的社会结构里，科学家之间的合作更多的是围绕着人际关系进行的。因此科学家行为规律的研究，科学家之间频繁进行合作，很容易形成一个研发团队，或者称研究社团。团队形成之后，该网络合作就主要在团队内部发生，使得该网络成为介于科学家个人合作网络与机构、国家合作网络之间的一种新型合作网络，目前得到了重点关注①。团队成员之间的合作网络对于提升成员的研发能力、促进团队知识增长方面起着极大的作用。

① FU, Zhengjia, "The Academic Social Network and Research Ranking System", Doctoral Thesis of the Chinese University of Hong Kong, 2013.

二、科学家合作网络之于创新

从本书的分析中可以得出，科学家社团内的相似程度较高，而大多数学科或者领域的合作网络聚类系数较高，科学合作创新的难度很大，但科学家社团之间的连接较少，这种弱关系在科学创新中可以起到很大的作用，是创新要素产生的重要推手。科学家自发形成的社团内部的聚类系数一般都很高，这是因为科学家选择合作对象时一般倾向于选择身边的人，只有很少一部分人拥有长程链接，但这些长程链接非常重要，这种特殊合作关系的出现使得现有科学家之间的间隔大大缩短，使得世界上研究领域遥远的人之间有了捷径，从而也真正体现了网络小世界的特性。

对于实力不平衡的合作双方来说，因为研究合作的成效跟双方的收益密切相关，对于科研上的合作进行博弈论层面的分析，结果表明知识外溢的越多，即跟别人的交流越多，就越容易从这种合作中获得更大的收益。对于这种合作双方利益互相矛盾的合作路径与模式的选择，可以使用力学中的吸引力和排斥力模型来分析，如果两种力在一定条件下达到平衡，则该创新的路径就能通达，否则尽管各种条件具备，该路径对博弈双方来说依然不是最优路径。

科学家之间合作网络的形成和演化，是由一定的内在动因驱动的，研究表明虽然稀缺知识资源的不平衡性是这种网络得以形成的根本原因，但科学家合作网络的演化却是受等值回报等方面动因的驱动。只有当合作方拥有了足够多的知识资本时才能形成与对方的合作网络，通过合作网络科学家以经济动因和非经济动因来维持和进行网络演化[①]。通过合作网络科学家获得了以自身知识为股份的经济收益奖励，以及自尊、情感和关系等非经济收益，并且有研究认为合作双方的公平、诚实和诚恳的态度等都是影响合作网络未来演化的重要因素。在专业领域专家的识别与寻找方面，本书主要是通过专家知识的识别来完成的，知识网络可以提供潜在合作者、潜在创新团队识别的线索，因而这也是知识管理研究的核心问题。

① 谢彩霞．科学计量学领域科学合作研究综述．科学学与科学技术管理，2007（6）：5－8.

第五节　管理学科研合作网络实证研究

管理科学是近年来新兴的前沿热点领域，其目的是打破基础研究与实际应用间的人为屏障，将基础研究获得的成果快速转化为工程化应用，同时工程上出现的问题又能及时反馈到实验室，进行更深入的研究，推动管理学全面、可持续性发展①。管理学科是为了推动基础科学研究成果的实际转化所开辟的新领域，既是新概念又是实际推动管理学发展、工程管理研发和实际管理的引擎。

因此，管理学科是高度交叉的学科，一般强调将基础研究的成果与工程需求结合起来研究，强调从实验室到实业上的连接。由于未来科学的突破更依赖于管理学和其他学科的交叉结合，因此打破基础研究与工程实践等学科之间的鸿沟是管理科学的使命，该学科的研究更倾向于吸引数学、管理和计算机等多个学科科学家的共同参与②，本书尝试从研究合作网络来揭示这一新兴学科里的多重合作关系与创新规律。

目前管理科学尤其是大数据与知识管理研究已经受到全球的重视，美国每年仅大数据研究经费就有数亿美元，同样英国为大数据与知识管理研究也投入了数亿英镑，欧洲共同体的投入达到数十亿欧元，中国国家重点研发计划中也列出大数据与云计算等研究主题，其中科学大数据研究单项经费甚至超过了3000万元，同时以管理科学为主题的大型国际会议在全球每年均会举办。在Science、Nature和PNAS等著名刊物上每年有大量的论文发表，甚至这些顶级期刊还给大数据等管理学主题发布了专刊。

截至2014年，使用相关策略进行检索，在WoS数据库中得到4736821条管理科学文献数据。在核心合集的SCI数据库中，得到1066624条文献数据，其中包括了来源于OA期刊的所有高水平论文，将这些数据存入本地数据库以备调用。本书使用了社会网络软件UCINet与Netdraw进行合作网络

① 郑士贵．管理科学发展的新趋势．管理科学文摘，1998（3）：17－20.

② Ma Feicheng, Lyu Penghui, Yao Qiang, Yao Lan, Zhang Shijing, "Publication Trends and Knowledge Maps of Global Translational Medicine Research", *Scientometrics*, 2014, 98, No.1, p.221－246;

分析，UCINet 软件是由加州大学欧文（Irvine）分校的一群网络分析者编写的，该软件能够进行中心性分析、子群分析、角色分析和基于置换的统计分析等，Netdraw 是博卡提编写的网络可视化软件，它可以同时处理多种关系，并可以根据节点的特性设置颜色、形状和节点的大小，在数据可视化方面具有独特优势并已全面嵌入前者之中①。

在管理科学这样一个自诞生起就需要大量统计与计算机科学家高度合作研究的领域中，其中的合作网络是如何促进科学创新，从而在该领域获得层出不穷的新成果？这是本书从文献角度对创新进行追溯和总结的主要目的之一。

一、管理学领域国家合作网络

通过对参与管理科学的科学家的国别字段进行知识元分析，在有 1 位以上作者的论文当中，本书将每个作者的国籍分离出来，如果这些作者的国籍相同则去除，如果作者来自不同国家，则归为国家间合作论文，通过对这些论文中国家之间的共现关系构建共现矩阵，最后使用 Netdraw 软件②绘图，得到如图 6－3 所示的图谱，该图中基本包括了全球主要的管理学科研究国家，整个图中节点之间的连接程度较高，只有海地等个别小国家没有与其他国家展开合作，国家合作网络的未来发展趋势仅是在节点之间添加更多的链接关系，网络主要格局不会发生大的改变。

国家合作网络图谱显示，在管理科学这一交叉学科中世界各主要国家除了投入巨资展开研究之外，互相之间也进行密切的合作研究，形成了以美国为中心的星形国家合作网络。其中，美国这个节点的中间中心性最高，美国与其传统合作国如英国、德国、法国、加拿大和意大利等在管理科学领域内的科研合作较早，合作强度和网络密度较高，并且这些国家之间也有较为紧密的合作关系，相比而言中国虽然也与美国之间有着较高的合作关系，但与其他管理科学强国之间的科研合作关系很弱，这就对美国形成了较为强烈的合作路径依赖，对于未来我国发展管理科学不利，因此要更多

① 康宇航．一种基于共现分析的科技跟踪方法研究．大连理工大学博士学位论文，2008.

② Analytic Technologies，P. O. Box 920089，Needham，MA 02492，USA.

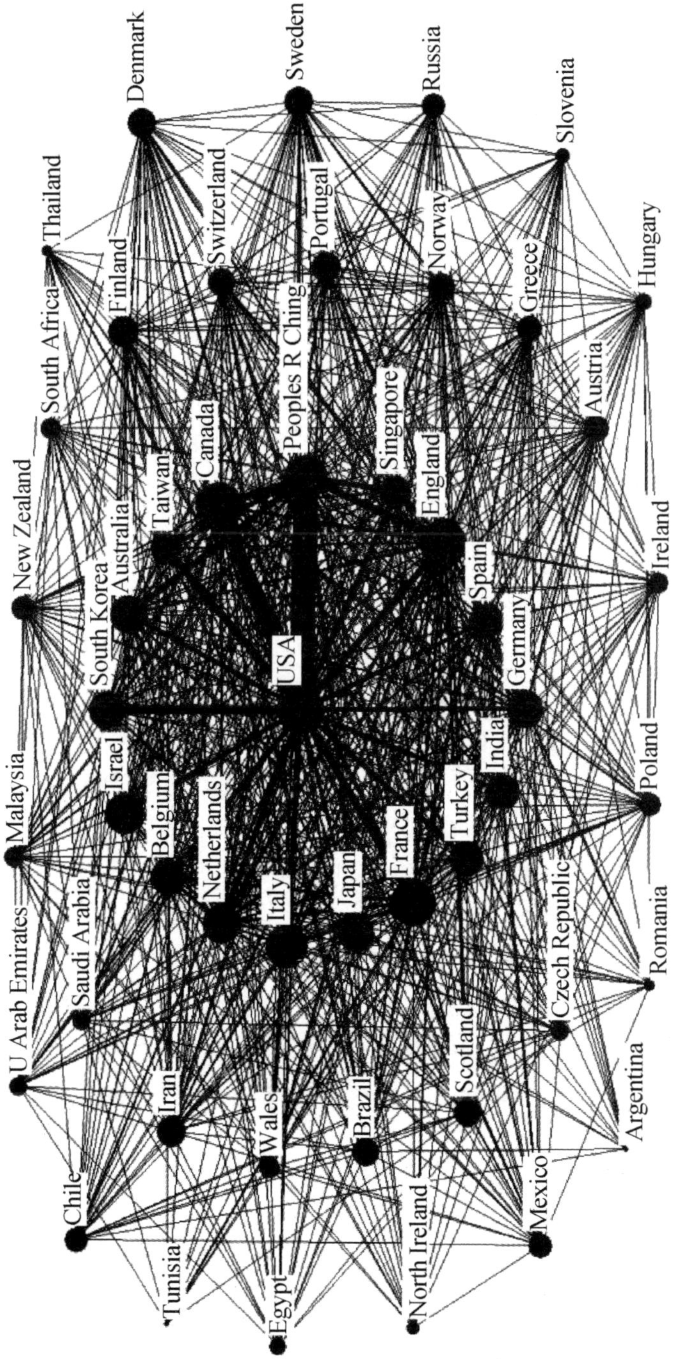

图 6－3　管理科学学术领域国家合作网络

地选择具有技术优势的发达国家如英国、德国和加拿大展开合作。

在管理科学国家合作网络图中，美国、加拿大、英国、德国和法国等G7国家集团互相之间已经形成了一个凝聚子群，国家之间的合作频繁，形成了合作网络中的核心层，大量发展中国家还处于整个合作网络的外围层，而中国、日本、巴西与俄罗斯等国家介于中间层，与核心层的国家间有一定的合作关系但还不紧密。鉴于在管理这一需要大量经费和时间投入的领域中国目前还实力有限，因此短期内选择与上述G7国家之间在管理科学前沿领域展开合作是明智的选择，但要避免与核心节点美国过分的合作依赖，在加强与现有其他合作国家的链接关系之外，多考虑产生新的合作链接和路径，这样通过发展以我国为主的国家合作子群，形成有特色的从基础研究到实际应用之间的交叉研究，可有力地提升我国的管理学研究水平。

二、管理学领域机构合作网络

在新兴的管理科学交叉学科领域，全球主要合作机构形成了一个复杂的网络如图6-4所示，该网络以德克萨斯大学（University of Texas）、MIT为核心，佐治亚理工大学、密歇根大学、香港科技大学与之合作频繁，形成世界级的管理科学研究合作中心。另外，香港科技大学和香港城市大学、中国科学院等机构合作紧密，形成了仅次于前者的管理科学研究机构合作子群，因此在管理科学机构合作网络中，德克萨斯大学是合作网络中点度中心度最大的节点，在整个网络中处于极具影响力的明星地位，其余机构的研究合作规模较小，处于从属地位。

但美国几所处于核心地位的机构使得自身在网络中的受攻击能力较强。在管理科学机构合作网络中最大的一个凝聚子群是以中国的研究机构为主，以美国和新加坡的研究机构为辅的具有长尾的子网络，香港理工大学处于这个最大子网络的关键连接性节点位置，并且也是除了德克萨斯大学以外合作频次最大的机构。

在管理科学这个新兴领域，机构之间的紧密合作网络尚未完全形成，网络中还有大量节点处于孤立或者相互之间频次极低的链接状态。在这些机构下一步的发展战略中，主动寻找国内外优秀的合作机构展开合作是进行优势互补，尽快提升自身实力的较好选择。但由于复杂网络在增长机制方面具有择优连接现象，极易形成合作团体的小世界，从而通过合作网络加

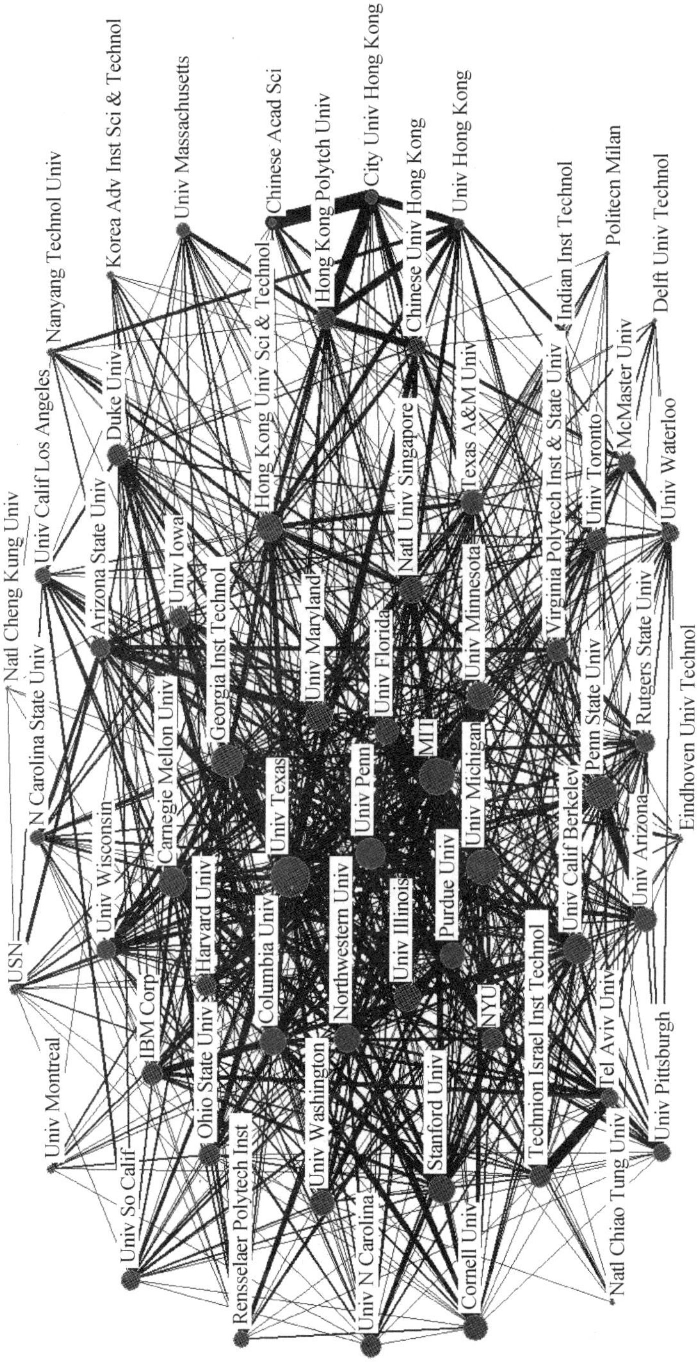

图 6－4　管理科学学术领域机构合作网络

强自身的研究实力。因此，对于我国来说，鉴于合作网络中具有这样的启示，我国在发展管理科学研究时，也要鼓励具有实力的机构分散寻找合作机构，一方面使得现有优势得到加强，另一方面也避免在外界环境突变时对自身产生极大的影响。

三、管理学领域著者合作网络

在合作网络研究尤其是同一套数据的知识网络分析中，国家、机构和著者之间具有上下级的包含关系，从国家、机构到著者可构建网络的节点越来越多，这些从科学文献中提取但却比文献本身数量要多得多的知识元共现关系极为复杂。本节的著者合作网络分析中需要先将管理科学数据的作者字段全部调取出来进行数据清洗，以避免实质上的同一著者被重复计算一次以上，使得分析结果产生偏差。数据清洗中要使所有姓和名次序相反、名字部分为简写或者全称，以及名字中间存在或者不存在字符、空格的，根据机构的辅助确认一律合并为同一个人。

另外，由于第一作者、通讯作者和共同第一作者等的贡献程度无法区分，本书将全体作者对论文成果的贡献视为等同，因此不论同一个作者出现在署名的任何位置，只要在同一篇论书中同时出现，即视为著者的共现关系存在。通过这样的办法使用管理科学的文献数据，在数百万著者之间使用 UCNet 构建了合作网络图谱。在所有具有一个以上作者的论文中提取作者之间的共现关系，通过将共现频次矩阵转化成加权矩阵，最后使用这样的方阵绘图，得到了图 6 -5 所示的著者合作网络。

为了突出整个合作网络的全貌，本书调整了合作频次的阈值，并且作者字段的标签字体被处理较小，结果显示这是一个尚在继续发展中的小世界网络，网络中产生了较多的凝聚子群，只有部分节点没有与整个网络产生链接关系，网络密度较小。在上述著者合作网络中，节点的大小表示作者合作论文的多少，连线的粗细表示双方之间共同合作发文的多少。在最大的子网中，以加州大学各分校的研究人员之间形成了极为紧密的研究合作社群，内部的合作关系较为充分子网密度较大。但该社团与其余子网之间仅有微弱的连接关系，在该稀疏网络中，有数条研究合作的长路径，这样的链状网络上科学家之间寻求研究合作需要经过较长的网络传递，合作变

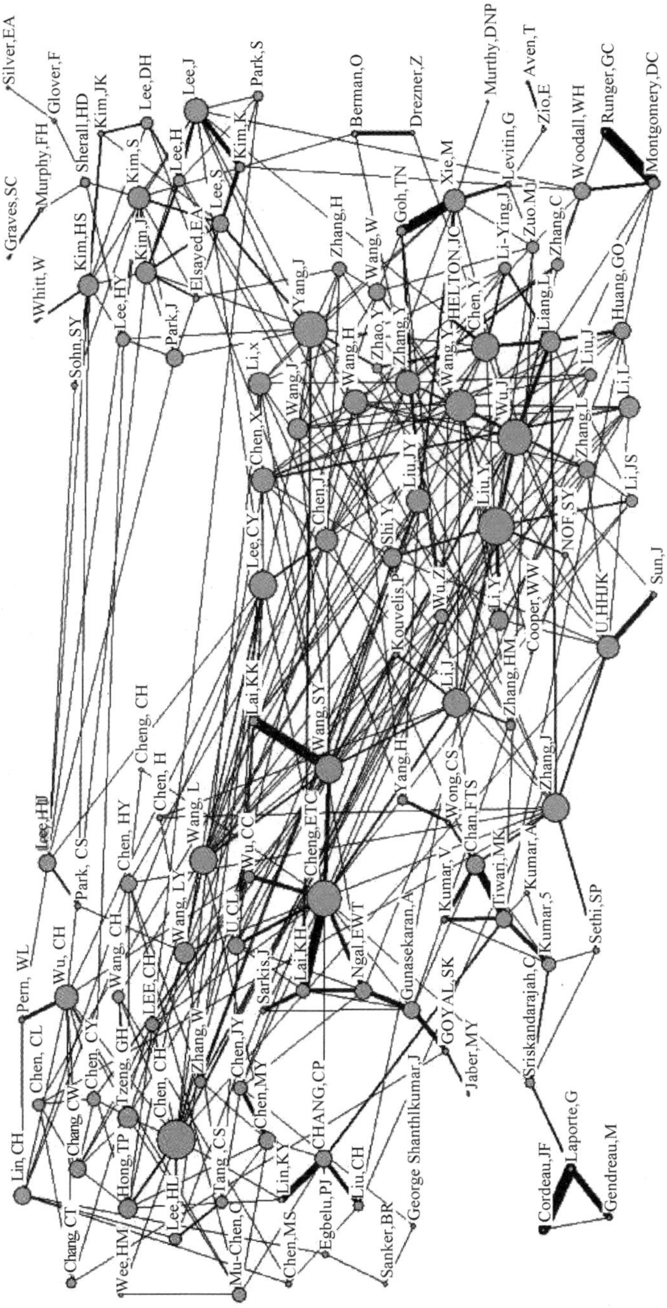

图6－5　管理科学学术领域著者合作网络

得不太容易，并且链接关系也容易被各种外来因素切断或阻隔。

由于著者合作网络是所有合作网络中最基础的网络类型，基于科学文献知识元共现关系构建的其他合作网络类型，实质上均是著者合作网络更高一级的体现。在研究合作科学促进科学创新上，著者合作网络中体现的链接关系最为根本，管理科学领域内，除了以德克萨斯大学科学家为主的连接度较高的子网外，尚有其他不少子网络，并且其中的链接关系较为充分，但研究结果表明这样的研究合作均产生于机构内部人员有充分交流机会的情形下。管理科学著者合作网络中子网的节点较大，说明合作研究同时有力地促进了科学成果产出，科学家之间的知识交流较多。

从最大的子网出发，管理科学领域中还产生了一个子网数目较多的合作网络群，这个子网群中有多个呈星形的小网络，然后有数条链状长尾与这些小网络相连，并且还有一些星形小网络处于这些长尾的终端位置。部分较大的星形子网、链状网络和零散节点没有与最大的子网相连，目前还处于孤立状态。这说明管理科学领域的著者合作网络类型复杂，研究合作样式较多，网络未来还有很大的演化和继续趋向复杂链接的趋势，由于科学家是科学创新的主要载体，多个子网和链状网络涌现说明出现了极其复杂的学科前沿和热点领域，整个管理科学研究处于变动不居当中，科学创新也将在该网络的多个可能节点和子网上产生。

在成熟的学科当中，尤其是完备知识网络体现的合作网络图中，节点之间连线的数目远远多于节点的数目，所有节点之间连线的可能数目是：

$$C_n^2 = \frac{n(n-1)}{2} \qquad (6-2)$$

但管理科学领域著者合作网络的特征与结构与此还相差较远，子网内部、子网之间和零散节点均在寻求新的链接关系，最终在领域内会趋向充分连接状态。在上述网络中，科学知识通过合作交流沿着网络链接的路径进行了扩散，越充分的交流与合作，越会带来科学知识的创新。在管理科学这样一个尚处于不断发展的学科中，科学家之间的合作研究对于基础和应用型研究均很重要，需要重点加强。在管理科学著者合作网络中，还有相当大比例的节点没有与其他节点产生连接关系，甚至还有不少节点是孤立节点，这些节点也基本是整个合作网络中最小的节点，说明其科学论文产出很少，而链接紧密的节点不仅较大，而且互相之间的合作关系较强，这说明合作在该领域中倾向于研究合作使得科学家更容易高产和带来更多的科学成果，因而带来科学创新的概率随之增大，未来的科学创新的效率也会更高。

本章小结

本章首先从科学史上国家、机构和科学家科研合作成功的案例出发，说明当前时代合作研究已逐渐成为科学界的主流现象，因此科研合作网络的研究大有用武之地。从科研主体的角度看，通过对科学文献隶属者的分析，主要通过组合得到了三种科研合作网络类型，其中著者合作网络采用全体作者合作网络进行了分析研究。其次对这三种合作网络的结构、特征以及与科学创新之间的关系进行了详细的探究，利用社会网络分析、复杂网络以及数据统计等多种方法得到了有用的结论。

最后，利用管理科学这一新兴交叉学科的数据进行了实证研究，在管理科学的合作网络图中，国家合作网络由于节点数目少首先接近阈值，网络的连通程度较高，机构合作网络与作者合作网络目前还是个稀疏网络，网络处于继续生长和演化当中，其中有部分节点的中间中心性较高，处于连接和沟通不同子网的中间人的重要位置，节点对于信息的传递和控制能力较强。从长远看，我国要鼓励管理科学研究的个人以及机构与国外具有优势研究实力的对象合作，以在近期切实提高自身。

第七章　学科共词网络的理论与实证研究

语言是科学的唯一工具，词汇只是思想的符号。

Language is the only tool of science; vocabulary is only the signs of ideas.

——塞·约翰逊（Auguste Haier）

随着全球科学技术竞争的加剧，科学而准确地把握科学研究前沿已成为各个学科和领域科学家进行研究趋势预判的核心问题，同时也是各国政府制定科技发展战略与政策的突出难题。受制于学科热点的预测水平，我国现行的研发资助体系对科研实行提前五年规划，导致将当前学术热点当成未来研究热点进行资助①，但实际上高科技领域的研究热点与技术前沿均在快速和持续变化，如果采用共词网络进行客观分析就较少导致资助方向与这种学科领域趋势的快速改变相脱节。

1983 年 9 月国家标准局发布了《文献主题标引规则》（GB3860—83），规定了文献主题分析中主题词选定、标引、组配等规则②，这也是本书得以对关键词共词网络进行研究的重要前提。关键词共现现象分析可直接导致知识更新与知识生产规律的发现，这是因为关键词经常反映的是科学研究的主题、方法、技术与结论，科学知识的更新方式与现有结构可以很好地通过学科内的共词网络体现出来，通过共词网络的演化，知识更迭和创新的规律就可以被发现，在技术上可通过所谓的新兴趋势（Emerging Trend）和研究前沿（Research Front）的研判和识别来实现，这两种学科创新活动中的规律与关键词共现网络和共现频次密不可分。

---

① 王琪．西方现代体育科学发展史论．福建师范大学博士学位论文，2011.

② 潘香春．学术论文文前关键词的标引要适度．应用写作，2001（4）：24－25.

在知识管理研究中，20 世纪 70 年代法国科学家 M. Callon、J. Law 和 A. Rip 出版的著作中，就提到了共词分析的思路①，M. Callon 和 J. P. Courtial 也引进了共词分析法②，Callon 还认为共词网络可以描述科学文献内容的变化以及整个学科的发展过程。除了描绘特定学科或者技术领域的知识结构，还能结合时间序列来揭示学科结构的演变历程。其后有学者利用共词分析方法对学科主题和结构进行发现③，后来还有学者将关键词作为科学文献的指纹，并利用关键词共词网络在时间序列上的变化来考察研究主题的演化，并认为共词网络中的核心节点代表着研究社区中的科研主题，由此确定社区代表主题的过程就转化成寻找社区核心节点的过程④。

在学科前沿发展理论研究方面，库恩是科学前沿范式理论的提出者，本书也以库恩的范式理论为依据来推演知识管理范式内涵。根据库恩范式的定义，科学范式是某一学科领域共同体的共同及重要约定⑤，其含义是指某一学科内被人们所共同接受、使用并作为交流思想的一套概念体系和分析方法的形成与确立⑥。库恩强调了科学的发展是常规科学与科学革命交替出现，这标志着科学革命是变化的，新旧范式之间具有不可通约性⑦，科学具有革命就是范式改变，而范式的改变主要表现为世界观的改变⑧。在科学革命时期，常规科学传统发生了改变，科学家对环境的知觉必须要重新训练，在一些熟悉的情况中，他必须学习去看一种新的格式塔，在这样做了以后，他研究的世界在各处看来都将与他以前所在的世界彼此不可通约，

① Callon M., Law J., et al.,"Mapping the Dynamics of Science and Technology: Sociology of Science in the Real World", 1986. New york: Sheridan House Inc.

② Gallon M.,"Some Elements of a Sociology of Translation: Domestication of the Scallops and Fishermen of St. Brieuc Bay, in J. Law (ed.), Power, Action and Belief: A New Sociology of Knowledge?" London: Routledge, 1986: 196 – 233.

③ He Q. "Knowledge Discovery Through Co – words Analysis", *Library Trends*, 1999, 48, No. 1, pp. 133 – 159.

④ 王晓光，程奇凯．基于 NEviewer 的学科主题演化可视化分析．情报学报，2013，32（9）：900 – 913.

⑤ 秦长江．基于科学计量学共现分析法的中国农史学科知识图谱构建研究．南京农业大学博士学位论文，2009.

⑥ 郑斌祥．试论库恩的科学社会学思想．自然辩证法研究，1986（6）：25 – 33.

⑦ 金吾伦．试谈库恩的“不可通约性”论点．自然辩证法通讯，1992（2）：11 – 18.

⑧ 陈红．知识创新导向的组织知识网络研究．天津大学博士学位论文，2005.

使用的词汇体系也因此而发生改变①。

库恩用常规科学与科学革命交替出现，范式更迭的模式取代波普的不断革命论，更加强调科学知识类似于达尔文的进化模式②。在这种看法中，科学发展即是科学革命的一般历史过程，在科学尚未形成统一范式之前的前科学时期，科学共同体的诸多努力使得范式趋于形成以进入常规科学时期，在这个时期里人们在科学研究中按照范式行动，范式逐渐积累并发展到一定阶段，一些反常现象出现导致科学危机，危机使得科学产生剧变式创新，同时迫使人们寻求新范式来取代旧范式，范式变革直接导致科学革命发生，科学革命是人类科学进步的重要方式同时在革命基础上催生新的科学范式，科学研究随即进入新的常规科学时期，常规科学与科学革命、积累范式及变革范式的交替运动使得科学常变常新，永不枯竭。以上这个过程由于在科学文献中会留下深刻的足迹，因此可用词网络来研究。

知识网络中一般共词网络用来研究科学前沿，对于词汇进行共现的分析最早始于文本信息检索（Text Information Retrieval）领域，这是因为在信息检索中两个词汇之间相似向量的大小可成为它能否被检索到的重要参数。因此，早在 1960 年 Marone 和 Kuhns 等在基于概率的统计模型中就将与原词具有相近特征项的词语添加到检索和查询结果列表当中以备使用。在当前热门的机器学习（Machine Learning）研究中，词汇共现关系也是其重点关注的一种相关关系，因为它可以大大提高检索结果相关度，导致基于词语共现的研究在持续走热。

第一节 学科共词网络与知识扩散创新

在学科领域中，一个文献集合涉及的关键词数量会极其庞大，因而关键词在时间上的共现关系就会非常复杂。共现频次越多，表明具有共现关系的关键词之间的知识相似性或者关联度越高，这种关联属性或者说相似

① 范岱年．库恩与中国的科学哲学．自然辩证法通讯，2013（1）：34－37＋49＋126－127.

② 冯鹏志．科学共同体的社会学说明——默顿模式与库恩模式之比较．自然辩证法通讯，1992（5）：43－49.

属性就决定了知识网络中某个词的个体属性或者与其他词的关系属性。根据复杂网络理论的观点，如果将关键词视为节点，将连接这些关键词的论文视为连边，则作者关键词网络就是一个复杂网络。追溯该复杂网络的演化历史，即网络形成的过程，如果该网络是一个随机网络，也就是论文对于关键词的连接是随机的，随着这个过程的进行，关键词网络中首先会形成很多簇（Cluster），继续添加链接尤其是节点数量和连边数量接近相等的时候，就会形成全联通的网络。

因为共词网络的规模比其他知识网络的都要大，考虑一个拥有 N 个节点的网络，每个节点拥有 k 个链接，节点间的距离为 d，则关于节点数目的函数用以预测随机网络的节点间隔的话，让 $k^d = N$ 其表达形式应是：

$$d = \frac{\log N}{\log k} \tag{7-1}$$

在学科共词网络中，本书所发现的层次化的模块或者说聚类，具有先天的创新优势，它允许系统内的各个部分各自进行演化，使得低层次知识向高层次知识进行演化，因此创新的效率大大得到提高。这样的网络中存在巨连通分量，也就是其中包含了大部分节点，使得节点之间可以遍历到互相连通，这样的巨连通分量是连边添加过程中突然涌现（Emerging）出来的，当然这是数学中的称呼方法，在物理学中这种现象称为相变（Phase Trasition），在社会学中称为社团（Community）的形成，这种现象对应着连边数增加过程中的某个临界值。经过试验发现，这里的临界值就是连边数与节点数比例接近为 1，当节点的平均链接数增加到临界值 1 时，孤立节点数量会成指数形式下降，但实际上关键词网络中每个词可链接的其他词的可能数量远远超过 1，因此该网络基本上是一个连通网络。

共词网络中生成了大量以核心枢纽词汇为中心的聚类，或者说创新模块，模块之间有着明显的层次性，聚类系数可以用来刻画这种集聚程度，并且该系数与 k 相关。共词网络中聚类系数的分布符合幂律关系，这些小的词汇社区融入到更大的层级架构当中，作为其中一部分发挥了重要作用。这样的知识网络具有层级组织形式，体现为服从幂律分布的聚类系数，在科学文献共词网络中，与语言中的同义词网络类似，同样具有层级结构，像少数连接度高的词汇，每个都有上百个同义词，可将不同词义的模块链接在一起，层次化的模块性是多数知识网络的普遍特性，将伴随着无尺度架构的存在。正是由于这种层次化模块性使得学科创新具有了可能性，每个模块内部的稠密性链接有助于小创新的高效完成，枢纽节点协调多个模块之间的信息流动，使得学科内大型的创新得以进行。

一、学科共词网络关系矩阵生成

共词网络中，来自不同文献的这些词汇被游离出来之后，重组成了新的知识单元，而这些文献之间就具有了链接关系。这些关键词共现关系首次形成的时间表征了知识重组的开始，如果知识单元间的差异性较大，不同领域的术语存在着通用的情况，则共现关系的出现时间就会越晚甚至接近当前时间，这样通过知识单元的交叉与融合就会产生新的研究方向和内容。

共词分析的一般流程为：首先需要分析和确定研究对象，如是学科热点还是学科发展历程。其次确定分析单元，这里关键词的选择最好是受控关键词，或者被统一标引的关键词。高频关键词的选定，要么根据经验在选词的个数或者词频高度上平衡，要么结合齐普夫第二定律辅助判定高频关键词的频次阈值。再次构建关键词共词频率矩阵，使用聚类法、关联法、词频法、战略坐标法或者突发词检测法等进行统计分析。最后结合相关学科知识对统计结果进行科学分析，给出结论。

二、学科共词网络组合类型研究

在共词知识网络中深刻地体现着知识单元的重组与再造，通过这种重组，可以将知识单元重组生成新思想、新概念、新技术或新产品。但是，在共词网络中依然存在着大量的游离于主流关系之外的关键词，这些词虽然在当下与其他词的共现频次较低，但并不意味着这些词汇在学科领域中的价值就一定低，只是在目前的研究状态里这些词语与其他词还没有形成共现关系，一旦共现关系形成，可能就意味着新的研究方向和研究内容产生。

由于目前在一篇学术文献中，一般有作者关键词和机标关键词两种，因此构建关键词共词网络的话，就可以得到两种关键词共词网络。这两种关键词共词网络中前者中的词汇是作者提供的，后者中的词汇是机器自动标引上去的。

三、学科共词网络与跨学科创新

文献关键词可以用来确定文献集所代表的学科中主题之间的关联关系，如果一个关键词在同一篇文献中出现次数越多，则代表着两个主题的关系越紧密。统计学科文献的关键词两两之间在同一篇文献中出现的频次，就可以形成一个由这些词对关联所组成的共词网络，网络内节点之间的远近可以用来反映主题内容的亲疏关系。

由于每篇科学文献都有关键词，而每篇论文关键词的数量均多于论文本身数量，因此理论上科学数据集中关键词的总数量是论文数量的若干倍，但鉴于同一个领域中的作者使用了相同的多个关键词，根据本书的统计在科学大数据集中关键词数量反倒比论文数量要少，但基于共现关系形成的共词网络的规模却是极大的。在如此之大的共词网络中，网络节点和平均链接关系更是异常之大，但实际上多少不是关键，平均也没有意义。在关键词共词网络中真正的中心是属于那些拥有大量链接的节点，正是这些节点才影响着整个共词网络的结构和演化，这样的节点一般被称为关键节点或者枢纽节点，掌握了枢纽节点的规律，可以说就纲举目张一样抓住了整个网络具有的特性。

从学科共词网络的知识扩散特点来看，两个学科的文献共用同一词汇，必然表明这个词汇通过跨学科或者学科交叉研究进入了另一个学科，这种知识扩散使得原有知识内涵扩大化，知识外延产生使得知识增值和总量变大，新的知识因此而产生，这是知识创新的一条重要路径。

共词网络是由关键词之间的共现所构成的表达科学知识领域结构的客观知识网络，该办法可以用来描绘一个学科领域的知识结构，并能结合时间序列来揭示学科结构的演变。物理动力学的物质扩散理论和热传导能量分配理论，可以较好地用来模拟和解释关键词含义扩散过程中的创新。

与此相反，在科学文献引证关系中，经常可以看到不同论文的作者不约而同地引用某篇或者某几篇完全相同的文献，如果两篇或者两篇以上科学文献同时引证同一篇科学文献，这些就称为文献耦合现象，它是一种与共被引网络相反的知识网络，这种关联关系在知识检索中有着很大的应用前景，可以大大提高查准率。1963 年，美国 MIT 的教授 M. M. Kessler 在研究文献耦合（Bibliographic Coupling）现象时，就首次提出了文献共被引的术语，他在对《物理评论》(Physical Review) 期刊进行共被引分析时发现，越是主题和内容相近的论文，它们的参考文献中相同文献数量越多①。这些相近的科学文献之间形成了文献耦合关系，与文献共被引分析相反，如果两篇或者两篇以上论文共同引用了一篇论文，这多篇论文之间的关系称为文献耦合。

文献耦合可以反映学科、期刊、著者、语种、国别、机构和时期等多种特征的相似耦合关系，分别形成文献耦合、期刊耦合、著者耦合、学科耦合、国别耦合、地区耦合、语种耦合等多种耦合关系，并进一步可构建起科学知识网络。引文耦合分析是把共被引一篇论文的两篇或多篇论文称为耦合论文，它们之间的关系为引文耦合关系，并用耦合强度来定量表示耦合论文间的联系，耦合强度值即耦合论文共同的参考文献数。

期刊耦合网络，就是以两种以上的期刊同时引证其他期刊论文所形成的期刊之间的关联关系，同时被引证的期刊之间的种类数量称为期刊耦合频率，这种期刊耦合知识网络在客观上将众多的期刊按照引证关系结合成为一个有序的相关群关系，为研究情报流的结构规律和学科之间的联系提供了客观基础与条件。

著者耦合网络，一般以单个著者或者团体著者为基本单元，如果两个以上的著者在文献中同时引证同一个或者几个著者发表的文献，这几个著者之间即形成著者耦合关系网络，这种耦合的被引证文献的作者，同时被引证著者的称为著者耦合强度或者著者耦合频率。这种网络可以反映著者之间的客观关系，一定程度上可以揭示学科专业人员的知识结构。学科耦合网络是以两个以上的学科或者专业的文献共同引证了其他学科或者专业的文献所形成的知识网络，被引证的学科数量成为学科耦合频率，这种网络可以用来判断学科之间的关系和联系程度、分支的层次关系以及学科之间的交叉渗透程度，以及该学科目前的发展状况和变化规律，进一步可以预测学科分化或者组合的发展趋势。

文献耦合是从论文具有相同参考文献的角度来分析文献之间的印证关系和结构，若从一篇论文被后来的论文共同引用的角度来研究文献之间的印证关系与结构，则是文献共被引规律。值得指出的是，文献耦合研究的

---

① Kessler, Maxwell Mirton, "Bibliographic Coupling Between Scientific Papers", *American documentation*, 1963, 1 (14): 10–25.

是论文非单一引用之间的关系，而文献共被引研究的是参考文献内的多重共被引关系。耦合分析是以论文拥有共同的参考文献来判断论文之间关系的强弱，文献共被引则是以共同的引文来判断参考文献之间的关系强弱。如果对这些论文进行聚类，共被引论文得到的就是知识基础（Intellectual Base），而耦合论文聚类得到的是研究前沿（Research Front），并且有研究指出耦合分析在前沿识别方面更为有效①。参考基于文献耦合关系可以向用户推送主题类似论文，而基于文献共被引可以发现若干有意义的学科前沿领域。

近代以来，由于研究对象的扩展和研究层次的深化，逐渐在欧洲大学中开始产生了分科治学的现象，极大地促进了知识的进步与发展。这使得我们自幼依次学习了自然科学、社会科学和人文艺术的许多专门课程，这些不管来自数理化还是史地生的知识，在解决实际问题时实质上都不是完全分割和孤立的，因此从知识创新的角度来说，鼓励跨学科或者学科交叉研究，以及多个学科词汇共现，以实际问题为中心的知识融合才是一条重要的创新路径。

第二节　作者关键词共现网络与学科前沿

作者关键词是作者撰写科学文献时自己归纳和提供的关键词汇，基于这些词汇的共词网络的研究，就会发现新的知识生长点。在学科萌芽阶段，新的关键词不断涌现，但随着学科的逐渐发展，核心关键词数量就会逐渐趋于稳定并成为该领域的核心，因此通过研究关键词的稳定性就可以判断学科领域的创新发展所处阶段。因此，学科共词的网络拓扑结构与科学创新所处的阶段密切相关。

作者关键词出现后通过科学文献与其他词汇共现于科学文献中，进一步加快这些词汇的普及程度。因为共词网络也是一种无标度网络，这些词汇网络会迅速在整个网络中蔓延开来，新论文对于这些词汇的接纳阈值很低，导致这种创新的传播几乎不存在临界阈值，所以其传播的速率相当迅

① Kevin W. Boyyack, Richiard Klavans, "Co-Citation Analysis, Bibliographic Coupling, and Direct Citation: Which Citation Approach Represents the Research Front Most Accurately", *Journal of the American Society for Information Science and Technology*, 2010, 61 (12): 2389-2404.

速，短时间内就能成为学科研究热点。举例来说，2012 年之后短短一两年时间，大数据这个多数大众甚至研究人员都不甚了解的词汇就在科学界和网络上流行开来，这正是无尺度网络创新扩散上的威力。

根据库恩的科学范式理论，作者关键词是由论文作者自行选择的自然语言①，用以代表他们论文的研究内容，是文献核心内容的集中概括，能够较好地反映某一研究领域的主题分布与特点，通过对关键词的挖掘和发现，可以总结学科发展的范式②。与论文是科学研究中创造性思想的载体一样，它的首要任务在于传递科研信息，同时也具有文化储存和文化积累的意义③。无论是从传递信息角度，还是从储存信息角度考虑，主题词或关键词的标引都将给文献的储存和检索带来极大的方便。其他知识网络如科研合作网络、科学引文网络和学科共被引网络不同，共词网络尤其机标关键词网络是涉及词义的，其他知识网络对网络节点的内容是什么并不关心，节点与节点间的链接才是其主要的研究对象。

一、作者关键词共现网络的构建

作者关键词是用于表达文献主题内容的，不但用于科技论文，还用于科技报告和学术论文。我国确立标注规范后 30 年来，自然科学和社会科学期刊论文大多附有主题词或关键词，学术论文关键词的标引为关键词共词网络研究提供了极大的方便。对于作者来说，无论是直接从题目中抽取的名词，还是从小标题、正文或摘要里抽取的部分词汇，都首要注意标注得当。

在上述规范的基础上，以一篇科学文献中同时出现的作者关键词为统计对象，统计作者关键词两两之间在科学文献中共现的次数，以此为基础形成共现矩阵。作者关键词共现矩阵的获得是绘制作者关键词共现网络的基础，可以采用软件辅助或者编写专门命令来生成这种共现方阵。

作者关键词共现网络是由作者关键词在科学文献中的共现关系构建起来的，共现关系构建前，首先需要对所有的作者关键词进行统计，因为只

---

① 游毅，索传军．国内信息生命周期研究主题与趋势分析——基于关键词共词分析与知识图谱．情报理论与实践，2011（10）：17－21.

② 王程韡．“大数据”是“大趋势”吗：基于关键词共现方法的反事实分析．科学学与科学技术管理，2015（1）：3－11.

③ 伍一莎．文科学报论文主题词标引评析．编辑之友，1997（3）：19－20.

有高频作者关键词的共现关系才是有意义的，过于低频的作者关键词无法代表科学文献关键词形态；高频作者关键词生成的共现矩阵中，节点数据表示出现这对共现关键词的文献数；使用这样的作者关键词共词矩阵就很容易构建出作者关键词共现网络。

二、作者关键词共现网络的绘制

根据作者关键词共现矩阵，首先将之转化成一模矩阵，然后在一些软件诸如 Netdraw、Pejark 或者 Gephi 中绘制科学知识网络图谱。本书通过收集自然科学与人文科学中与熵主题相关的科学文献，然后绘制其共词网络，如图 7－1 所示，之后通过不同时间段共词网络中与管理科学相共现的词汇的变化，来考察熵概念如何泛化进入其他研究领域。如在人文社会科学当

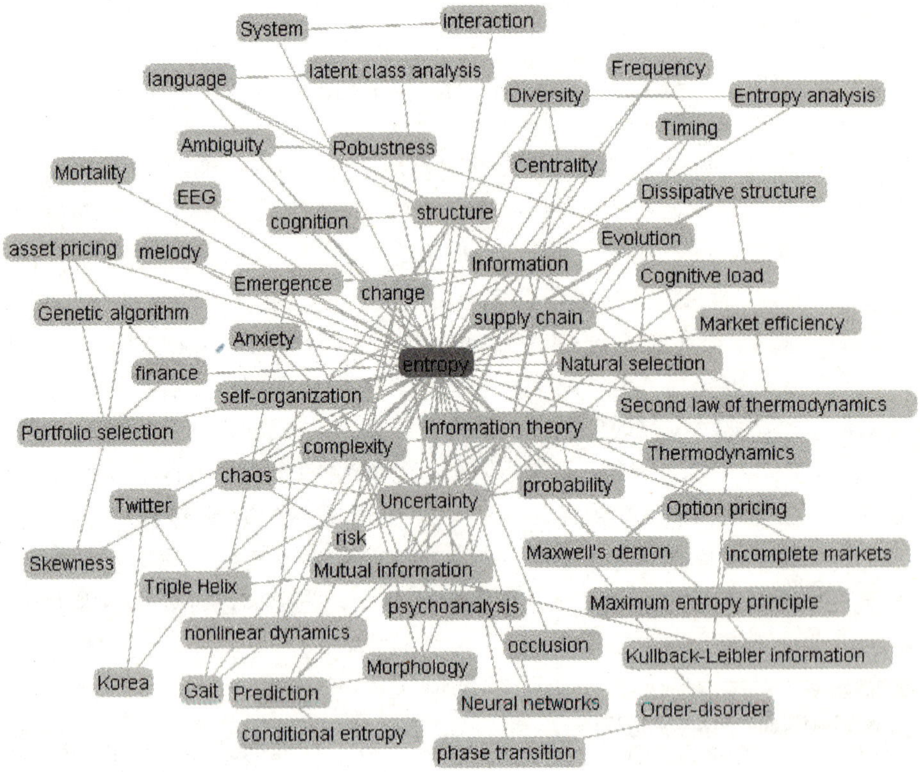

图 7－1　人文社科文献中的作者关键词共现网络

中，与熵在科学文献中共现的词汇包括信息论、供应链、复杂性、涌现、不确定性和自组织等，均是目前的熵相关热点研究领域。

在过去的30年间，基于作者关键词共现网络，学术界进行了大量的相关研究，这些研究主要从两个角度对共词网络进行了绘制和解析。其一是从复杂网络的角度，主要用来分析枢纽节点的拓扑结构方面的性质，从而推定网络节点的重要性；其二是从知识管理的角度对共词网络进行定性分析，主要从语义层面对这些概念及其之间的关系进行解析，从而得出词汇之间潜在的语义关系及其演变①。

三、作者关键词共现网络的演化

作者关键词共现网络中对于核心或者枢纽节点，使用社会网络分析或者复杂网络分析的研究很多，尤其是根据共词网络来总结学科发展范式方面的论文较多②。由于近年来科学进步突飞猛进，科学前沿与热点不断涌现，科技发展生命周期不断缩短，使得之前使用科学引文网络来预测科学前沿和学科热点逐步失效，因为靠科学引文网络的预测至少要等到科学文献产生引用并具有一定数量，再结合施引文献的影响力才能判定哪些研究主题是未来的研究热点和科学前沿，这个过程有较大的时滞性而不能满足目前日益缩短的科技预测要求。因而转向共词网络演化就容易得到哪些是突发的热点词汇和潜在的学术前沿。

本章主要依据这种网络之间的变化，如网络主节点所在的子网的一些基本演化方式如产生、扩张、合并、分裂、收缩和消亡等演化方式对比知识图谱来总结网络演化，总结科学知识的扩散和对应的科学创新的不同形式。但通过不同时间段共词网络的定性对比，仍然难以准确把握和预测学科发展的范式，武汉大学信息管理学院开发了知识网络演化可视化软件NE-Viewer（Network Evolution Viewer），该工具可较好地对共词网络演化过程进行分析，展现科学研究主题演化的过程特征，本书实证研究部分使用了该工具做了大量对比研究，以试图找出管理科学概念的演化路径。

---

① 赵一鸣，吕鹏辉．学科知识网络研究（Ⅲ）共词网络的结构、特征与演化．情报学报，2014，33（4）：358－366.

② 张瑛，吕鹏辉．我国云计算领域热点问题研究——基于共词分析视角．科技创新导报，2013（3）：223－226.

第三节　机标关键词共现网络与科学创新

随着数据库技术的发展，以及大型高速服务器计算能力的提高，一些数据库通过对科学文献文本分词，进而统计高频词用来代表论文的研究主题，这部分关键词由于是机器自动赋予论文文献的，因此可称为机标关键词（Keywords Plus），以示与作者关键词（Author's Keywords）相区别。正是由于这部分词汇的存在，一方面使得文献的检索更为容易，相关文献更容易被检索到推送给读者；另一方面使得文献的机标关键词被有序组织起来，知识逐渐可被有机组织成一个整体走向有序化，而不再呈离散状态，同时使得机标关键词可以形成新型的共词网络，在新兴领域内更能独到地把握学科热点的发展趋势。

机标关键词实质上是一种对于论文的重新标引，相比起作者关键词，本书观察到机标关键词的网络集中程度更高。也就是使用更少的词就可以代表整个学科领域的绝大部分论文主题，随着机标关键词以及学科叙词表技术这种计算机化的处理的深入，全体作者参与为学术论文提供关键词的这种标签行为的减少，使得这种新出现的机器组织起来的词汇幂律分布后面的自组织成分越来越大，这使得构造它成为较好的知识网络逐渐成为可能，这也是机标关键词的一个继续发展。

尽管作者关键词网络能够给我们提供很多前所未有的信息，但是基于这种网路来进行知识组织还不够，因为虽然在科学家社区中作者关键词网络发挥作用较大，但科学思想并不总是沿着这样的路径进行传播。而机器自动标引的关键词网络，可以更为本质的帮我们寻找到这样的创新路径，使得科学知识创新的成本大大降低。

一、机标关键词共现网络的构建

机标关键词网络是一种被机器加工过的用来对论文进行标签的词汇所形成的知识网络，是机器学习技术对科学数据库中成千上万篇科学数据再处理后的结果。由于以词的形式表现出来这类网络的构建跟作者关键词网络比较类似，首先要形成关键词的共现矩阵，再根据矩阵数据绘制知识网络图谱，机标关键词共词网络与作者关键词网络结构有较大的不同，在这种网络里科学领域知识被更为有序地归并和组织，易于发现概念之间更为本质的联系。

本书使用1900～1990年的与熵概念相关的科学文献进行早期的共词网络绘制，如图7－2所示。通过对共词网络的研究发现，在熵相关的自然科学期刊论文数据共词共现网络中，与熵直接有共现关系的主要有两大词汇群，熵与模糊性（Fuzziness）等为中心的词汇概率、成分、模型和统计数据等形成一个集群，与合金、微扰理论、球坐标系统、单组件等离子体等组成另一集群，另外熵还与任意行走有共现关系；与熵有直接共现关系的词汇与其他词汇又形成共词网络子群，如模型与光谱、界层，合金与硅具有共现关系，与熵具有间接相关关系。同样的使用熵理论自然科学类文献的数据，发现在机标关键词网络中，由于有不少概念被抽象分类和归并，比起作者关键词共词网络这种未经干预过的词汇网络，其层次性大大加强，也更容易根据概念之间的语义关系将学科知识组织起来。

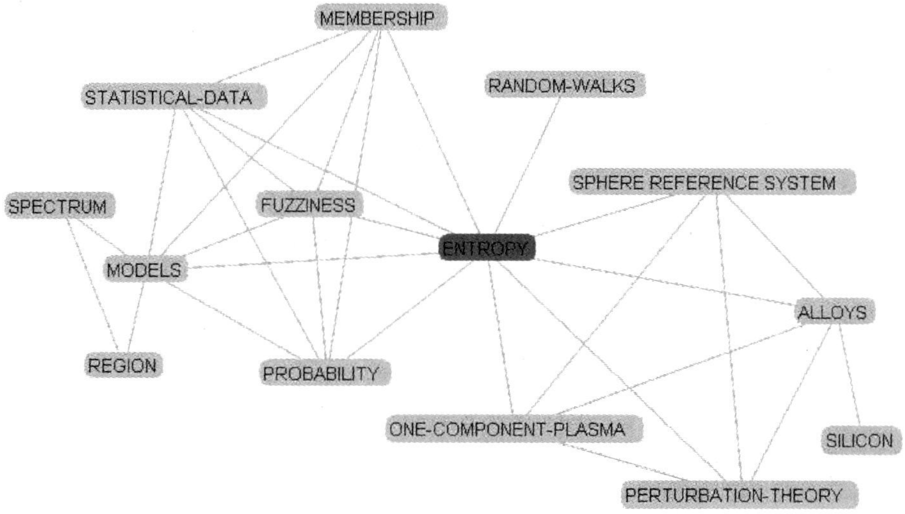

图7－2　自然科学中熵概念机标关键词共现网络

二、机标关键词共现网络的演化

机标关键词是数据库在深度开发利用科学数据过程中发展起来的技术，

它大大增加了文献检索结果的相关性，目前不仅在结构化的数据库中采用，而且在互联网这种非结构化实时变动的数据仓储中使用，针对科学文献文本分词并统计后的标签词一旦与原文本建立关联，通过检索这样的科学文献更容易被检索到推送给受众，而且根据与检索词之间相似度向量的大小还可以对相关度排序，大大增加了其实用性。因此机标关键词出现以来，作为最基础的底层技术为研究科学热点与前沿打开了方便之门。

共词网络对于创新前沿的揭示非常重要，但是在实际使用过程中，一定要注意点面结合、纵横交错，这样对于现有的科学前沿既不会错过，对潜在的知识热点也会有所发现[①]，并且基于机标关键词网络更为容易建立概念之间的本质联系，减少了无关信息的干扰，把由于单纯共现带来的不相关联系降到最低。在此基础上使用共词网络演化研究手段，就可以很清晰地看清一个学科的热点演变历程，为下一步的预测科学前沿发展提供可能。

第四节　管理学共词网络的实证研究

本书主要使用了 WoS 科学数据平台中的 SCI 数据库管理科学期刊的文献数据，进行了关键词共词网络分析及其演化规律研究，以考察管理科学热点研究主题的发展规律。其中 WoS 网络数据平台上的 SCI 数据库中主要包括了自然科学类科学文献；SSCI 数据库主要包括社会科学类科学文献；A&HCI 数据库包括人文与艺术类科学文献。CPCI 数据库中包含了全球科学会议类科学文献，其中又分 CPCI－S 和 CPCI－HCI 两个自数据库，前者主要包括自然科学类国际会议文献，后者包括人文与社会科学类国家会议论文。本书以 SCI 数据库和 CPCI－S 数据库中管理科学相关科学文献来代表管理科学在自然科学中的研究数据来源，以 SSCI 数据库、A&HCI 数据库和 CPCI－HCI 数据库中的管理科学的相关科学文献用来代表管理科学在人文与社会科学中的研究数据来源。

根据 WoS 网络数据平台中检索出来的结果，结合科学研究的生命周期

---

① Lyu Penghui, Yao Qiang, Mao Jin, Zhang Shijing, "Emerging Medical Informatics Research Trends Detection Based on MeSH Terms", *Informatics for Health and Social Care*, 2015, 40 (3): 210－228.

理论，本书发现 1900～1990 年为管理科学概念的初始诞生时期，1991～2003 年为管理科学概念的确立时期，2004～2009 年为管理科学研究的快速发展时期，2010～2014 年为管理科学概念的继续发展时期，每一个时间节点前后科学文献的增长趋势，即增长曲线的斜率均发生了明显的变化，因此可据此分成四个时段。本书按照以上时间周期分别下载了自然科学类与人文社会科学类数据库中管理科学研究的科学文献，其中各时段中自然科学类的文献总量均远远超过人文社会科学类的文献数量。第一个时段内文献增长数量非常平缓，以至于后续分析其共词网络的时候网络过于稀疏，无法与后续三个时段内的网络进行比较，故本书主要对后续三个时段内的共词网络的演化进行研究对比，以考察管理科学概念的泛化过程。

一、管理学作者关键词共现网络

作者关键词是作者在撰写论文时根据理解对文献内容进行高度概括的结果，随着科学家不断地拓宽管理科学理论的内涵与外延，与管理科学这个词共同出现的词汇不仅联系越来越紧密，而且种类和数量也越来越多，最终使得管理科学概念从自然科学泛化到人文与社会科学中。从知识网络的角度来看这个过程，就是一个共词网络的渐进演化过程，使得管理科学最终逐步走出学科之外，最终发展成为以管理为中心的专门科学理论。

管理科学概念的泛化过程，是个典型的共词网络扩散过程，这是因为新的理论、方法和思想的形成，必须付诸具体语言词汇以此为依托，思想和方法等较为空虚无法追溯，但语言和词汇较为具体可以追踪，因此通过词汇网络演化就可以得到概念的演进过程，尤其是通过共词网络可以更为形象地展现词汇所代表的概念之间的演进关系。

1. 作者关键词数据的获取与清洗

本节将作者关键词共词网络演化图示出来，作者关键词共现静态网络可以进行学科知识网络拓扑结构的分析，但是共词网络演化的结构对研究科学知识创新才是最重要的，因为网络拓扑结构的变化和演进可以更为清晰地在其中体现出来。本书通过分时段下载科学数据后绘制了共词网络，一般情况下可以通过分析网络节点和链接的变化得出共词网络所反映的概念的流变，也可以通过软件专门体现节点关系的变化，本书在作者关键词共现网络基础上使用 NE Viewer 软件追踪了共词网络的演化过程。

在自然科学领域，管理科学的概念不断扩大着自身的外涵，与原来相距甚远的概念与词汇有了联系。同时，管理科学理论由于有较大的适应性，不仅在自然科学中有着较强的应用，而且其概念进入了社会科学领域，随着管理科学概念在自然科学中的逐步扩散，20 世纪随着概念外延的扩大也逐步进入了人文与社会科学领域。90 年代后，人文与社会科学逐渐借鉴了管理科学概念的含义，因此 1990 年之后在人文与社会科学中也出现了与管理科学相关的论著。

本书收集这个时段之后的文献绘制了共词网络及其演化图谱，不同时段中的作者关键词共现网络演化图。这个泛化过程中尽管有一些链接关系保留了下来，但有更多作者关键词在共词网络中出现，表明管理科学概念随着时间不间断的与其他词共现并产生链接，衍生出更多的引申意义来，管理科学的泛化创新过程生动地体现了共词网络演化壮大的过程。

2. 管理学作者关键词共现网络

在基于共现网络构建的知识网络中，代表着词汇概念生长的枢纽节点的演化对于科学概念创新极为重要，若能追踪到共词网络中节点的演化路径，就意味着对于创新过程的重塑，这使得科学创新的具体路径可以得到发现。

在本书绘制的管理科学共词网络图上，将管理科学这个核心节点在不同时段的演化过程抽取出来，形成了图 7－3 所示的知识图谱。该图显示，管理科学概念主要沿着一种概念分化的路径演化，而且在不同时间段内的路径是一致的，随着与管理科学共现的词汇越来越多，管理科学一词在演化中的占比越来越小，这是因为随着与其他词汇的融合与发展。管理科学在研究过程中与算法产生、优化、模拟，甚至制造、供应链管理等一些词汇的大量共现，这些词汇在人文社会科学中更为专业地刻画了某些现象。这说明在共词网络里，概念的融合与发展过程中自然就会生成许多原来并不存在的词汇与概念，甚至使得原有领域的研究布局和范式发生改变，在管理科学理论发展过程中，走的是一种分离与新生概念的路径。

二、管理学的机标关键词共现网络

机标关键词是机器对科学文献的文本分词后经过统计出的用来代表论文内容的关键词汇，这些词随着时代的变迁而与时俱进，反映在共词网络中

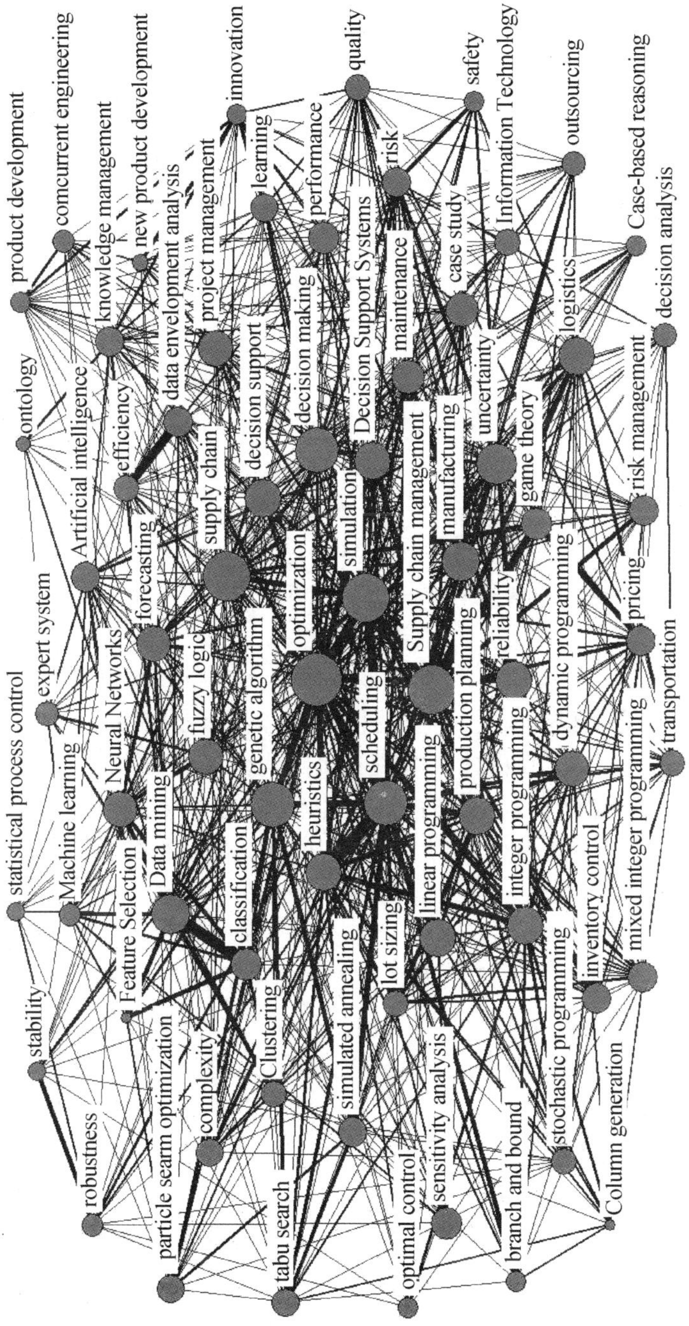

图 7－3　管理科学期刊论文作者关键词共现网络

就有更多的不同节点添加进来，这些新节点与现有节点构成共现关系。相比起分布更为离散的作者关键词，科学文献的机标关键词由于分布更为集中，使得关键词共现关系数量增加而使得共词网络中的链接增多，概念间联系更为紧密。但因知识网络并非随机网络，枢纽节点与其他节点的链接数不等，因此网络极富层次性，沿着这样的机标关键词网络发展下去，还会衍生出语义知识网络。

1. 机标关键词数据的获取与清洗

本书发现，机标关键词网络与作者关键词网络相比，同时段共词网络密度和连接强度均更大，由于自然科学中机标关键词共现关系极为复杂，因此选取人文社科的共词网络来进行分析。在管理科学理论发展过程中，管理科学词汇不仅直接会与新词产生共现连接，更多的是与具有间接关系的词汇产生共现链接，以组成更大的共词网络。通过这样的主动链接，越来越多的链接关系得以产生，管理科学概念因而得以迅速扩散到原来难以涉足的领域和学科中去，科学创新路径正是沿着这样的链路连接起来，这样考察管理科学理论机标关键词就可以发现共现网络中的科学创新路径。

机标关键词是部分数据库为科学文献后续添加上去的表明论文主题的有标签性质的标引词，在国外 WoK 及 WoS 数据平台中，这样的人工添加的关键词业已存在。一方面机标关键词使得科学文献检索更为准确、便捷与可靠，另一方面为未来的语义层面的知识网络研究也提供了客观依据。本书中对于下载的近十万条管理科学文献数据的机标关键词进行了数据合并与清洗。

管理科学自 20 世纪诞生之后，由于其内涵当即就得到了扩大，众多相关的词汇与之形成了共词网络，但在随后的时段中，这些词汇随即发生了合并，形成了新的共词网络子集，这些子集的词汇之间发生重组。在机标关键词网络中，管理科学的含义和应用虽然还在，但已经彻底融入其他热点之中了，甚至连该词汇都未再见。管理科学这个词的占比越来越小，但逐渐分化进入更多主题的研究领域。这也说明在整个演化过程中，其他与之共现的词汇占比越来越大，更多的词汇加入到管理科学理论相关关键词集群中，管理科学理论在人文社会科学中得到了深度渗透和泛化。

2. 管理学机标关键词共现网络

在管理科学涉及的 50 余种国际期刊论文数据机标关键词的基础上，本书绘制了管理学科领域机标关键词共现网络，如图 7－4 所示。管理科学的概念已经成为人文社会科学中普通的概念进入研究当中，上述概念利用管理

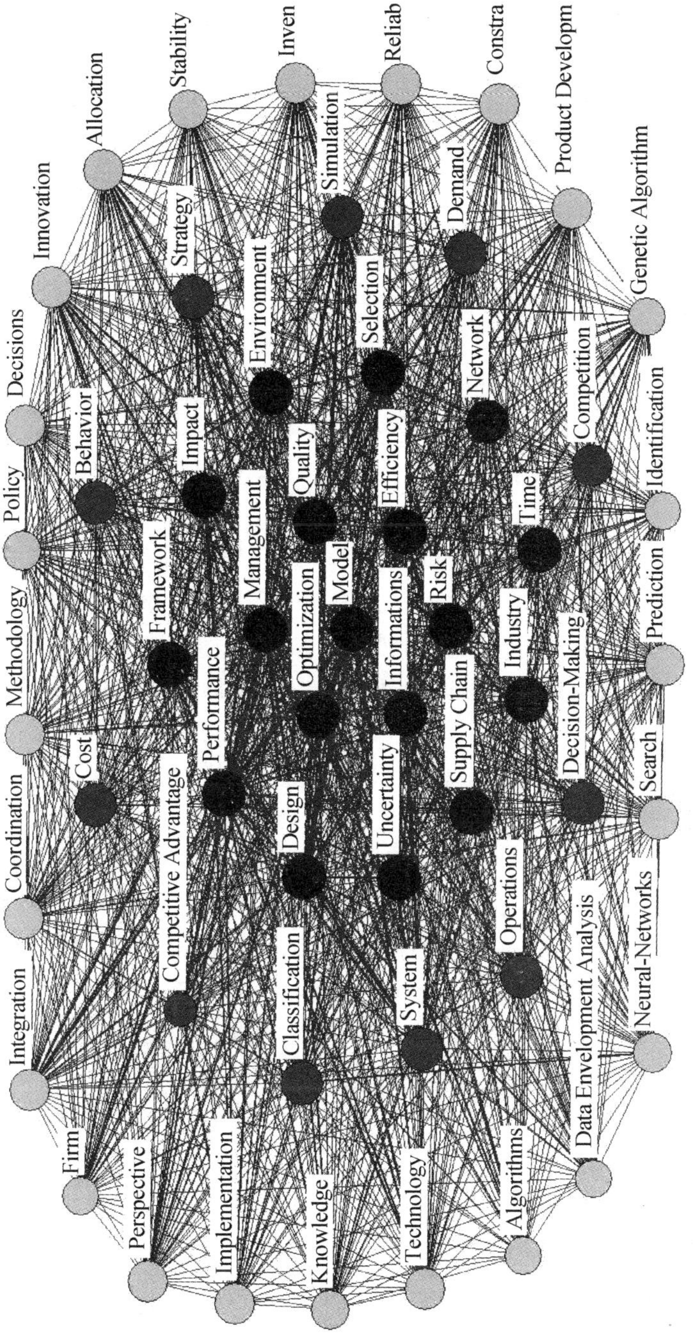

图7-4 管理科学期刊论文机标关键词共现网络

科学的含义发展自身给现有概念重新定义，因此管理、模型、信息、优化、效率、风险和模式等概念获得重新排序，占据了管理科学理论研究的主流地位。

从图 7－4 中可以看出，管理科学期刊论文文本经过机器标引之后，以关键词形式代表的研究主题更为集中了，比作者关键词所代表的研究领域及范围更易识别。在管理科学领域，大多数学者通过建立模型，对复杂管理过程及对象进行模拟以获得有用的对策。因此，模型、优化、信息、管理甚至风险、效率和质量这样的词均成为了管理学目前的研究热点领域。

本章小结

出于研究科学前沿与热点的需要，本章将科学文献中关键词之间的共现关系提取出来形成矩阵，在此基础上获得了作者关键词共词网络和机标关键词共词网络。通过对这两种共词网络本身及其演化图谱的分析及对比，发现机标关键词具有的知识发现能力更为显著，而且由于机器对科学文献的语义的提取与二次加工，科学数据集中的概念之间的关系网络更容易形成，利于沿着关联关系创新。而且机标关键词再进一步，就很自然地发展成为叙词表和领域本体，可建立语义网络。

本章使用了管理科学理论相关的科学文献数据集，重点考察管理科学概念如何通过共词网络逐渐进入众多自然科学和人文与社会科学学科。在根据数字信息资源信息生命周期对科学数据进行处理后，绘制了来源于不同数据库的共词网络的知识图谱，在关键词网络尤其是机标关键词网络的构建中，发现管理科学概念通过分化、融合等多种途径与其他概念发生关联关系，最后生成领域所没有的新概念，使得学科研究范围得以扩大，涌现一批领域前沿与热点，原有概念体系得到创新。

第八章 语义知识网络理论与实证研究

语言作为工具，对于我们之重要，正如骏马对骑士的重要。最好的骏马适合于最好的骑士，最好的语言适合于最好的思想。

Language is as a tool for us, are as for the Rnights of the great horse. The best horse for isto the best knight, as the best language suitable for the best ideas.

——但丁（Dante Alighieri）

语义网络是互联网时代背景下未来科学知识组织的必然发展方向，也是未来机器学习环境下知识自动化的一个可能结果。语义网络的出现，使得人类知识高度互联以及网络化，同时也给科学创新带来了革命性变化。作为一种科学知识网络，由于数据经过标注，数据库中的标签或者主题词汇不再是科学文献形成时候的原始字段，因而语义网络又具有与其他知识网络不同的特征与结构，在大多数语义网络中知识之间形成了特殊的层次化网状结构，这种知识网络对科学创新有着特殊作用①。

目前已有数据库在尝试给科学数据建立有针对性、适宜的语义化标签的叙词表，通过语义标签内容来反映科学数据的语义特征，从而将科学文献的数字内容转化成计算机可以识别和理解的形式，这样对于科学文献的理解就可以直接通过对标签组合关系的研究来完成。这种标签体系是也就是根据所谓的本体网络来进行的，这里的本体（Ontology）的含义是给出构成相关领域词汇基本定义属性与关系，以及利用这些属性关系构成的规定这些词汇外延的规则。目前语义知识网络主要的研究热点领域有主题词表、

① Mika P.，T. Elfring P. Groenewegen. "Application of Semantic Technology for Social Network Analysis in the Sciences"，*Scientometrics*. 2006，68（1）：3－27.

概念网络、神经网络等，做得比较好的主要是医学数据库中的 Mediline 中的 MeSH 主题词表和化学主题词表，以及德温特创新索引（Derwent Innovation Index）中的专利分类体系，通过这些标引词汇可以探究科学文献中的语义网络。

早在布鲁克斯的著作中，就揭示出类似于语义网络的雏形——概念网络，它使得知识体系从外部的宏观结构变成内部的微观结构。在这种认识地图中，就选定的紧密相连的若干学科领域中的固有关系，可以将概念联结成一张知识网络图，每一段信息均位于这一知识网络的经脉之上，这种结构可成为有力推动科学发展的主观认识结构。布鲁克斯还认为概念联结网络可以表示紧密相连的学科领域固有联系和学科认知结构，同时他还提出按认识地图来组织知识，“认识地图”就是分析文献中的逻辑内容，找出人们进行创造和思考的相互影响和联系的结点，按知识的逻辑结构找出人们思维相互影响的连接点并像地图一样把它们直观地标示出来，展现知识的有机结构，这比起传统的信息学界使用分类或者索引来组织文献的工作要深刻得多。

1968 年，奎林（Qiulian）正式提出了语义网络（Semantic Networks）的概念，1970 年该概念被西蒙（Simmon）继续发展成熟，它本质上就是一种文献的图解表示，它由结点和连线组成，可用来表示概念之间的关系网络，它直观、自然、易于理解，常被隶属、包含、因果、时序、相近和属性等语义关系连接起来，形成一幅逻辑上的可视化图谱①。这种图谱深刻刻画了文献中蕴含概念之间的逻辑关系，概念词及其之间的关系构成了一种概念空间，在这种空间中概念词之间的关系可以被形象地表现出来，形成层级化的语义之间的知识网络。

我国计量学科先驱赵红州先生也认为，任何一种科学创新或者创造过程，均是先将结晶了的知识元抽取游离出来，然后再在全新的思维势场上结晶的过程，这个想法用基于学科知识元的共现关系下的语义知识网络来表示，就是深入挖掘语义层面的知识共现网络联系的过程，并不神秘且具有可操作性。因此在 1986 年 Swanson 和 Smalheiser 就曾尝试利用基于科学文

① Duda, Richard O., et al., “Semantic Network Representations in Rule - based Inference Systems”, *ACM Sigart Bulletin*, 1977 (63): 18 - 18.

献的知识发现方法挖掘隐藏于医学文献中有价值的知识[①]，这在医学科学文献中尤为可行，因为其知识的本体结构做得比较好。

马费成教授认为，知识组织必须从物理层次的文献单元向认知层次的知识单元或者情报单元转化。这样本书所研究的知识共现网络就不仅仅基于文献形式方面，更重要的是要深入语义方面。构建语义知识网络，才能更好地将文献背后表示的语义关系揭示出来，以更好地进行科学创新活动规律的探索。语义网络作为一种以图形形式组织和描述人类知识的特殊方法，它包含了词法、结构、过程和语义等多方面组成部分，最终形成层级化的知识网络形式，具有可靠、直观和易于理解的优点。

2005 年，Gondy Leroy 等利用语言解析器和概念空间构建了 Genescene 系统[②]，上述的概念空间可认为是语义层面上的知识网络，这是基于共现关系的语义网络研究的有益尝试，这个系统可为研发人员提供基因和生物化学之间的知识关联[③]。无独有偶，2014 年开始中国科学院宁波材料技术与工程研究所耗资数百万元尝试开发的“材料基因组计划”，就是收集了全球所有材料科学研发方面的科学文献，并建立基于语义层面的大型数据仓库，使得科学家能够在材料性能和科学实验之间建立相关的知识关联关系，从而减少试验次数来为国家节省大量实际研发经费。

顺便提及的是，语义网（Semantic Web）这个概念则出现较晚，1998 年其创始人蒂姆·伯纳斯·李（Tim Berners Lee）曾经说过，语义网就是数据网，从某种程度上来说，就像一个全球性数据库。语义网是从语义出发，旨在建立使机器可以读懂和“理解”的数据网络。语义网和语义网络这两个概念的区别很大，前者出现较晚主要是在互联网背景下为千万个网页的词汇之间语义关联而设计的，旨在更好利用网络信息资源的一个语义万维网；后者是一个概念性网络，主要是为了解决科学文献在语义层面上的共现关联联系而提出的类似于人类联想思维习惯的概念网络，两者有着本质

---

① Swanson D. R.，“Fish Oil，Raynaud's Syndrome，and Undiscovered Public Knowledge”，*Perspectives in Biology and Medline*，1986，30（1）：18.

② Leroy，Gondy and Hsinchun Chen，“Genescene：An Ontology－enhanced Integration of Linguistic and Co－occurrence Based Relations in Biomedical Texts”，*Journal of the American Society for Information Science and Technology* 56. 5，No. 2005，pp. 457－468.

③ Leroy，G；Chen H. C，“Genescene：An Ontology－enhanced Integration of Linguistic and Co－occurrence Based Relations in Biomedical Texts”，*Journal of the American Society for Information Science and Technology*，2005，56（5）：457－468.

上的区别，本书对科学数据的利用开发将尝试从最基础的共现层面出发，建立起基于共现关系的语义知识网络。

第一节 学科语义知识网络发展的动力

在科学知识数量不大的时候，认识人类所创造的世界三中的全部对象是可能的，但任何事物中都存在着量、质互变的可能①。互联网上的开放式数据库产生后，科学知识的增加已呈指数上升，这种情况下数量的绝对增长带来研究问题的质变。因此之前提出的这种学科内语义网络的研究就显得尤为重要。换言之，正是互联网和大数据等这些时代背景在技术上催生了学科语义网络的进步和发展，并持续提供了语义网络持续发展的前进动力。

语义网络是一个知识网络，它包含了文档或文档的一部分②，描述了事物间的明显关系，且包含以词汇概括了的语义信息，以利于机器的自动处理。因此从广义来看，语义网就是数据网（Web of Data）。“语义”是指机器可处理的文本含义，而不是自然语言语义的推理。对于科学数据，语义表达了机器能对数据做些什么，如能对输入到机器的数据进行语义测试③。所谓科学数据的语义，是指遵循同一个统一标准，给每一个概念群赋予计算机都能理解的意义，只不过这样的思想是以加标签的方式给每篇科学文献加上去的，这样语义网络的互联实质上就是新思想的互联，通过现有语义网络的考察就可以获得新的思想或者想法是如何诞生出来的，这也是本书设想通过语义知识网络来研究科学创新的目的。

一、知识深层含义可视化需求

学科数据库是科学文献的一个集合，在这种文献集合层面进行宏观知

① 恩格斯．自然辩证法，见马恩选集．第三卷，人民出版社，1972.

② 赵娟．本体在Web服务发现中的应用．西北大学硕士学位论文，2006.

③ Tim Berners－Lee，James Hendle and Ora Lassila，“The Semantic Web”，*Scientific American*，2001.

识网络的研究，就会丢失掉很多文献微观层面的信息，如果能对单篇文献的内在逻辑也生成可视化图，这样的可视化图谱将在实践上具有巨大的现实意义。一般而言，纯数据比较难以阅读和挖掘其内在关系，而可视化的图谱直观、可见，并可被机器识别。目前部分涵盖全球科学数据的数据库商在其数据库里加入了人工分类和组织好的关键词即叙词表，用来对科学文献进行有序标注，这也是机标关键词的一个继续发展的前沿，最终导致了语义网络具有了在技术上实现的可能。

长期以来，单篇文献的含义只有通过人工阅读才能理解，如今，借助于发展成熟的叙词表和领域本体数据库，通过给科学文献加注标签、标引主题词汇，这些有严格定义的词汇之间的关系同时又可以被可视化描绘出来，单篇文献研究的主题在整个领域知识树上的位置又可以被定位，因此知识自动化研究成为可能。据统计，如今所有科学分支中已建立了500多个领域叙词表，通过这种树状的知识之间的逻辑关系图，我们已经能够很容易地建立知识之间的有机联系。通过一篇文献中标识好的主题词之间的共现关系，文献涉及的研究内容及其形式之间的关系很容易被机器定位和识别出来。

研究语义知识网络虽然看起来意义巨大，但在技术层面上实现并不容易，因为构建科学数据的规范化标签是一场耗日时久的基础性工作，并且需要花费巨大的成本。可喜的是，目前不仅医学领域已经有了这样的可以标签的叙词表，化学领域的叙词表也出现了，如图8－1所示，这对分析崛起中的中国化学文献的创新规律将大有裨益，其他诸如管理学的叙词表尚在发展之中。

二、科学知识混合网络的需要

由于语义可简单地看作是数据（符号）所代表概念的含义以及这些含义之间的关系，是对数据的抽象或者更高层次的层级表示[①]。在科学数据库中的外加标签均可以看作是数据的语义信息揭示。由于数据属性本身形式方面的组合仅仅是形式逻辑，这些属性背后所代表的含义的交互才是最终的

① 王丽华. 基于语义网的数字图书馆的关键技术. 情报杂志，2004（4）：5－8.

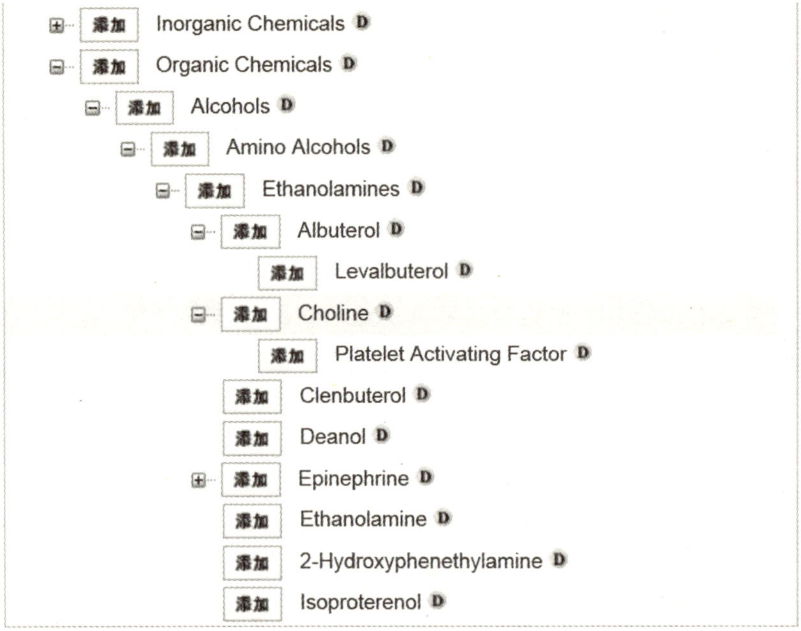

图 8-1 Web of Science 数据库中的叙词表

目的①，也就是数据交换所要达到的真正目的是得到所交换数据代表的含义，实现数据在含义上的交换，而不是单纯数据本身的交换，这同人与人之间的信息交换已经非常类似②。在这个过程中，数据语义的描述则是数据可被计算机正确理解和推理的基础，因此一旦叙词表或者本体网络构建起来，语义在机器学习层面能够进行，这就构成科学创新所依赖的根本路径。

从科学文献上附加的标引词这个知识单元出发，将这些离散的知识单元进行重组，按照一定的规律发现和挖掘内涵，以及有用的未知知识，采用数据挖掘、知识发现和人工智能等技术，实现对知识节点之间层级关系的揭示，以发现以前没有发现的某些知识之间的关系，就能产生新知识、实现科学上的创新。虽然规范化的主题词表和本体数据库组织的逻辑严密、秩序森严，但对于单篇科学文献来说，其中涉及的标签词却不一定是按照规范化的词表中主题词之间的关系而组织和开展的。科学创新的魅力也就

① 张玮莉．本体驱动的 Web 数据语义集成体系结构的研究．大连海事大学硕士学位论文，2007.
② 刘成山，刘怀亮．基于语义网的数字图书馆．情报杂志，2008（1）：49－51＋54.

在于在超出常规的标签词汇关系之外，科学家通过自由探索，依然挖掘和发现了这些词汇之间的多重相关关系，这给原有的知识树又增添了新的链接关系，从而使得整个领域或者学科的知识得到了扩展与创新。

三、网络科学文献挖掘的需求

随着科学研究对象的泛化和科学研究从业群体的扩大，科学数据越来越容易从互联网上科研人员传统专用的数据库中获得，因此，非数据库这部分科学数据的开发与利用也就成为未来重点的研究对象。在网络科学数据的组织方面，领域本体数据发挥着比较重要的作用。通过本体数据库对网络数据的语义标注，领域知识就得到形式化描述并可得到语义知识网络，用以对网络信息进行整序。

在网络承载的科学知识背后是可导航与标签的思想，语义网络的目标是使网络上的信息具有计算机可理解的语义，满足智能体对网上异构和分布信息的有效访问和检索[①]，以及按照自身需要再组织与利用。语义网络研究活动的目标是开发一系列机器可以理解和处理的表达语义信息的语言和技术，以支持网络环境下广泛有效的自动推理[②]。在目前阶段，语义网的研究主要集中在以下几个方面：网络资源及其内容的语义标注、基于语义关系的数据元共现网络的构建、基于语义的知识交换以及不同应用领域和系统之间科学数据的自动化处理。

本书获取了卫生保健领域的叙词表，如图 8 -2 所示，健康护理领域目前是卫生科学中较热门的研究领域。根据此医学领域的树状叙词表，卫生保健领域所有知识被组织成一个有机的完整体系，有关主题词的共现网络也就可以获得了，卫生保健领域的可视化词网络可揭示很多学科知识[③④]。在医学数据库中的科学数据里，利用该叙词表或者更为完善的本体库，就

---

① 胡俊. 基于本体的共词分析技术在生物医学文献研究热点中的应用研究. 复旦大学硕士学位论文. 2011.

② 邓春红. 基于 OWL 的课件描述本体及工具. 东南大学硕士学位论文，2006.

③ Yao Qiang, Lyu Penghui, Chen Kai, Yang Lianping, Yao Lan and Liu Zhiyong, "Current Performance and Future Trend in Health Sciences & Services", *Scientometrics*, 2014, 101 (1): 751 -779.

④ Yao Qiang, Chen Kai, Yao Lan, Lyu Penghui, Yang Tianan, Luo Fei, Chen Shan -quan, He Lu -yang and Liu Zhi -yong, "Scientometric Trends and Knowledge Map of Global Health Systems Research", *Health Research Policy and Systems*, 2014 (12): 26.

可以将领域内所有相关的科学文献标引好内容标签，以词的形式附在文献上面，将这些词的共现关系可视化表达出来，就可以得到学科的语义知识网络，从而表达科学文献内容背后的层级化关系。在医学信息管理学的研究当中，卫生与医药领域是其主要服务对象，基于叙词表分类体系，可以看出 Health Care 研究领域的研究被分类为多级结构。

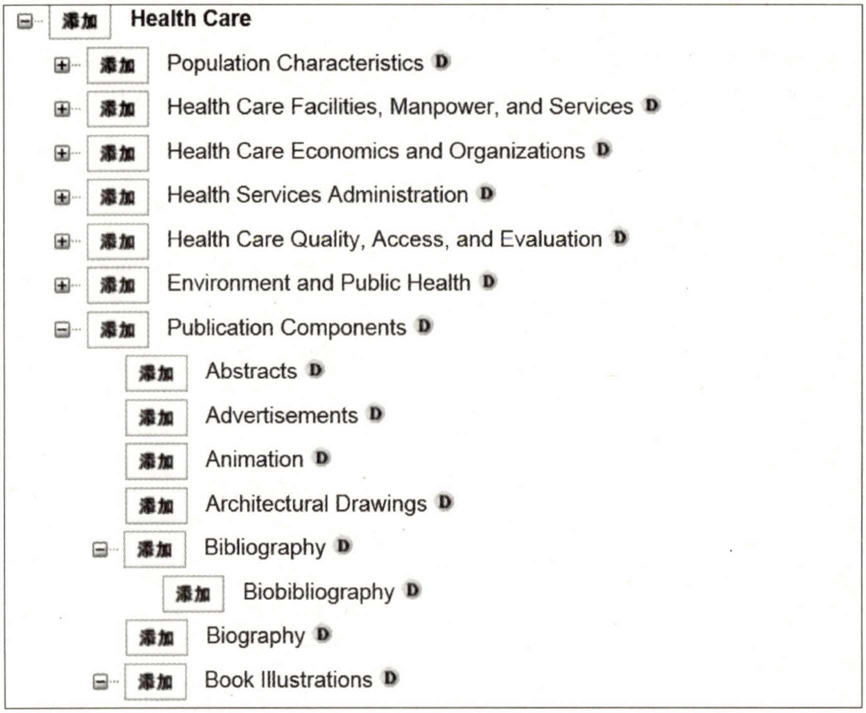

图 8－2　数据库中健康护理学的 MeSH 词表

未来对科学论文数据语义化描述是知识组织的发展大趋势，如果对现有科学数据利用本体知识库完成语义标注，使得科学论文有了较好的形式方面的标签，随着这种机器可自动组织的标签越来越规范，大规模科学数据的知识网络就可以形成，科学创新的路径和模式就可以逐渐得以发现。

第二节　学科语义知识网络的组织方法

所谓的语义网络，是指建立在文献的文本含义上的一种知识网络，要获得一篇文献的语义网络，必然先要对科学文献的语义进行解析并标注，语义的解析是通过文献的各种属性来确定的，这个工作可由计算机来自动完成，主要利用了自然语言处理过程中的分词技术、潜在语义分析技术等，部分数据库商在这方面做得较好。

对于本书获得的数据集，要实现较好的标注，第一步是先抽取知识元，这里的知识元模仿科学文献关键词的形式确立，一般首先使用分词软件，针对文献的全文进行分词，这样每篇文献就被拆分成若干关键词，然后在叙词表或者本库中找到对应的关键词进行对应，最后使用词表中的词语对科学文献进行标注。

一、语义知识网络的组织理论

在科学文献组成的知识汪洋大海中如何构建从文献到学科或者领域的语义网络呢？首先使用本体的语料库对科学文献加上标签，这样的语义化知识网络构建起来之后，有别于自然语言形成的数据库。但有证据表明，这种网络中的代表语言含义的词汇分布也是一个无标度的网络。无标度网络使得先前出现的词汇可以获得更多的链接，那么新词汇如何脱颖而出，又能如何获得更多的链接关系从而成为语义网络中的枢纽节点呢？参照复杂网络的处理办法，如果一个网络中节点之间存在的链接数多于指向它以外的链接数，那么这些节点之间就形成了一个语义网络，也就是概念上的网络。

学科文献的语义知识网络中，由于使用了词汇网络来表示文献的语义，而一篇文献中词汇的分布又基本服从齐普夫（GK Zipf）分布，因此文献学家依据这种词汇与词频之间的定量关系编制了词表来对文献进行标引或者标注，文献经过软件对其自动分词、标引，然后构建词汇之间的关系，最后就得到了复杂关系网络。对于一篇文献来说，标题、摘要和文本中均包含着文献的重要语义信息，通过这些信息含义的抽取可以构建语义知识网络。

如果将语义标注的对象扩大到网络科学数据，那么这部分数字资源的语义化描述和揭示就能实现深层次的知识描述。在数据库中，目前已有利用高度层次化的术语对科学数据进行属性描述，最终使得这部分标签可被计算机有效组织和理解①。在实际操作过程中，本体的约定应该最小，只要能够满足特定知识共享需求即可②。这可以通过定义约束最弱的公理以及只定义通信所需的词汇来保证，本体数据库本身也是一个动态变化的数据集合。目前，大家公认在构造特定领域本体的过程中需要领域专家的参与，以便充分保证本体支撑数据库的先验正确性。本体数据库正确无虞，根据它对应建立起来的语义知识网络在逻辑关系上才能确保正确。

二、语义知识网络的构建方法

在实际研究中，技术方面的难题是目前构建语义知识网络最主要的障碍之一，通过考察，本书发现一个科学文献集合中，所有的文本本身的集合第一步可以表示为：$P=\{P_1, P_2, P_3, \cdots, P_n\}$，如果知识元 $K(P_i)=\{KU_{i1}, KU_{i2}, KU_{i3}, \cdots, KU_{im}\}$，则表示文献 P_i 中包含了 m 个知识元，则 $K(P)=K(P_1)\cup K(P_2)\cup K(P_3)\cup K(P_n)=\{KU_1, KU_2, KU_3, \cdots, KU_i\}$。

第二步，标引好的知识元之间关联关系的获取。也是通过这些标签在一份文本中的共现关系来构建网络，这种知识关联在代数中可表示为一条连线，这样上述文本的集合就可以表示为知识元节点与之间的关联关系连线构成：$K(P)=K(P_1)\cup K(P_2)\cup K(P_3)\cup K(P_n)=\{(KU_i, Wk_{ui}), KI_{ij}\}$，其中 $1<i<j<n$。构建共现关系矩阵时，需要统计 N 篇文献包含的 M 个词汇，形成 $X=A^{M\times N}$形式的关系矩阵。

第三步，可视化表达。科学文献文本的集合就可以表示成知识元及其权重关系，以及知识关联及其关联度的一个二元组形式：$G=\{(N, W_N), (E, W_E)\}$，这是一个无向的加权知识网络。通过矩阵运算得到一个 $M\times M$

① Gruber, T. R., "Toward Principles for the Design of Ontologies Used for Knowledge Sharing", *International Journal of Human - Computer Studies*, 43, No. 5 - 6, p. 907 - 928, 1995.

② 张文秀，朱庆华．领域本体的构建方法研究．图书与情报，2011（1）：16 - 19 + 40.

的术语共现矩阵 T，$T = X^T X$，在 T 中元素 $t_{ij} = \sum_{k=1}^{N} x_{ik} \times x_{kj}$，其中 i，j = 1，2，3，…，M。共现频次大小强烈受双方词频大小的影响，为了消除这种影响，本书使用共现强度指标来替代共现频次数值。学科语义网络的构建可仿照语义网里 RDF 三元组的方法，即构建对象—属性—值（Object - attribute - value Triple）的数据模型，对应着计算机数据存储的 NWB 格式，语义网络是按照学科叙词表将单篇文献中概念之间的关系梳理后得到的网络，而本体数据库本身就是一个针对这种概念之间关系的网络，从区别上来说，语义网络可以看成是叙词表到本体网络间的一种基于共现关系的中间状态知识网络。

三、语义知识网络与知识创新

科学文献语义标签与术语的形成非常类似，如云计算出现之前，寄生计算与之是同一个含义；石墨烯出现之前，单层石墨也是指同一个事物。这些词在语义网络中后来居上、占据主流，使得像云计算和石墨烯这样的创新事物迅速流传和扩散，同样像青蒿素这个术语在医学数据库里出现之前，也是花费了很大的时间才占据主流词表的，但是一旦成为叙词表或者本体库中的词汇，不但其含义是专指的，这些词汇之间的层级关系也随即确定下来，这大大方便了科学研究人员利用其语义关系。

语义网络本质上是对大量的、复杂的知识源文献进行知识表示和简化的一种手段，有利于在大量复杂的知识元素中迅速发现知识之间的内在逻辑关系，属于知识发现的一种。本书基于语义标签词汇构建出来的语义网络也是典型的无尺度拓扑网络，在这样的网络中，虽然大多数词汇与其他词汇的共现频率很低，但是整个网络是由一系列高度连接的枢纽节点连接在一起的，这些核心节点很容易从大量节点群中脱颖而出并通过互相连接而固化下来，最后成为科学创新的核心概念。但语义网络源于科学文献，如何可以超越于科学文献从而实现科学创新呢？

对于语义知识网络来说，网络节点的固有属性，如对知识的解释能力、吸收能力和知识的存量，都是该节点能否继续连接其他节点的能力体现，因为知识在该网络中的流动效应与节点间的距离是负相关的，那么节点间的距离越大节点的差异性就越大，这使得它们之间的物理空间阻隔了节点之间的知识流动效应；但是知识流动效应与该节点的关系强度又呈正相关，关系强度强的节点之间获取对方的信息便利、共享信息容易并且相互之间的合作能力也较强，知识交流起来也就简单可行。

知识交流和知识流动与知识网络中节点的吸收、溢出知识以及创新能力的大小密切相关，并且其知识吸收者和知识提供者的身份还会经常性发生转变，随着知识的流动，节点的专有知识完成了向共有知识的转化，节点的隐性知识也完成了向显性知识的转化。未来语义化的本体数据库普及之后，利用本体数据可以对学科内的科学文献进行解析和重构，基于重组后的结构，与目前工业流水线上的作业类似，科学知识的创新也可以通过模块化来完成。这样将一个大型创新任务分解到一个个模块之后，创新的难度也就大大降低。从复杂网络的角度来看，小型网络内节点的连接也就更高，知识与创新流动的效率相应提升。

通过对基于文献中机器标引的主题词共现关系的掌握，在此基础上使用组合数学的方法即可构建出语义知识网络。通过这种新型网络的发展可以开发出文献之间的有机联系，定位单篇文献在整个学科中解决问题的大小和位置。从而判断现有的论文在学科内是继续发展原有逻辑联系，还是彻底颠覆原有知识体系。科学创新的大小从而具有了量化并可见的衡量标准。

第三节　学科语义网络发展的关键难题

语义网络基于词表中的层级关系可以对科学文献来展示其内容上的逻辑关系，在科学大数据环境下语义网络不仅可以再现论文内的微观层面的语义关系，而且基于学科与领域内海量论文中标引词的大量、反复共现，可以展现整个领域内科学研究的进展程度，以及科学知识的扩散路径。知识扩散在学术活动中是指将知识从产生的源头向其他地方进行转移和传播的活动，其结果是知识从创新主体向使用者传递，不同的个体或者组织之间实现了知识共享。知识扩散可以促进知识创新，最终达到科学共同体对知识的充分利用。

哈格斯特朗认为，具有社会学特征的网络空间的扩散具有层次性，即并不像理想空间的各向同性扩散，而是有一些扩散是在区域之间进行的，并可根据网络交流的区域性特征预言出这种创新扩散趋势，他提出了著名的平均信息域模型（Field of Information）。Fallah 等认为，知识扩散主要集中在网络内部进行，这种扩散分为两种形式，包括知识传播（有意识的扩散）和知识外溢（无意识的扩散），受知识扩散边界的限制，知识扩散还可以在多种层面进行扩散。

扩散现象的本意是指在具有不同内能热学主体之间通过能量传递消除势差，从而使不同热力学对象趋向于内能一致，达到熵值最大状态的过程。知识的扩散也具有相似的特征，一旦所有创新主体的知识存量一样时，知识扩散就终止了。在这个过程中，让创新主体具有内生式的创新能力和创新路径可以依赖是一个非常重要的方面，否则这个扩散过程就会陷入对对方创新成果的依赖中不能自拔。

对使用者来说，知识扩散是达到科学与技术赶超的较为有效的途径之一，根据熊彼特的创新理论，知识创新的扩散受时间因素的影响最大，符合的一般关系式为：

$$\frac{dP}{dt} = kp\ (1 - p) \tag{8-1}$$

其中，p 为扩散强度，t 为世间，k 为常数，此处为系数。该模型的效果符合生物学中的传染病模型，知识扩散可以类似于疾病传染这样的快速形式扩大影响。

对于科学研究本身来说，其重大科学发现符合列维模型，也就是说，一个飞跃性的发现总是伴随着很多不起眼的小发现，有些甚至是相悖性的发现，然而，这些并非是无用的努力，而是检验一项新发现的必要工具。对于科学知识的创新来说，本课题组曾使用了 MeSH 词表提供的分类系统下载了医学信息管理学（Medical Informatics）的所有论文，然后基于该数据集的科学文献的关键词的共词网络的演化去研究医学情报学的研究前沿与热点的变化①，就可以发现该学科里的创新趋势。

① Lyu Penghui, Yao Qiang, Mao Jin, Zhang Shijing, "Emerging Medical Informatics Research Trends Detection Based on MeSH Terms", *Informatics for Health and Social Care*, 2015, 40 (3): 210-228.

一、科学知识网络整序

科学知识在语义网络甚至未来的语义网中，词汇被按照语义组织成一张庞大的知识网络，单个词汇会被与之相关的成千上万个词汇连接，当一篇文章中涉及的几个关键词汇被共现连接之后，就会有更多的相关文献被提及或者推荐连接，在这种情形之下，学科知识就会形成紧密连接的知识网络，知识创新难度也会大大降低。在语义知识网络层面，随着语义技术和越来越多学科本体数据库的建设，相信科学知识的有序化程度未来会越来越高，目前这方面的研究已经有了突破性进展，例如，信息和资源的流动也会空前高效流动，Google 公司近年来开发的 Knowledge Graph 人类知识库①，就是通过事物之间的普遍语义联系构建了知识网络供用户进行语义搜索的。

语义知识网络形成的拓扑图上存在着知识重心，这个重心的位置与创新程度密切相关。当科学知识领域的文献被完全语义化之后，在这样的知识网络中出现的大量知识节点是遵循幂律分布的，那么就可以通过找寻少数能决定整个学科发展的关键性文献，然后组成一个科学数据集，如果原来的科学数据集数据量很大，则可以对新形成的科学数据集继续使用幂律筛选机制，最终选出在语义层面上跟研究对象最为接近的少数经典性文献，以此作为科学文献检索和发现的突破口，会比目前使用的搜索引擎要好，这是知识网络与现实数据库中的语义网络对现有知识发挥的功用。

二、大数据处理的技术

在实现了布鲁克斯等科学家设想的概念网络也就是语义网络之后，随着时代的发展，科学数据的增长与累积程度越来越高，因而这部分数据的挖掘与分析随之变得困难。未来需要发展大数据处理手段，目前来看最为可行的是采用云计算的办法，我们可以将计算能力视为一种资源，这种资源被互联网集中在一起，然后再通过广义互联网络配送给有需要的用户，

① Jiang Y. F. and Ning Ma. “A Plan Recognition Algorithm Based on Plan Knowledge Graph”, *Journal of software*, 2002, 4 (13): 686 -692.

这样科学计算的问题可以通过群策群力的众筹方式解决。

21 世纪，大数据的爆炸带来了信息危机，信息的获取和展示愈发显得专业，因此应景而生了很多展示、演绎和理解数据的工具，通过这些工具和软件加上思考就可以得到栩栩如生的图像。一副好的数据图像不仅能够有效地传达数据背后的知识和思想，而且能够给人留下过目不忘的印象，因此既懂得数据分析又精通构图的艺术，就成了数据科学家甚至网络科学家必需的专业技能之一。

以往对积累的科学数据进行解读的时候，经常可以读到学科领域内很多大人物撰写的综述类论文，这类论文对整体掌握一个领域的知识发展与前沿确实非常有用，在小学科或者数据量有限的情况下是有效的，但随着大科学时代的到来，一个人仅凭着自身的经验想要读遍哪怕是最主要的学科领域内的文章再来综述或者述评，总有挂一漏万之嫌；如果亲力亲为地去调查这些数据，又因为抽样方法的限制，从而使得最后结果的信度大打折扣。但是基于科学大数据集以及知识共现网络分析来进行一个领域的现状分析和未来展望，将使得这种分析变得可行和容易。

在科学数据处理方面，目前发展出来的本体技术可以对数据进行网络化，本体是概念化明确的规范说明，也是概念化明确部分的说明和一种逻辑语言的模型①。在数据科学里是指数据所具有的属性，以及这些属性之间的关系。举例而言，一篇文献具有标题、关键词、作者、机构、期刊和发表年份等多个知识本体，正是这些本体和本体之间的关系界定这篇文献的基本属性，使得文献之间互相区分开来。

三、可视化解读的手段

数据可视化技术（Data Visualization Technology），这项曾经是好几代统计学家上百年的梦想，在数据量突飞猛进形成倒逼之势的情形下，终于获得了技术突破与大力发展。这项技术不仅使得社会人士在数据展示方面有了开拓利器，而且使得科学家在已获得数据的基础上有了表达的手段，因此从商务智能到科学研究，无不采用了数据可视化的展示手段，这项技术也因此获得了极大的发展，在语义关系的表达上，可视化手段也使得我们

① 龚威，张保稳．基于本体的业务连续性的分层研究．信息安全与通信保密，2012（1）：74－75＋79.

能够直观感受到概念之间的逻辑关系。

但是不管是多么绚丽夺目的技术，其背后的设计思想和研究者想要表达的内容才是最主要的。可视化学科的创始人爱德华·塔夫特（Edward Tufte）曾说过，信息过载这回事并不存在，问题出在糟糕的设计，如果你用来表达数据的图形让人感觉杂乱不解，那就要修改你的设计。现实情况是，很多研究中大量使用数据可视化手段堆积起来的图形，但整个研究却缺乏有机的组织从而显得凌乱不堪[①]。

因此，在数据尤其是大数据背景下的知识网络图形的可视化过程中，要关注的是作者想要表达什么以及按照什么样的思想将这种内容表达出来，而不是一味地去追求可视化的手段和技术，如果一个研究或者论文没有可贵的组织和一以贯之的思想，那么它就不是一份好的研究工作，可视化解读起来的作用是使研究工作锦上添花，如果使用不当，那就适得其反了。

第四节　医学管理学语义网络实证研究

在语义网络研究方面，生物与医学领域走在前列，据统计，全世界大约有 1/3 的科学家与研发人员从事着生物与医学的研究，因此生物与医学类的科学数据库由于实际需求，最先被专门地建立起专业数据库 Medline。最为可贵的是，这种数据库对全部收入的科学数据做了标签化处理，建立起树状的基于 MeSH（Medical Subject Headings，MeSH）词表的完备体系。虽然这种工作还不是语义标签，但已经很接近真正的语义信息处理了。

美国国立医学图书馆以 MeSH 作为生物医学标引依据，MeSH 汇集了约 18000 多个医学主题词。MeSH 在文献检索中的重要作用主要表现在两个方面：准确性（准确揭示文献内容的主题）和专指性[②]。在标引（对文献进行主题分析，从自然语言转换成规范化检索语言的过程）人员将信息输入检索系统以及检索者（用户）利用系统内信息情报这两个过程中，以主题词

① Tufte，Edward R. and P. R. Graves - Morris. "The Visual Display of Quantitative Information. Vol. 2. Cheshire"，CT：Graphics Press，1983.

② 常海庆，陈军，许少波等．基于 MeSH 的临床医学工程主题词分布研究．现代医院，2012（12）：127 - 128.

作为标准用语，使标引和检索之间用语一致。

为了使主题词具有系统性，MeSH 通过词表处理引入范畴表（Categories and Subcategories）的概念[①]。范畴表又称树形结构（Tree Structure），是将字顺表中的主题词（主要叙词）、次要叙词按其学科性质、词义范围的上下类属及派生关系[②]，最低一级是子类目下面所分的若干更小的类目，也就是通常供检索使用的主题词，共 16000 多个，都按其医学概念的性质分别列入各自所属的类目之下[③]。

基于 Medline 数据库，MeSH 标签词可建立语义知识网络，MeSH 作为美国国立医学图书馆编制的权威性主题词表，是一部规范化的可扩充的动态性叙词表。其主题词和副主题词是规范化词汇，为了保持与科学发展同步，每年都有一定数量的词汇增删变动[④]。MeSH 的树状结构表将字顺表中的主题词按照每个词的词义范畴和学科属性，分别归入 15 个大类之中，多数大类又进一步细分至多达 9 级[⑤]。主题词上下级之间采用逐级缩进格式表现主题之间的隶属关系，每个主题词都有一个或两个以上的树状结构号，该号是联系字顺表和树状结构表的纽带。

医学文献自被系统收集以来，不仅总数量几乎占到了全部科学文献的 1/3，而且在数据的规范方面做得比较好，图 8－3 就是医学主题词表中情报相关词表。在 Medline 数据库的生物与医学学术论文中，系统根据 MeSH 词表自动为每篇文献赋予对应的标引词，这相当于对所有文献进行了一次自动分类，以保证所有文献均可由 MeSH 词表中的关键词表示。这些标引和后加上去的标签词就可以用来构建代表该篇文献的语义共现网络，由于这样的标签词两两共现于一篇科学文献，成千上万篇文献中标签词的共现网络就可以代表一个领域内的科学文献间的语义网络。

---

① Bean, Carol A., "The Semantics of Hierarchy: Explicit Parent－child Relationships in MeSH Tree Structures", Proceedings of the 5th International ISKO Conference, Wurzburg, Germany, 1998.

② 常海庆，陈军，许少波等．基于 MeSH 的临床医学工程主题词分布研究．现代医院，2012（12）：127－128.

③ 陈冉．基于概念和段落检索的生物医学文献知识发现．大连理工大学硕士学位论文，2008.

④ 郑静．MEDLINE CD－ROM 检索与 MeSH 的探讨．图书馆杂志，1999（7）：21－22.

⑤ 马骏涛，宋欣，李光伟．基于生物医学领域本体语义 Web 的构建探讨．科技情报开发与经济，2011（8）：138－140.

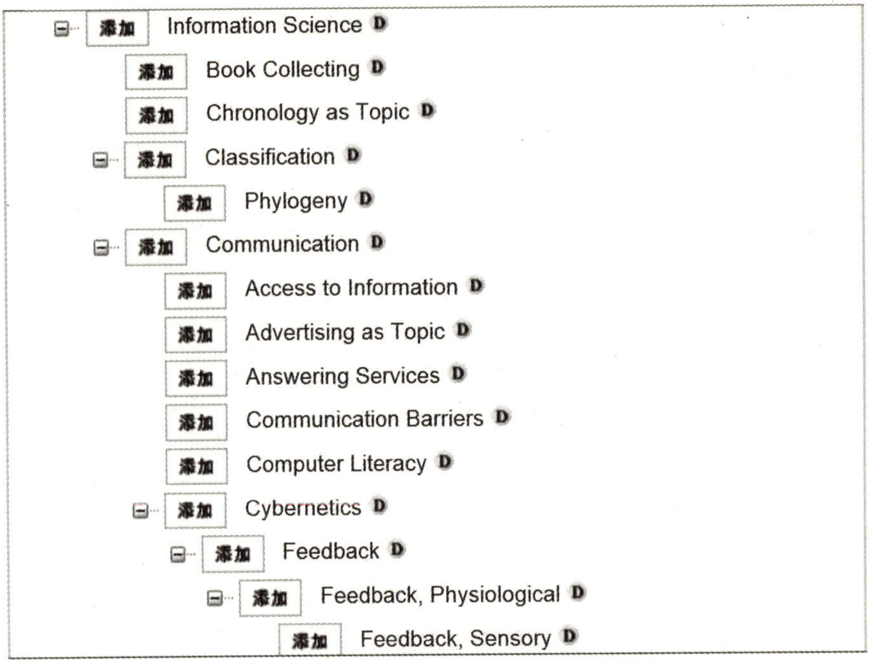

图 8-3 WoS 数据库信息学科语义结构

一、医学管理学语义知识网络研究

由于管理科学领域的叙词表至今尚未建立起来，本节使用管理学中医学与健康管理这个子领域的科学数据构建了其语义知识网络，用于给读者展示其面貌。随着各个学科领域中叙词表的相继建立，未来绘制整个管理科学领域的语义知识网络将成为可能。

本书利用语义标注较好的医学数据库 Medline 中的科学数据构建语义知识网络，如图 8-4 所示。Medline 是美国国立医学图书馆（The National Library of Medicine，NLM）生产的国际性综合生物医学信息书目数据库，是当前最权威的生物医学文献数据库。包括美国《医学索引》（Index Medicus，IM）的全部内容和《牙科文献索引》（Index to Dental Literature）、《国际护理索引》（International Nursing Index）等[①]。

---

① 黄水清．非相关文献知识发现方法及在农业经济学中的应用．南京农业大学博士学位论文，2010.

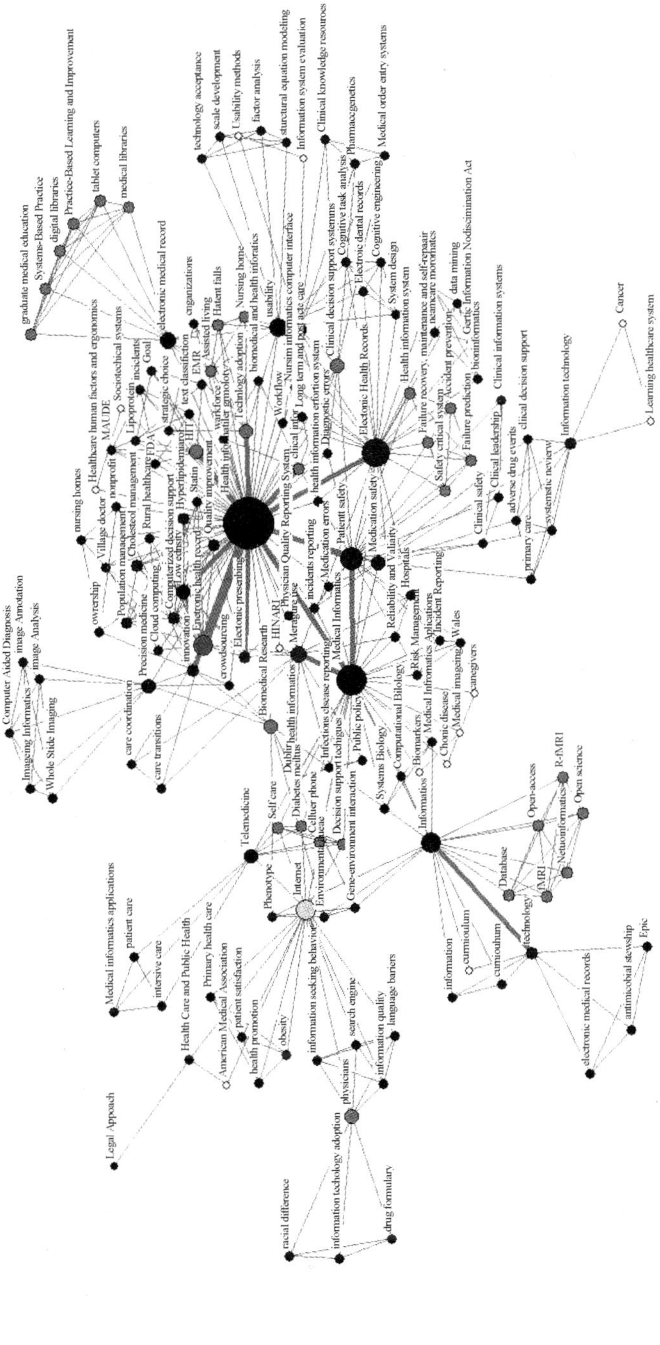

图 8－4　医学信息管理文献语义知识网络

医学管理学的科学文献经 MeSH 主题词标引过之后，本书利用这些标引词在论文中的共现关系生成矩阵进而绘制领域内的语义知识图谱，这些在 MeSH 词表中本身就有含义的词汇在语义网络中不仅根据领域重新生成有意义的网络，而且在网络中的链接强度、链接关系一目了然，根据连线的粗细能够很快判断出哪些语义关系是重要的，哪些语义之间的关系已经在现有研究中出现了，哪些语义关系还需要继续加强研究，这种语义知识网络给领域内的科研指明了方向。

为了展示图 8－4 中的局部精细图，本书使用相关工具将 Medical Informatics 之下的 Internet 相关的语义网络图放大做详细分析，如图 8－5 所示。语义网络表明，在医学信息管理学中与 Internet 能够产生语义关联的主要有四大子网，分别是信息搜索行为，语言障碍和信息质量为主的互联网信息健康利用行为，通信、自我救护和决策支持技术为主的用户自主服务体系。这两大语义关联的知识网络之外还有药物处方、种族差异和信息技术采用，以及患者护理、精细护理和医学信息管理学应用等更细一步的医学信息管理学研究知识网络，另外与 Internet 有关的还有肥胖、健康提升、初级医护和患者满意度，以及公共卫生医保、美国医学协会和法律途径等在语义知识

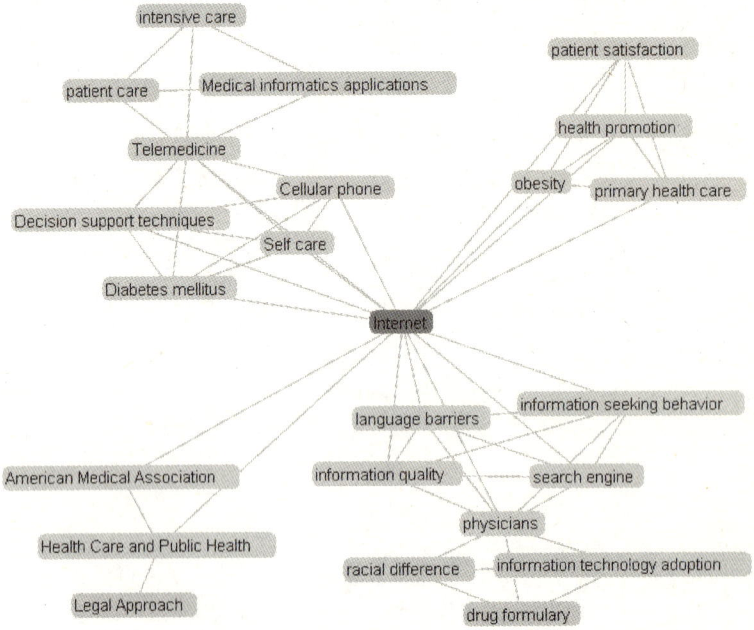

图 8－5　医学信息管理学语义网络局部精细

网络，目前已经成为医学信息管理学研究的主要热门领域，在这个语义网络体系中，均可非常直观地显示出来。

二、医学管理学语义知识网络演化

与上节类似，隶属于医学信息管理的健康管理领域的语义知识网络演化图谱在本书中也用来展现网络的演化。由于数据库中的医学信息管理学文献已经被 MeSH 词表标引过了，主题领域内的科研文献数据集之间的语义关系就可以通过这些标引词的共现关系来构建，最后得到这些标签词网络所具有的大数统计意义上的语义关系网络。根据 MeSH 标注词汇网络的不同，本书将这些数据经过生命周期分析，发现发文趋势在 2001 年和 2008 年存在突变，将时段分为 1984～2001 年、2002～2008 年、2009～2014 年分别下载数据，利用这些数据的标签词绘制语义知识网络演化图来总结规律，然后使用 NEviewer 软件来绘制这些 MeSH 词汇在医学信息管理学中的演化图谱，如图 8－6 所示。

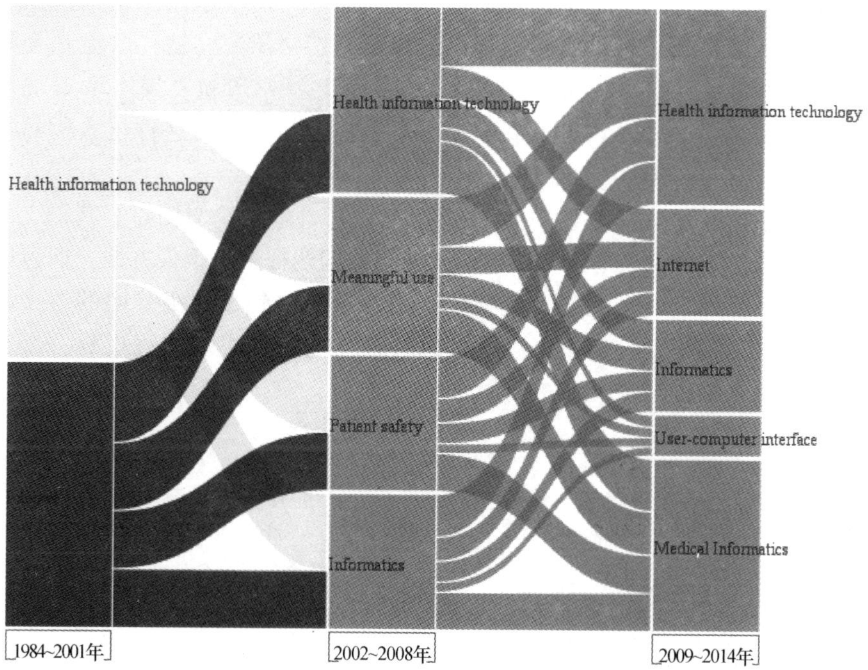

图 8－6　医学信息管理学文献语义网络演化图谱

从医学信息管理学近30年来的发展历程来看，最初医学信息管理学涉及的词汇领域只有健康信息技术和互联网，随着时代和技术的进步，这两个领域内的一小部分学术研究保留了下来，更多的主题相互交叉，衍生出诸如患者安全、有意义的应用等时代特色浓郁的新兴主题，这些主题更进一步地交叉融合，产生集于互联网的更多研究热点。另外，医学信息管理学的情报特色更为显著，不仅有论文专门涉及医学相关的 Informatics 研究，还有人机交互等研究主题不断涌现，这些本来是医学和知识管理之外的主题逐渐进入医学信息管理学，并占据了相当大的研究比例，在语义网络演化图中清晰可见。

本章小结

未来发展语义知识网络成为互联网时代科学数据机器自动化处理的必然趋势，本章通过对学科语义知识网络产生的动力与需求的分析，指出未来学科知识有序化组织的必然趋势是发展语义网络研究，这样才能将互联网上和数据库中大量增长的科学文献之间的逻辑关系和发展程度展现清楚，从而实现科学领域内的创新，另外本书还分析了发展这种技术所面临的关键难题。

本章使用医学数据库 PubMed 中的医学信息管理学论文构建了其语义网络，基于医学主题词表的 MeSH 给语义网络的构建提供了很大方便，通过绘制医学信息管理学语义网络及其演化图谱，本书得到了层级分明的语义网络并展示了其精细结构，整个医学信息管理学的创新发展过程也是一个交叉与融合的多学科演变历程。

第九章 科学知识网络理论未来前景及思考

就科学来讲，把前人获得的零星的真理找出来进一步加以发展，就是当之无愧理应受到奖赏的功劳。

As for Science, to find out the truth of the former sporadic and development them further, is fully deserve a reward.

——歌德（Johann Wolfgang von Goethe）

在针对科学知识管理的所有学科里，情报学占据了重要的地位和角色，1983年，钱学森先生对情报一词下了明确的定义，认为所谓情报就是激活与活化了的知识，是为了解决一个特定的问题所需要的及时性和针对性的知识①。根据米哈伊洛夫的观点，情报学是研究科学情报及其交流全过程的学科，此处的科学情报不仅包括自然科学、技术科学，还包括社会科学、人文科学和管理科学。它研究科学情报的构成和共同特性，研究其交流全过程的规律性，因此这种规律性不仅包含于情报传递过程，更在本书所涉及的知识共现网络的内部。同理，科学文献中蕴含着潜在的科学创新规律的密码，但若未用科学知识网络将此揭示出来，就无法实现科学文献的增值，以及寻踪针对知识创新的路径。

在信息处理速度的追求上，人类知识创新方面的能力可以说是惊人的，第一台计算机出现时占地170平方米，重约30吨，运算能力是每秒5000次加法，而目前一台普通的智能手机的处理计算单元都跟普通电脑不相上下。计算能力的提高使人得以解放出来，从事知识共现网络的顶层设计，将大部分科学文献知识元的关系和运算过程交给计算机完成，因此人类对知识

① 钱学森．科技情报工作的科学技术．科技情报工作，1983（10）：1－9.

创新能力和程度的要求在当前时代是加大而不是降低了。

自然科学与工程技术的发展通过推动技术进步而促进社会经济发展，人文社会科学通过降低制度创新的成本而推动社会经济进步①。自然科学的理论创立与创新，主要是对自然世界改造的实践做出新的概括与升华，社会科学理论创立与创新，主要是对探索人类社会发展规律的实践做出新的理论概括与升华②，本书所研究的科学知识创新理论的创立与创新，主要是通过转变和更新人们的思想观念、思想方法和思维模式，是一个系统化的世界观理论形态的创立与发展。

科学知识网络一旦形成，就在客观世界中具有了独立的意义和价值，就具有了整体不同于其部分属性的很多功能，本书从科学文献的形式属性出发构建的知识网络，在定量化的统计学意义上已经能够挖掘出科学创新的路径和很多潜在信息，更重要的是这些知识共现网络将文献文本知识从内容方面关联起来，这些内容方面的关联尤其是语义联系构成的新型网络则更为重要③，从知识网络的构成视角可以继续认识到进一步的知识发现尤其是知识创新的过程和路径，尤其是情报过程中“事实—数据—信息—知识—情报—智能—创新”的科学创新链的形成。

第一节　知识创新规律与知识创造效率

在科学创新规律的研究方面，由于其不言自明的重要性，现有科技成果几近汗牛充栋，其中知识元的重排与组合是其中大量应用的重要手段，因为如果有效地使得知识元能够得以组合增值，那产生的结果就不是一种“物理反应”而是“化学反应”了。举例来说，知识的游离可能产生新的知识，类似于化学反应中的分解反应；知识经过重组也可能产生新知识，类似于化学反应中的化合反应；对知识元的移花接木以易位再生，类似于化学反应中的置换反应；还有知识元“组团”式的游离互换，更像是化学反

① 覃淑君．西南科技大学哲学社会科学发展的现状与对策．西南科技大学学报（哲学社会科学版），2003（2）：7－10＋21.

② 毛良升．哲学视域中的创新研究．中共中央党校博士学位论文，2012.

③ 刘植惠．关于情报学的概念，属性和功能的探讨．重庆图情研究，2007（1）：1.

应中的复分解反应……这些类化学组合反应的结果就是生成了区别于现有知识的全新知识，其意义与发现对于人类和再造新物质一样贡献极大。

程妮等认为，知识转移是为了缩小知识差距、促进知识创新而进行的知识发送、接受和利用的全过程，知识转移 = 知识传递 + 知识吸收[①]。在一个国家或者组织当中，知识不仅具有存量的重要属性，也具有流量的属性，知识流量在数学上是一个矢量，具有方向性，总是从位势高的一方流入位势底的一方。知识的传播、扩散和交流，均是建立于这种存在位势差的情况下，如果位势差不存在了，那么知识创新的动力就消失了。

知识创造效率，是研究这种知识位势差消除过程中的知识流量大小与一个国家或者组织付出成本大小的一个比率，无疑比率越大，越有利于更快发展。而科学知识网络比单纯科学知识更为复杂和高级，在促进科学创新方面效率也更高。美国科学家艾米顿在 1997 年指出，知识创新是指关系主体创造、交换和应用新思想，并将其转化为市场化的产品和服务的过程。根据此理论，知识创新主要有这样几种形式：通过研发活动创造了新知识，这是知识生产环节的原始创新；在知识的传播、扩散和交流、应用环节加快了其流动速率，这是知识流动环节的创新；在知识被利用的终端环节开发了其应用市场，这是知识利用环节的创新，应用是知识与其潜在应用环境的有益结合，也属于一种知识创新活动。

因此，不管是在知识的流动环节，还是从知识创造新价值或者新财富的角度，知识首先都要流动或者被重组或应用，才能达到创新的目的。在一定条件下，通过知识管理使得知识不断应用于新的领域来实现创新的系统过程较为常见。1998 年，中国科学院路甬祥院士指出，知识创新是通过研发获得新的自然科学或者技术科学知识的过程；德鲁克认为，知识创新是赋予知识资源新的创造能力的行为，知识网络无疑是可以实现这种创新和增值的手段之一。

这种通过科学研究获得新的科学技术知识或者基础知识的过程，创新的追求较高，其目的一般是追求新发现、创造新方法、积累新知识和创立新学说，是属于我们一般而言的原始的、重大的创新。因此，正如 Urabe 在 1988 年所言，创新从来不是一次性的现象，而是一个长期积累的过程，是

① 程妮．基于引文的知识转移研究．武汉大学博士学位论文，2009.

新的想法从产生到一个用的过程[1]。罗宾斯也认为，创新是形成一种创新的思想并将其转化为新的产品、新的服务或者新方法的过程。

《大数据时代》的作者维克托·迈尔·舍恩伯格说，大数据的核心就是预测。它通常被视为人工智能的一部分，或者更确切地说，被视为一种深度学习[2]。他认为，大数据大大解放了人们的分析能力。一是可以分析更多的数据，甚至是相关的所有数据，而不再依赖于随机抽样；二是研究数据如此之多，以至于我们不再热衷于追求精确度；三是不必拘泥于对因果关系的探究，而可以在相关关系中发现大数据的潜在价值。因此，当人们可以放弃寻找因果关系的传统偏好，开始挖掘相关关系的益处时，一个用数据预测的时代就会到来。

第二节　科学知识网络未来的发展趋势

学科知识网络在未来一段时间内仍然会是知识管理科学研究的热点内容，虽然它的辐射力和可扩展性都很强，使得各个学科的研究人员均可掌握。但是，这样的一套方法对于科技情报专家来说较为熟稔，通过委托或者代理来取得具体学科内的研究结果，仍然比一线科学家自己去操作烦琐的数据挖掘程序代价和成本要低得多，因此不管是研究新的理论或者开发新的方法及其应用上，知识管理学家仍然大有可为。

一、网络科学知识网络的研究

人类科学知识起初被创造出来的时候是分散的，后来人们发明出藏书楼、图书馆这样的实体将所有知识载体在空间上集聚起来，再后来科学文献被数字化之后，科学知识在时间和空间上的集聚程度均得到大大加强。如今，个人不仅可以访问相距很远的不同数据库的科学数据，而且可以将

---

① Urabe, Kuniyoshi, John Child, and Tadao Kagono, "Innovation and Management: International Comparisons", Vol. 13. Walter de Gruyter, 1988.

② 张建设. 大数据悖论. 中国计算机报，2013－05－13.

处于不同时间段的科学文献的同一字段提取出来实现重新组合。互联网使得我们在技术上可以创造无数种新类型知识网络，并基于这些新型知识网络实现创新，本书根据共现法则所得到的知识网络类型在科学知识创新研究上，可以大大提高知识创新的效率与产出。

但更为重要的是，随着人类更多日常数据的数字化尤其是智能手机、平板电脑和个人计算机的大量使用，全社会因此在各种服务器和数据库中记录下了海量数据，随着这些数据尤其是互联网的信息内容在技术上逐渐被结构化之后，这些非结构化数据处理起来将会像科学数据一样简单。对于中国来说，目前已经拥有接近5亿的互联网用户和9亿的手机用户，这些都是数据产生的重要来源，因此在这样的信息利用背景下，中国率先发展基于信息终端的知识网络已经不是基于领先全球的竞争需求，而是处理基于自身的日益增长的知识增值和落后的数据处理手段之间矛盾了。

本书发展出来的基于共现的知识网络研究方法将可以利用到网络时代的一切文献与信息资源库中（如Google Scholar），这样就大大拓宽了知识管理学甚至信息管理学的研究范畴。在互联网时代，我国的数据总量和新产生的数据量还偏小，但作为大数据时代的重要数据用户，21世纪中国会因人口基数庞大而产生不容小觑的数据量，尤其是近年来我国在科学数据上增长的程度已经逼近全球第一的地位。如此多的原始科学数据如果得到挖掘增值，尤其是网络科学文献和一些有价值的网络科学信息的数据挖掘将会为社会贡献极有价值的效益，因此不管是从狭义的知识网络还是从广义的知识网络研究方面来看，该研究都亟须深化。

二、混合科学知识网络的研究

知识作为人类所独有的产出物，背后隐藏着人类的认知历程和行为规律，人类的研究行为在更为广阔的视角下不是偶然的独立事件。随着日益精密的数字技术条件的形成，巴拉巴西甚至预言人类行为的93%是可以预测的，那么在知识网络这个相互依存的大型网络中，知识创新本身的规律和背后的模型未来是一定可以被掌握和重复利用的，这需要我们建立更为科学的知识元的多重关系模型，如图9-1所示。

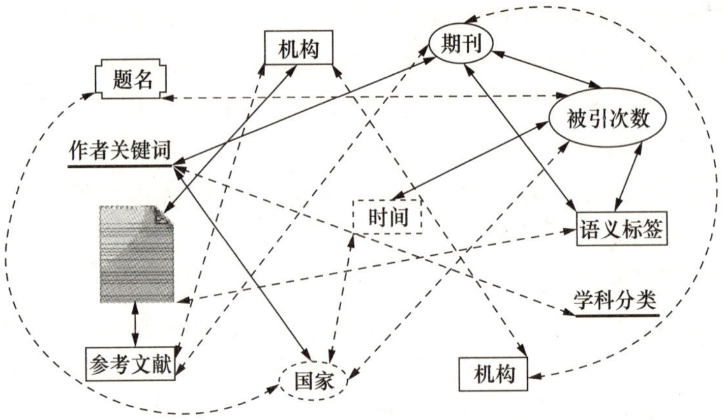

图9-1　混合科学知识网络未来发展思路

从本书主要研究的同共现知识网络算起，这种网络类型是为数不多的，科学知识元之间的异共现关系才是丰富而有趣的，在图9-1中，两两不同知识元之间关系组成的网络就极其值得深思，如果将三个及其以上数目的知识元在考虑其实际意义的情况下组合到一起研究，那就是真正的混合知识网络了，这样的知识网络将是极富科学价值和现实意义的，值得我们花费较大的代价去深入研究。

举例来说，陈超美教授曾经对国际恐怖主义相关文献的文献—主题混合网络进行过研究，使用他自己研发的CiteSpace工具绘制了精美的可视化图谱，其原理就是利用科学文献本身与文献所代表的主题，经过异共现表达出来的知识网络。与此类似，笔者曾经对科学文献作者—机构之间的异共现网络进行过研究，通过科学大数据的计算与挖掘，归纳出学科领域内高产作者跳槽频次分布以及跳槽现象对学者科学影响力可能产生的影响等有趣结论。

从共现组合这一简单的数学组合原理出发，仅单一网络就使得知识管理专家甚至不少物理学家和数学家探索了将近半个世纪之久，一些基本问题如科研合作网络中的社团形成，科学引文网络的结构与演化，以及共词网络里的科学范式、学科前沿和热点等问题不仅没有最终定论，反而有越来越多的新难题出现。著名物理学家霍金（S. W. Hawking）曾说过，21世纪是复杂性科学的世纪。科学知识网络作为复杂网络研究的一部分，现实需求催生着更复杂性的混合科学知识网络的发展，已经成为当代科学研究大潮流中重要的一部分。

三、科学知识网络研究的深化

科学知识网络之所以被情报科学家注意到并深入研究，并不是说其学科价值仅限于图书情报学领域，其更大的利用价值是可以让我们发现有很多学科前沿热点、潜在合作对象和科学发展范式。如利用本书中提及的科学知识网络在时间上的演化以及多种混合知识网络来研究科学创新过程，这样的研究方向也会越来越多，知识网络也因此会为科学上的创新贡献越来越大，也同时促使科学知识网络的研究越来越得到深化，从而形成专门的理论体系和专门技术。利用管理学文献所属的学科类别生成了一张学科主题共现网络图，就可以很清楚地看出与管理科学相关的学科群及其关系的密切程度，如图 9－2 所示。

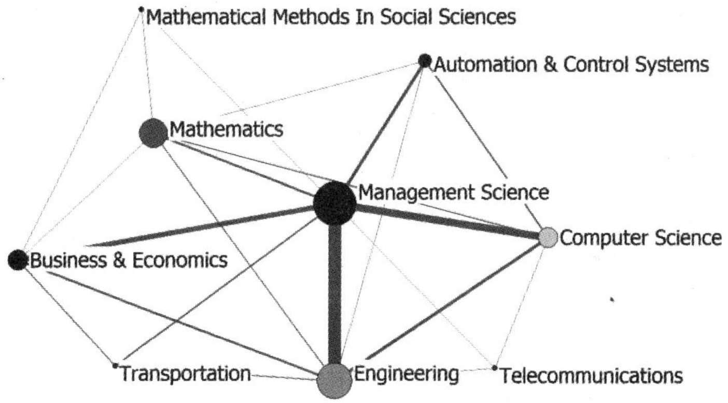

图 9－2　管理科学研究主题共现知识网络

数据再利用工程可以为数据开发更多的价值，因此通过开放思维和创造力、开发必要的工具来释放科学数据中隐藏的巨大潜在价值，以及利用和释放数据的能量正是情报科学家的重任之一。科学数据的价值就是其可能用途的总和，审视目前我们对数据价值的开发程度，比起真正可发挥的价值还不及万一，因此数据整合以及数据开发是继科学文献基本利用之后极为重要的事情之一。

第三节　科学知识网络发展的问题思考

学科知识网络中的一些具体网络在很早的时候就蓬勃发展了起来，本书只是为这些网络建立了一个统一的基于共现的理论基础。沿着每个新型或者原有知识网络研究下去，均有很多重要而紧迫的课题亟待解决，解决了这些问题知识网络将会更好地发展并迅速应用于多个科学领域和具体学科。

一、科学知识网络整序

在整个科学文献大数据集中，目前我们知道其中有很多定量的规律支配着科学的进步，尤其是在科学引文网络和学科共被引网络中存在的像幂律这样的分布，当这样的数学规律出现的时候，就意味着科学知识从无序到有序的过渡。反过来，要想对学科知识整序，使之高度有序化，则要能动地发挥数学运算的作用，真正找到科学文献集合中那些为数不多但有决定性的科学文献，重点将这样科学的文献作用发挥出来，则科学知识爆炸背景下的情报危机会得到缓解。

在自然科学当中，作为有序程度的度量，管理信息熵概念的最初定义为：

$$dS = \frac{dQ}{T} \quad (9-1)$$

管理信息熵函数式为：

$$S = k\ln\Omega \quad (9-2)$$

因本书的研究对象仅是人类科学数据中非常有限的一部分，具体而言仅关注了领域或者学科科学数据的一部分，这个数据集在整个科学大数据中占比很小大量信息熵化后价值更大。虽然整个科学数据很大无法被我们的设备所处理，但是从某个国家、地域或者机构的具体学科产生的数据集出发，研究其知识网络图谱还是可能的；本书将逐步扩大数据集的规模，研究一些自然科学具体学科全部数据下的知识网络；如果数据对象足够大，分析和处理过程足够长，这个过程中知识网络规律的变化趋势也是能够被总结和预测的，这样科学知识网络的有序程度就可以被逐渐认识清楚。

在知识经济时代，科学创新也是新经济的增长点，以 Thomson Reuters 公司的数据为例，基于科技文献的创新指数与互联网上用户行为的情感分析数据相结合，有人将 119 个国家不低于 18864 项独立指数的研究结果作为 Market Phsych 对冲基金的股市投资新信号，在经济中就发挥了很大的作用。科技是经济发展的助推器，本书对科学文献数据库的分析结果以及科学知识网络潜在规律的发现，也将为现实世界带来一定的知识经济效益。

二、大数据的处理技术

作为大数据发展元年，2012 年美国、欧盟等相继提出了优先资助大数据研究的计划，联合国脉动（Global Pulse）倡议项目发布了题为《为了发展的大数据：机遇和挑战》（Big Data for Develoment：Challenge & Opportunites）的报告，奥巴马政府提出投资 2 亿美元的横跨 6 个政府部门 84 个子课题构成的“大数据研究和开发计划”，欧盟的地平线 2020 计划（Horizon 2020）也将大数据作为研究重点。

在大数据价值链上，首先是提供创新科学思维的科学家可以获利，尤其是可以从杂乱无章的数据集中得到新价值的独特想法，就足以支撑一家机构在激烈竞争中存活下来；其次是基于技能的数据科学家，这类专业人才在大多数咨询公司和分析公司中较为常见，他们掌握了计算机专业技能但不一定拥有创新想法；最后是拥有数据本身的科学家或者机构，他们收集了大量数据或至少可以收集到大量数据，但却不一定能够从中提取价值，或者利用这些数据催生创新的思想，可以靠着出售数据集获利。这个数据价值链上，跟其他行业的市场链一样众多参与者维持着正常的运转。

大科学时代积累起海量的科学数据，大数据处理技术的核心思想中有一条就是基于云计算的方法，将能够对全体数据进行统计、筛选和分析，其结果的精度当然就比以往的方法要高出很多了。科学大数据不仅意味着数据量很大，更重要的是数据的流动和跨域交叉融合，这样数据就能得到最大可能的利用。在大数据时代，效率比准确性更为重要，当一个新的科学方向出现或者新的科研热点涌现的时候，对于用户来说更重要的是抓住以及紧跟新的科学前沿。因此，在这种情况下容忍模糊性会给我们带来更多的实际价值，这种思想的确立就跟人才的使用一样，不拘小节才能成就大的事业，同样带给我们更多信息哲学方面的启示。

在数据交换平台中，计算机是使用编码来标识知识本体的，在科学数据库我们看到的一篇文献拥有的各种字段，皆是其本体，基于这些本体之上的排列与组合共现关系，我们才可以发现知识创新本身的众多规律。本体目标是捕获相关领域的知识，提供对该领域知识的共同理解，确定该领域内共同认可的词汇，并从不同层次的形式化模式上给出这些词汇（术语）和词汇间相互关系的明确定义①。总的来说，构造本体可以实现某种程度的知识共享和重组利用，以及提高系统通信、互操作、可靠性的能力②，因此学科知识里面的知识创新规律要得到发现，就需要借助一定条件将这种网络关系挖掘出来，这个必要条件就是双方要素共现。

因为学科文献的本体定义了组成主题领域的词汇表的基本术语及其关系，以及结合这些术语和关系来定义词汇表外延规则③，因此不能单纯用数学上的组合构建无限多个知识网络类型来研究知识创新规律，除了要考虑本体的内涵，还要考虑它的外延，如果组合出来的共现关系超越了本体的外延规则，则这种组合是没有意义的④，正如很多数学上成立但在物理世界中并不具有实际意义的数学结果一样，这种可能的组合要以知识创新规律的研究为前提。在学科语义知识网络的本体建立和语义库的建立方面，可以采取众多方式完成，一个学科领域的专家数量是众多的，借助于群体力量的大智慧，比如如果五个以上专家同时认为基因这个词与管理科学高度相关，那么这样的知识就可以被固化在语料库中。至于具体收集的过程，可以将提问语句嵌入到网站内容的身份认证语句中，也就是只有内容访问者答对这样的询问并与其他专家一致，将可以阅读指定知识，就像铁路网络目前实行的那样。

---

① 史海燕，毕强．国外主要信息集成项目介绍与评析．情报科学，2004（7）：839－844＋896.

② 杨建学．领域本体构建在学习资源管理中的应用．湖南大学硕士学位论文，2006.

③ 高晓静，徐学文．Ontology－driven 的数据融合系统研究．现代图书情报技术，2004（1）：12－15.

④ 陈科．语义支持的空间信息服务组合关键技术研究．解放军信息工程大学博士学位论文，2011.

三、知识管理的新使命

本书研究科学知识网络对于科学创新路径的潜在影响，说明了人类历史上的科学创新与科学知识共现网络的关系，涉及具体个体或者团体，甚至国家层面创新。科学上的创新与进步与一国 R&D 的投入、科学研究人员的实力等密切相关，科学数据网络内体现出来的问题与解决办法也将对国家创新有所启示。

在人类社会目前积累了海量的科学数据的情况下，基于知识网络的创新路径的发现就正如茫茫大海上的一盏明灯，它指引着对于科学有所追求的人们奋勇前进追求光明，在指明科学之路上的具体路径之后，仍然有着漫长的道路要走，成功仍然依赖于99%的汗水，和那颇为重要的1%的指路明灯带来的方向感。

在不远的未来，通过对自身数据共现关系与用户利用行为数据的结合，基于高度互联的网络科学数据库，知识从业者作为主体将可以智能化的向数以千计的科研人员主动推送文献和研究线索服务。这将使得数据科学的服务创新站到更高的层面——也许一线科研人员由于精力所限并不知道数据库中那些密切相关文献可资利用；并不了解那些新兴的研究热点可能对于自身的科研将产生潜在的重大影响——但是基于大数据挖掘计算机算法的智能推荐系统知道这一切，并能够有针对性地将这些信息推送给科研人员。这将大大加深知识管理科学这门学科与其他学科的交叉程度，一定意义上可以实现引领所有学科的未来发展，使得科学创新在未来的时代不再是稀缺事物，达到人人可以创新即万众创新的新境界。

大数据挖掘这个新行业的出现，使得部分具有双重学科背景的大数据研究先锋，在新时代具有更大的发展前景，但却并不来自他们做出了极大贡献的研究领域，尽管他们所掌握的技能已运用到了这个领域。虽然行业专家是不会真正消亡的，但是其主导地位会发生改变，未来数据科学家会与这些专家一样身居要位，长久以来我们总是将专业人才看得比通才重要，但专业仅能适用于小数据时代，在这个时代因为数据量的限制科学家的直觉和经验才更为重要，但在大数据时代一切都变了，基于海量数据我们可以站得更高看得更远，并且还没有行业内的先验和偏见。

数据或者信息更大的价值在于反复使用和二次开发，否则其属性就跟物质、能源等资源没有什么两样了。在大数据时代，可以开放科学数据给大众，大众创新也就成为可能。在英国，人们成立了开放知识基金会；在美国，民间人员成立了阳光基金会，这些与科学数据相关的开源数据，使得互联网上人人皆可参与创新，因此基于知识共现的方法就成为最简单也更有效的科学创新的研究思维和方法，将给科学创新带来这样的发展所需的指导。

本书指明了可能的科学创新路径，但并不说明依赖于这样的路径就一定能获得原生的、重大的创新成果，科学上的创新从来都是长期积累、厚积薄发，知识网络只能在积累的基础上在关键时候指明路径，却并不能给机会主义者提供不劳而获、一本万利的成功机会，因此对其效果抱有幻想者可以休矣。但是，情报学的长期使命就是在信息爆炸和情报危机的关头，给科学家一条捷径，避免让他们走过多的弯路，能够做到这一点，对于科技情报学和具体科学来说，就是一大贡献了。

本章小结

科学知识网络出现之后，吸引了全球各个领域的研究人员热情参与，这是因为知识网络技术不仅是知识网络理论的热门话题，而且在整个科学领域尤其是具体学科有着广泛的应用，能够为各领域带来潜在知识的发现以及提高创新的效率。

然而科学知识网络本身的发展在大数据背景下也存在着诸多问题，本章对这些潜在影响知识网络领域发展的因素做了分析，首先知识网络是未来挖掘海量互联网来源的科学数据的手段之一，它本身也需要深化研究，如朝着混合知识网络的层面深入发展；其次使用知识网络可以使现有的领域科学知识更加有序，这是学科数据积累到一定程度必然面对的难题，但是通过科学大数据处理技术对全体文献数据分析，情报学会帮助具体学科来解决这些棘手的难题，这样也就为知识管理本身扩大了研究对象和提升了学科地位。

第十章　科学知识网络研究总结及展望

至繁终归于极简。

Simplicity is the ultimate sophistication.

——达·芬奇（Da Vinci）

本书主要在组合数学方法指导下，基于共现理论组合出几种典型科学知识网络，并对这些网络与科学创新的关系做了阐述，最后将对这些要点做一总结，针对还存在的问题做一分析，对未来要继续进行的科学研究做一展望。

第一节　科学知识网络的研究总结

通过文献综述，本书发现科学创新和知识网络的研究目前均为国内外的研究热点，尤其是知识网络在知识管理研究中占据着前沿和主流地位，但知识网络对科学创新的贡献和指导不足，包括知识网络自身的研究也是处于无序和自发的状态，定性和尝试性的研究居多。知识网络整个领域的内容不明确，没有统一的理论基础。由于科学文献可以拆分成最基本的知识元，这在图书馆和情报学界是基本通识，本书尝试将这些数据元通过知识组织获得知识网络的完整构建。因为因果律和决定论在科学大数据的研究中难以获得，而共现关系这一简单关系却有着极好的应用前景，科学知识元在科技文献中大量共现成为本书继续构建科学知识网络的必要基础。

科学创新是人类经久不息的学术追求，在目前科学知识呈现爆炸式增长的时代，要使得科学知识本身对于科技进步与创新有相应贡献，难度已今非昔比。从数学上看，科学文献非线性增长生成的累积知识量，已经使得当前科学知识管理极其困难，科学创新与进步的潜在关系淹没在迅猛增长的科学大数据中，因果律不再容易获得。西方谚语有云：预测未来的最好办法是创造未来。通过基于共现关系的知识网络研究可以鉴古知今，通过总结科学中的客观规律沿着创新的路子继续前行，将使得一定时期内的科学研究不再迷茫，为科学发展和创新获得启示。

本书对科学知识网络的共同特征进行了归纳和提取，在此共现理论的基础上发展了新型知识网络，科学知识网络通过分析可以对现有科学创新有所启示。全书所获得的主要结论如下：

（1）在科学大数据时代，通过组合数学的办法，知识元通过与自身的组合可以生成大部分现有的科学知识网络，这使得现有科学知识网络统一在共现关系这一理论体系框架之内，并且还可生成目前并不存在的众多新型科学知识网络，共现理论构架得以完成，在此基础上本书推导重现出目前知识网络研究的几种主要类型。

（2）对于构建这些科学知识网络，解决了对于互联网来源的科学数据库如何建库，数据如何检索、调用和重组的完整思路，并在此基础上总结出时序分布、单纯关系和混合关系几种类型的知识网络，对这些知识网络与科学知识创新之间的可能关系进行了探讨，并对这些科学知识网络的主要内容进行了研究。

（3）通过将定量研究与定性探索相结合，本书继承与创新了科学知识网络的研究。在传统定量化的科学计量手段之上，提出了如何去计量与研究知识网络的思路，并对组合出来的这些单一知识网络如何促进科学创新进行了深入的分析与研究。将基于共现的知识网络理论与实际案例相结合，以科学技术发展史上的具体案例作为实证，揭示了基于知识共现网络中的一些科学创新现象与规律。

随着互联网、云计算的兴起，使得科学数据的收集变得不再困难，同时以复杂网络为代表的网络科学的发展方兴未艾，大数据理念与处理技术又荷尖初萌，这些均使得传统的知识管理学在新时代获得了极大的发展机会。以科学知识为代表的知识管理理论与方法的研究成为这一波学术研究发展机遇的最重要的组成部分。

第二节　科学知识网络现有的不足

本书通过在知识共现基础上构建科学知识网络，并尝试对科学知识网络中蕴含的科学创新规律进行挖掘与发现，限于现有条件，本书存在的主要不足有以下几点：

（1）基于科学知识元的共现关系可以组合出多种类型的科学知识网络，其中有已经是目前的研究热点，有一些逐渐开始受到关注，而大多数共现网络新类型还未得到涉猎与研发。限于时间和精力，本书仅对常见的科学知识网络类型进行了细致的梳理和初步建立起科学知识共现网络的理论体系，并探索了这些网络对科学创新可能的贡献。

截至目前，更多的知识共现网络还没有得到认识与发掘，在整个科学知识共现网络大厦中，本书的研究内容仅是露出水面的冰山一角，但通过本书知识共现组合理论的推导，这些水面之下暗藏的冰山是可以被逐步认识的。

（2）在现有科学知识网络类型之外，本书还探索性地研究了论文作者与机构、发文时间与通讯作者、被引次数与参考文献数等之间的共现网络，这些知识网络表现出来的科学家跳槽、科学家领导力变化、科学家知识输入与输出之间的有趣关系令人振奋，但是这些研究探索仍然是上百种科学知识共现网络中很小的一部分，虽然共现网络的帷幕逐渐被拉开，但其全貌仍然令人感到好奇与困惑。

（3）更为重要的是，这些科学知识网络对于科学创新的启示，未来更值得去研究。本书从现有知识网络对知识创造、知识传播、知识扩散、知识交流和知识共享等创新特征进行了探索尝试，但对新型知识网络的科学创新规律的认识更值得期待。

科学创新不仅受科学发展自身的规律所制约，更重要的是与时代特征等科学自身外的要素密切相关，达到这个更为宏大的研究目标才是知识管理学最终所应该对于社会进步和人类福祉所发挥学科作用的地方。

第三节 科学知识网络的研究展望

创新是讲究首创性的，崇尚科学创造精神，要求不迷信于传统社会的权威崇拜。从辩证法来说，科学上的任何现存状态都只是一个即将逝去的过程，科学自身也不停地处于结构的重建当中。对于现存科学发展状态的肯定理解当中，同时也就包含了对现有科学发展状态的否定性理解，即任何现存科学知识未来都必然被替代。只有通过科学知识网络不停地对现有科学知识进行分解与组合，以得到未来科学的发展创新路径，才是科学本身长久发展的一种正确道路和方法。所谓变，才是不变。

科学创新是讲求可能性与现实性相统一的，知识网络组合的可能性固然很多，但并不是所有的、可能的知识网络都有现实研究价值，对于科学知识的创新而言，沿着一些知识网络提供的办法和路径，我们可以很快地找到未来的方向和热点，知识创新的内在要求是持续获得超越，超越目前的发展现实，不断地在原来的创新基础上突破现实，沿着知识网络提供的路径使潜在的可能性转化成为现实性。而当这样的知识创新实现之后，新的科学知识中又会孕育着新的知识元组合的可能性，再使用知识网络的研究方法就可以指明知识创新的新路径和方法。这样我们的创新实践就会在现实性与可能性之间的辩证统一中不断地深入发展下去。

互联网出现之后，尤其是存储科学数据的专门数据库技术出现之后，远程调用和实时更新的科学数据使得知识在知识元这个最为基础的层面上可以被组织起来形成知识网络，随着时代的发展，从 Web 1.0 到 Web 2.0，再到 Web 3.0，科学数据与其他创作者、其他有意义的数据之间产生互动，以及更大范围内的互联，这样整个互联网信息均可采用基于共现的研究思路进行组织，知识网络朝着第一代知识管理专家期盼的那样，向概念化的网络也就是语义网络迈进。与此同时，互联网信息也给知识网络的研究带来了很多新的挑战，应对这些挑战将使未来知识管理学获得大的发展机遇。

从技术上来说，只有在大数据和云计算这样的技术背景下，语义网络的发展才能成为可能，就仅仅对一个学科的研究对象来进行语义标记和规范化，也就是创建本体的工作，以美国 Data. gov 网站的数据为例，在该网站的仅 400 多组数据后面定义的元数据就达到了 64 亿条，这在利用传统技术处理数据的时代简直不可想象，但是随着对科学概念的规范和被定义的学科数据越来越多，借助于云计算的强大运算能力尤其是大数据挖掘的专门技术，将语义网络引入学科知识网络的研究之中，必然能挖掘出大价值，这些科学价值是以往我们耗费巨大的人力与物力，加上旷日持久的时间成本才能得到的创新结论，是我国科学数据增值才能带给国家创新的一笔财富。

互联网与其上面承载的科学知识，在网络拓扑结构方面与科学知识网络既有相似的方面又有不同的特点，互联网上路由器的分布形成了一个分形集合，这与知识网络中研究机构的知识集合很相似，但是知识网络的无尺度拓扑却是由很多其他因素共同制约着形成的，除了生长机制和偏好连接这两个最基本的因素外，共同因素共存的机制巧妙地相互制衡，共同维系着科学知识网络的无尺度特性，使得特别突出的节点总能保持存在，从而为人类知识的进步和创新创造了条件。

与政府科技政策等这类文件数据类似的是，近年来越来越多国家的学术期刊选择将其科研文献数据在网络上公开，而且公开获取这股浪潮逐渐席卷了从自然科学到人文社会科学等在内的几乎所有学科，那么未来基于网络科学数据和用户行为数据等在内的原始数据就有可能一起打包下载，这为基于知识共现来构建更多的知识网络类型提供了可能，也为如何来研究科学创新提供了更好的切入思路，因为所有这一切都被记录了，都在互联网上有迹可循。

大数据挖掘技术目前主要是用在像科学数据库这样的结构化数据当中发现潜在的关系与规律。未来如果将数据库数据与网络数据在时间轴上串并起来，利用工具或软件从中自动挖掘有价值的信息和知识，这或将是取得更有价值结论的研究方法。比如通过相关关系，亚马逊这样的网上书店可以向研究人员推荐大量与他们方向相关的书籍，这样知识就更容易在个体身上汇聚起来，从而达到量变导致质变、输入导致输出并最终科学创新的目的。

本书中多处提到了可视化（Visualization/Visualisation）技术，可视化生成的各个学科的知识图谱及努力绘制更大规模知识图谱的尝试，才最终使得我们有机会对于知识共现网络及其中蕴含的科学创新规律深入探索。知识图谱能够显示知识发展进程及结构，它具有“图”和“谱”的双重性质与特征——既是可视化的知识图形，又是序列化的知识谱系，显示了知识单元或知识群之间的网络关系，其中知识图谱通常都是以知识网络为基础理论来指导展现知识图形与谱系的，但知识图谱又是知识网络得以形象展示的有效工具。

在21世纪之前，很多科学家还没有发现科学知识网络中很多有趣的诸如幂律、自组织、枢纽节点和小世界现象等规律，这并非因为努力程度不够，而是它们缺乏科学图谱，或者说缺少规模足够大的知识地图，没有这些关键性的图谱及其结构、数据与其关系的研究，这些客观规律及其指导下的实践研究，当然也就无从实现。

事实上可视化这项技术的发展，目前更多地得益于商业公司的推动，众所周知，Google公司最新推出的Knowledge Graph，已经整合了非常多的词条并达到了智能化处理的程度，Google Now甚至在语义层面上也能将用户没有主动提出来的词条推送给用户，未来更有望向用户提供大部分所需的信息，从而成为互联网信息的综合提供商。如果在未来的科学数据知识网络中，基于共现关系能够获得足够大的应用，则不仅是这些商业公司，更多是大批量的一线科研人员将会受到科技创新启发。

参考文献

Alberts B. , "On Incentives for Innovation", *Science*, 2009 (5957): 1163.

Andelman, Sandy J. , Christy M. Bowles, Michael R. Willig and Robert B. Waide, "Understanding Environmental Complexity through a Distributed Knowledge Network", *BioScience*, 2004 (3): 240 – 246.

Arkin A. P. and D. V. Schaffer, "Network News: Innovations in 21st Century Systems Biology", *Cell*, 2011 (6): 844 – 849.

Barker P. "From Publishing to Knowledge Networks: Reinventing Online Knowledge Structures", *Electronic Library*, 2004 (3): 288 – 289.

Barroso I. C. and G. G. , "Romero. Collaboration Networks as a Basis for Territorial Development", *Scripta Nova – Revista Electronica De Geografia Y Ciencias Sociales*, No. 289, 2009.

Benaben F. , W. X. Mu, N. Boissel – Dallier, A. M. Barthe – Delanoe, S. Zribi and H. Pingaud, " Supporting Interoperability of Collaborative Networks through Engineering of a Service – Based Mediation Information System, Mise 2. 0), *Enterprise Information Systems*, 2015 (5): 556 – 582.

Bettge A. , "Science, Innovation, and a Genuine Spirit of Community", *Cereal Foods World*, 2012 (4): 147 – 147.

Bhupatiraju, S. , O. Nomaler, G. Triulzi and B. Verspagen. , "Knowledge Flows – Analyzing the Core Literature of Innovation, Entrepreneurship and Science and Technology Studies", *Research Policy*, 2012 (7): 1205 – 1218.

Bianconi, G. and A. L. Barabasi. , "Bose – Einstein Condensation in Complex Networks", *Physical* Review Letters, 2001 (24): 5632 – 5635.

Bommarito, M. J. , D. M. Katz, J. L. Zelner and J. H. Fowler. , "Distance Measures for Dynamic Citation Networks", *Physica A – Statistical Mechanics and*

Its Applications, 2010 (19): 4201 – 4208.

Boon W. and G. Heimeriks., "Innovation in Europe – Three Questions", *Nature*, 2010 (7322): 377 – 377.

Boyack K. W. and R. Klavans., "Creation of a Highly Detailed, Dynamic, Global Model and Map of Science", *Journal of the Association for Information Science and Technology*, 2014 (4): 670 – 685.

Burrows Toby., "Collaboration and the Semantic Web: Social Networks, Knowledge Networks and Knowledge Resources", *Australian Library Journal*, 2013 (2): 159 – 160.

Calus M. P. L., "Scientific Innovations That Bring About Genomic Selection", *Reproduction in Domestic Animals*, 2010 (45): 52 – 52.

Camporeale C., A. De Nicola and M. L. Villani., "Semantics – Based Services for a Low Carbon Society: An Application on Emissions Trading System Data and Scenarios Management", *Environmental Modelling & Software*, 2015 (64): 124 – 142.

Chatti, Mohamed Amine., "Knowledge Management: A Personal Knowledge Network Perspective", *Journal of knowledge management*, 2012 (5): 829 – 844.

Chen P. and S. Redner., "Community Structure of the Physical Review Citation Network", *Journal of Informetrics*, 2010 (3): 278 – 290.

Collet F., D. A. Robertson and D. Lup, "When Does Brokerage Matter? Citation Impact of Research Teams in an Emerging Academic Field", *Strategic Organization*, 2014 (3): 157 – 179.

Colombo Gianluca, Daniele Merico and Giancarlo Mauri. *Reference Ontology Design for a Neurovascular Knowledge Network Metadata and Semantics*, Edited by M. A. Sicilia and M. D. Lytras, 2009.

Coulter N., I. Monarch and S. Konda, "Software Engineering as Seen through Its Research Literature: A Study in Co – Word Analysis", *Journal of the American Society for Information Science*, 1998 (13): 1206 – 1223.

Cowan Robin and Nicolas Jonard, "Network Structure and the Diffusion of Knowledge", *Journal of Economic Dynamics and Control*, 2004 (8): 1557 – 1575.

Cross, Rob, Andrew Parker, Laurence Prusak and Stephen P Borgatti, "Knowing What We Know:: Supporting Knowledge Creation and Sharing in Social Networks", *Organizational Dynamics*, 2001 (2): 100 – 120.

Csardi G, "Dynamics of Citation Networks", *In* Artificial Neural Networks – ICANN 2006, Pt 1, edited by S. Kollias, A. Stafylopatis, W. Duch and E. Oja, 4131, 698 – 709, 2006.

Curtin M. A, "Scientific Innovations and Their Economic Impact: A Learning Community", Abstracts of Papers of the *American Chemical Society*, 2005 (229): U351 – U352.

David B. T., J. S. Fernando and C. M. Itziar, "Mapping the Importance of the Real World: The Validity of Connectivity Analysis of Patent Citations Networks", *Research Policy*, 2011 (3): 473 – 486.

Davis P. M, "Open Access: Increased Citations Not Guaranteed", *Science*, 2009 (5938): 266 – 266.

Ding Y., "Scientific Collaboration and Endorsement: Network Analysis of Coauthorship and Citation Networks", *Journal of Informetrics*, 2011 (1): 187 – 203.

Ding Y., G. G. Chowdhury and S. Foo, "Bibliometric Cartography of Information Retrieval Research by Using Co – Word Analysis", *Information Processing & Management*, 2001 (6): 817 – 842.

Egghe L. and R. Rousseau, "Co – Citation, Bibliographic Coupling and a Characterization of Lattice Citation Networks", *Scientometrics* 55, 2002 (3): 349 – 361.

Erdi P., K. Makovi, Z. Somogyvari, K. Strandburg, J. Tobochnik, P. Volf and L. Zalanyi, "Prediction of Emerging Technologies Based on Analysis of the Us Patent Citation Network", *Scientometrics*, 2013 (1): 225 – 242.

Erwin D. H. and D. C. Krakauer, "Insights into Innovation", *Science*, 2004 (5674): 1117 – 1119.

Eslami, H., A. Ebadi and A. Schiffauerova, "Effect of Collaboration Network Structure on Knowledge Creation and Technological Performance: The Case of Biotechnology in Canada", *Scientometrics*, 2013 (1): 99 – 119.

Evans J. A, "Electronic Publication and the Narrowing of Science and Scholarship", *Science*, 2008 (321): 395 – 399.

Evans J. A. and J. Reimer, "Open Access and Global Participation in Science", *Science*, 2009 (323): 1025 – 1025.

Franceschet M, "The Large – Scale Structure of Journal Citation Networks", *Journal of the American Society for Information Science and Technology*, 2012, 4 (63): 837 – 842.

Gao J. P., K. Ding, L. Teng and J. Pang, "Hybrid Documents Co – Citation Analysis: Making Sense of the Interaction between Science and Technology in Technology Diffusion", *Scientometrics*, 2012 (2): 459 – 471.

Geng X. M. and Y. Wang, "Degree Correlations in Citation Networks Model with Aging", *EPL* 88, 2009 (3).

Gingras Y., V. Lariviere and E. Archambault, "Literature Citations in the Internet Era", *Science*, 2009 (323): 36 – 36.

Ginsparg Paul, "Creating a Global Knowledge Network", *BMC News and Views*, 2000 (1): 9.

Goldston D., "Innovation Strategy", *Nature*, 2009 (461): 585 – 585.

Graham S. J. H. and M. J. Higgins, "Patents: A Threat to Innovation? Response", *Science*, 2010 (327): 32.

Greenberg S. A., "How Citation Distortions Create Unfounded Authority: Analysis of a Citation Network", *British Medical Journal*, 2009.

Greenberg S. A., "Understanding Belief Using Citation Networks", *Journal of Evaluation in Clinical Practice*, 2011 (2): 389 – 393.

Greenes R., "Push for Deeper Innovation", *Nature*, 2011 (470): 328 – 328.

Hansen Morten T., "Knowledge Networks: Explaining Effective Knowledge Sharing in Multiunit Companies", *Organization Science*, 2002 (3): 232 – 248.

Harman K., A. Koohang and J. Paliszkiewicz, "Scholarly Interest in Gamification: A Citation Network Analysis", *Industrial Management & Data Systems*, 2014 (9): 1438 – 1452.

Haythornthwaite, Caroline, "Learning and Knowledge Networks in Interdisciplinary Collaborations", *Journal of the American Society for Information Science and Technology*, 2006 (8): 1079 – 1092.

He Q. , "Knowledge Discovery through Co - Word Analysis", *Library Trends*, 1999 (1): 133 - 159.

Heller M. A. and R. S. Eisenberg, "Can Patents Deter Innovation? The Anticommons in Biomedical Research", *Science*, 1998 (280): 698 - 701.

Hert C. A. , S. Denn and S. W. Haas, "The Role of Metadata in the Statistical Knowledge Network - an Emerging Research Agenda", *Social Science Computer Review*, 2004 (1): 92 - 99.

Hert, Carol A. , Sheila O. Denn, Daniel W. Gillman, Jung Sun Oh, Maria Cristina Pattuelli and Naybell Hernandez, "Investigating and Modeling Metadata Use to Support Information Architecture Development in the Statistical Knowledge Network", *Journal of the American Society for Information Science and Technology*, 2007 (9): 1267 - 1284.

Hoffmann H. W, "Librairies and Knowledge Networks", *Zeitschrift Fur Bibliothekswesen Und Bibliographie*, 2003 (1): 58 - 59.

Ind Res, Inst, "Honors for Commercialization of Scientific Innovations", *Chemical Engineering*, 2014 (4): 6 - 6.

Jansen D. , R. von Gortz and R. Heidler, "Knowledge Production and the Structure of Collaboration Networks in Two Scientific Fields", *Scientometrics*, 2010 (1): 219 - 241.

Jo S. J. , C. W. Jeung, S. Park and H. J. Yoon, "Who Is Citing Whom: Citation Network Analysis among Hrd Publications from 1990 to 2007", *Human Resource Development Quarterly*, 2009 (4): 503 - 537.

Johnson J. David, "Knowledge Networks: Dilemmas and Paradoxes", *International Journal of Information Management*, 2012 (4): 347 - 353.

Kajikawa Y. , J. Ohno, Y. Takeda, K. Matsushima and H. Komiyama, "Creating an Academic Landscape of Sustainability Science: An Analysis of the Citation Network", *Sustainability Science*, 2007 (2): 221 - 231.

Kim L. , "Denotation and Connotation in Public Representation: Semantic Network Analysis of Hwang Supporters' Internet Dialogues", *Public Understanding of Science*, 2013 (3): 335 - 350.

King A. J. , E. C. Farrer, K. N. Suding and S. K. Schmidt, "Cooccurrence Patterns of Plants and Soil Bacteria in the High - Alpine Subnival Zone Track

Environmental Harshness, Vol 3, P 347, 2012", *Frontiers in Microbiology*, 2013.

Kogut, Bruce, "The Network as Knowledge: Generative Rules and the Emergence of Structure", *Strategic Management Journal*, 2000 (3): 405 – 425.

Kostoff R. N, "Encouraging Discovery and Innovation", *Science*, 2005 (309): 245 – 246.

Kress, Michael, "Intelligent Internet Knowledge Networks: Processing of Concepts and Wisdom", *Information Processing & Management*, 2008 (2): 983 – 984.

Lehmann S., B. Lautrup and A. D. Jackson, "Citation Networks in High Energy Physics", *Physical Review E*, 2003 (2).

Leicht E. A., G. Clarkson, K. Shedden and M. E. J. Newman, "Large – Scale Structure of Time Evolving Citation Networks", *European Physical Journal* B, 2007 (1): 75 – 83.

Leroy G. and H. C. Chen, "Genescene: An Ontology – Enhanced Integration of Linguistic and Co – Occurrence Based Relations in Biomedical Texts", *Journal of the American Society for Information Science and Technology*, 2005 (5): 457 – 468.

Leydesdorff L., "Why Words and Co – Words Cannot Map the Development of the Sciences", *Journal of the American Society for Information Science*, 1997 (5): 418 – 427.

Leydesdorff L. and I. Rafols, "Indicators of the Interdisciplinarity of Journals: Diversity, Centrality, and Citations", *Journal of Informetrics*, 2011 (1): 87 – 100.

Li, Bingying and Xinghua Yan, "Applied Research on Knowledge Network in the Neo – Cluster Knowledge Transfer", *Information Science*, 2010, 28 (6): 848 – 853.

Li X., H. C. Chen, Z. Zhang, J. X. Li and J. F. Nunamaker, "Managing Knowledge in Light of Its Evolution Process: An Empirical Study on Citation Network – Based Patent Classification", *Journal of Management Information Systems*, 2009, 26 (1): 129 – 153.

Li Y. L. , G. J. Zhang, Y. Q. Feng and C. Wu, "An Entropy – Based Social Network Community Detecting Method and Its Application to Scientometrics", *Scientometrics*, 2015, 102 (1): 1003 – 1017.

Liefner I. and S. Hennemann, "Structural Holes and New Dimensions of Distance: The Spatial Configuration of the Scientific Knowledge Network of China's Optical Technology Sector", *Environment and Planning A*, 2011, 43 (4): 810 – 829.

Lin Y. , J. Chen and Y. Chen, "Backbone of Technology Evolution in the Modern Era Automobile Industry: An Analysis by the Patents Citation Network", *Journal of Systems Science and Systems Engineering* 20, No. 4, 2011: 416 – 442.

Liu, Xiang, Feicheng Ma and Xiaoguang Wang, "Formation and Process Model of Knowledge Networks", *Systems Engineering – Theory & Practice* 33, No. 7, 2013: 1836 – 1844.

Luo J. L. , W. F. Li, J. Qiu, D. T. Wei, Y. J. Liu and Q. L. Zhang, "Neural Basis of Scientific Innovation Induced by Heuristic Prototype", *PLoS One* 8, No. 1, 2013) .

Ma, Feicheng and Xiang Liu, "Evolvement Model for Scientific Knowledge Networks", *Systems Engineering – Theory & Practice*, 2013, 33 (2): 437 – 443.

Ma Z. M. , G. Pant and O. R. L. Sheng, "Mining Competitor Relationships from Online News: A Network – Based Approach", *Electronic Commerce Research and Applications*, 2011, 10 (4): 418 – 427.

MacPhee, Maura, Nitya Suryaprakash and Cathryn Jackson, "Online Knowledge Networking What Leaders Need to Know", *Journal of Nursing Administration*, 2009, 39 (10): 415 – 422.

Madlock – Brown, C. R. and D. Eichmann, "The, Lack of Impact of Retraction on Citation Networks", *Science and Engineering Ethics*, 2015, 21 (1): 127 – 137.

Maggioni M. A. , S. Breschi and P. Panzarasa, "Multiplexity, Growth Mechanisms and Structural Variety in Scientific Collaboration Networks", *Industry and Innovation*, 2013, 20 (3): 185 – 194.

Maslov S. and Y. C. Zhang, "Extracting Hidden Information from Knowledge Networks", *Physical Review Letters*, 2001 (24).

Maxmen A., "Driving Innovation: Ready, Set, Go!" *Cell*, 2010, 140 (2): 171 -173.

McCain K., "Visualizing the Spread of Intellectual Influence: A Comparison of Co - Purchase and Co - Citation Networks Focusing on Simon's 'the Sciences of the Artificial'", In Asist 2001: *Proceedings of the* 64*th Asist Annual Meeting*, Vol 38, 2001, edited by E. Aversa and C. Manley, 38, 671 - 671, 2001.

McInerney, Claire R., "Managing Knowledge Networks", *Journal of the American Society for Information Science and Technology*, 2010, 61 (11): 2372 - 2374.

Mika P., T. Elfring and P. Groenewegen, "Application of Semantic Technology for Social Network Analysis in the Sciences", *Scientometrics*, 2006, 68 (1): 3 -27.

Moore S., A. Shiell, P. Hawe and V. A. Haines, "The Privileging of Communitarian Ideas: Citation Practices and the Translation of Social Capital into Public Health Research", *American Journal of Public Health*, 2005, 95 (8): 1330 -1337.

Murakami Y. and Oecd. Scientific Innovation and Societal Change: A Historical Perspective Social Sciences and Innovation, 2001.

Mutschke P. and A. Quan - Haase, "Collaboration and Cognitive Structures in Social Science Research Fields. Towards Socio - Cognitive Analysis in Information Systems", *Scientometrics*, 2001, 52 (3): 487 -502.

Nerur S., R. Sikora, G. Mangalaraj and V. Balijepally, "Assessing the Relative Influence of Journals in a Citation Network", *Communications of the ACM*, 2005, 48 (11): 71 -72.

Neumann E. and L. Prusak, "Knowledge Networks in the Age of the Semantic Web", *Briefings in Bioinformatics*, 2007, 8 (3): 141 -149.

Nowe K., "Knowledge Networks: Innovation through Communities of Practice", *Information Research - an International Electronic Journal*, 2004, 9 (4).

Onel S., A. Zeid and S. Kamarthi, "The Structure and Analysis of Nanotechnology Co – Author and Citation Networks", *Scientometrics* , 2011, 89 (1): 119 – 138.

Osinska V. and P. Bala, "New Methods for Visualization and Improvement of Classification Schemes: The Case of Computer Science", *Knowledge Organization* , 2010, 37 (3): 157 – 172.

Otte E. and R. Rousseau, "Social Network Analysis: A Powerful Strategy, Also for the Information Sciences", *Journal of Information Science*, 2002, 28 (6): 441 – 453.

Oyranoski D. , "Chinese Institute Is an Innovation in Theory", *Nature* , 2002, 416 (6681): 572 – 572.

Ozcan S. and N. Islam, "Collaborative Networks and Technology Clusters – the Case of Nanowire", *Technological Forecasting and Social Change*, 2014 (82): 115 – 131.

Pan R. K. , K. Kaski and S. Fortunato, "World Citation and Collaboration Networks: Uncovering the Role of Geography in Science", *Scientific Reports* , 2012 (2) .

Papaioannou T. , "Public – Private Collaboration for New Life Sciences Innovation and Regional Development: The Cases of Cambridge and Scotland", *European Planning Studies* , 2011, 19 (3): 403 – 428.

Parent, Ingrid and Neil Cruickshank, "The Growth of the Internet and Knowledge Networks, and Their Impact in the Developing World", *Information Development* , 2009, 25 (2): 91 – 98.

Patrick T. B. , J. E. Andrews, J. Ries, M. Sievert, J. Budd, K. Harris, A. Balas and G. K. Springer, "Managing Knowledge Networks", *Journal of the American Medical Informatics Association*, 1999 (5): 1135 – 1135.

Pea R. D. , R. Tinker, M. Linn, B. Means, J. Bransford, J. Roschelle, S. Hsi, S. Brophy and N. Songer, "Toward a Learning Technologies Knowledge Network", *Etr&D – Educational Technology Research and Development* , 1999, 47 (2): 19 – 38.

Pelzer M. , D. Diekmann, H. Ryssel and G. Germann, "Electronic Documentation of Injuries of the Hand with a Semantic Network", *Unfallchirurg* 2007, 110 (3): 213 – 218.

Peters L., R. Burke and S. Mehta. *Biostatistics: The Hidden Path to Life Science Innovation Technology Management in the Knowledge Era*, Edited by D. F. Kocaoglu and T. R. Anderson, 2001.

Pino – Diaz J., E. Jimenez – Contreras, R. Ruiz – Banos and R. Bailon – Moreno, "Strategic Knowledge Maps of the Techno – Scientific Network, Sk Maps", *Journal of the American Society for Information Science and Technology*, 2012, 63 (4): 796 – 804.

Raasch C., V. Lee, S. Spaeth and C. Herstatt, "The Rise and Fall of Interdisciplinary Research: The Case of Open Source Innovation", *Research Policy*, 2013, 42 (5): 1138 – 1151.

Reagans, Ray and Bill McEvily, "Network Structure and Knowledge Transfer: The Effects of Cohesion and Range", *Administrative Science Quarterly*, 2003, 48 (2): 240 – 267.

Ren F. X., H. W. Shen and X. Q. Cheng, "Modeling the Clustering in Citation Networks", *Physica A – Statistical Mechanics and Its Applications*, 2012, 391 (12): 3533 – 3539.

Rigby M., "Citation Analysis in Health Care Sciences Innovative Investigation or Seductive Pseudo – Science?" *Methods of Information in Medicine*, 2014, 53 (6): 459 – 463.

Robinson K. A., A. G. Dunn, G. Tsafnat and P. Glasziou, "Citation Networks of Related Trials Are Often Disconnected: Implications for Bidirectional Citation Searches", *Journal of Clinical Epidemiology*, 2014, 67 (7): 793 – 799.

Roper T., "The Social Impact of Innovation", *Nature*, 2011, 471 (7338): 305 – 305.

Sanberg P. R., J. Genshaft and S. Sarkar, "Rewarding Academic Innovation", *Science*, 2014, 346 (6212): 928 – 929.

Schilling M. A. and E. Green, "Recombinant Search and Breakthrough Idea Generation: An Analysis of High Impact Papers in the Social Sciences", *Research Policy*, 2011, 40 (10) 1321 – 1331.

Schmid E. F, "Should Scientific Innovation Be Managed?" *Drug Discovery Today*, 2002, 7 (18): 941 – 945.

Schutze H. and J. O. Pedersen, "A Cooccurrence – Based Thesaurus and Two Applications to Information Retrieval", *Information Processing & Management* , 1997, 33 (3): 307 -318.

Sebestyen T. and A. Varga, "Research Productivity and the Quality of Interregional Knowledge Networks", *Annals of Regional Science*, 2013, 58 (6): 155 -189.

Seeley, Helen and Christine Urquhart, "Action Research in Developing Knowledge Networks", *Health informatics journal*2008, 4 (14): 279 -96.

Sharkey N. , "Bottom - up Innovation", *Nature* 2014 (516): 36.

Shibata N. , Y. Kajikawa and K. Matsushima, "Topological Analysis of Citation Networks to Discover the Future Core Articles", *Journal of the American Society for Information Science and Technology* 2007, 58 (6): 872 -882.

Shibata N. , Y. Kajikawa and I. Sakata, "Link Prediction in Citation Networks", *Journal of the American Society for Information Science and Technology*2012, 63 (1): 78 -85.

Shibata N. , Y. Kajikawa, Y. Takeda and K. Matsushima, "Detecting Emerging Research Fronts Based on Topological Measures in Citation Networks of Scientific Publications", *Technovation* , 2008, 28 (11): 758 -775.

Silva F. N. , F. A. Rodrigues, O. N. Oliveira and L. D. Costa, "Quantifying the Interdisciplinarity of Scientific Journals and Fields", *Journal of Informetrics* , 2013, 7 (2): 469 -477.

Simpson B. and M. Powell, "Designing Research Organizations for Science Innovation", *Long Range Planning*, 1999, 32 (4): 441 -451.

Sternberg R. J. , "Where Good Ideas Come From: The Natural History of Innovation", *Nature* , 2010 (468): 170 -171.

Stevens A. J, "Innovation: Lessons from Uk Policy", *Nature* , 2009, 33 (6): 162 -162.

Stuart, David, "Knowledge Networks: The Social Software Perspective", *Online Information Review* , 2009, 33 (6): 1203 -1203.

Su H. N. and P. C. Lee, "Framing the Structure of Global Open Innovation Research", *Journal of Informetrics*, 2012, 6 (2): 202 -216.

Sulloway F. J, "Sources of Scientific Innovation a Meta - Analytic Approach, Commentary on Simonton, 2009", *Perspectives on Psychological Science* ,

2009, 4 (5): 455 - 459.

Sun, Jianbin and Pengzhu Zhang, "Visualization of Researcher Knowledge Structure Based on Knowledge Network", *Information Science*, 2010, 28 (3): 395 - 399, 480.

Sun X. M., W. T. Cui and J. Lin. Using Co - Downloaded Networks to Evaluate and Visualize Literature: A Method to Enhance Scientific Innovation Management in Complexity Science Perspective - Theory, Methodology and Practice: *Proceedings of the First International Conference on Complexity Science Management*, Edited by X. S. Xu, H. Zhang and D. X. Niu, 2010.

Tait J., "Systemic Interactions in Life Science Innovation", *Technology Analysis & Strategic Management*, 2007, 19 (3): 257 - 277.

Turpin T., S. GarrettJones and N. Rankin, "Bricoleurs and Boundary Riders: Managing Basic Research and Innovation Knowledge Networks", R&D Management, 1996, 26 (3): 267 - 282.

Upham S. P., L. Rosenkopf and L. H. Ungar, "Innovating Knowledge Communities an Analysis of Group Collaboration and Competition in Science and Technology", *Scientometrics*, 2010, 83 (2): 525 - 554.

Upham S. P. and H. Small, "Emerging Research Fronts in Science and Technology: Patterns of New Knowledge Development", *Scientometrics*, 2010, 83 (1): 15 - 38.

Valverde S., R. V. Sole, M. A. Bedau and N. Packard, "Topology and Evolution of Technology Innovation Networks", *Physical Review E*, 2007, 76 (5).

Van Eck N. J. and L. Waltman, "How to Normalize Cooccurrence Data? An Analysis of Some Well - Known Similarity Measures", *Journal of the American Society for Information Science and Technology*, 2009, 60 (8): 1635 - 1651.

Van Reijsen, Jurriaan, Remko Helms, Thomas Jackson, Arjen Vleugel and Sara Tedmori. Mining E - Mail to Leverage Knowledge Networks in Organizations Proceedings of the 10th European Conference on Knowledge Management, Vols 1 and 2, Edited by E. Bolisani and E. Scarso, 2009.

Von Bartheld C. S., S. P. Collin and O. Gunturkun, "To Each Citation, A Purpose", *Science*, 2009 (323): 36 - 37.

Wagner C. S, "Innovation Goes Global", *Science*, 2014 (343): 730.

Wan, Jun and Xin Gu, "Study on the Mechanism of the Evolution of Knowledge Networks Based on Hypercycle Theory", *Information Science* , 2010, 28 (8): 1229 -1232, 1257.

Wang H. X. , Z. D. Zhou and S. H. Hu. *Scientific Innovation Inherent Mechanism Proceedings of the 5th International Conference on Product Innovation Management*, Vols I and Ii, Edited by H. Shuhua and H. Thota, 2010.

Wang J. C. , C. H. Chiang and S. W. Lin, "Network Structure of Innovation: Can Brokerage or Closure Predict Patent Quality?" *Scientometrics*, 2010, 101 (2): 735 -748.

Wang X. G. , Q. K. Cheng and W. Lu, "Analyzing Evolution of Research Topics with Neviewer: A New Method Based on Dynamic Co - Word Networks", *Scientometrics* , 2014, 101 (2): 1253 -1271.

White H. D. and K. W. McCain, "Visualizing a Discipline: An Author Co - Citation Analysis of Information Science, 1972 -1995", *Journal of the American Society for Information Science*, 1998, 49 (4): 327 -355.

White P. A, "How Well Is Causal Structure Inferred from Cooccurrence Information?" *European Journal of Cognitive Psychology*, 2006, 18 (3): 454 -480.

Williams R. , "Shaping Forensic Science Innovation", *Science & Justice*, 2010, 50 (1): 4 -7.

Xian H. J. and K. Madhavan, "Anatomy of Scholarly Collaboration in Engineering Education: A Big - Data Bibliometric Analysis", *Journal of Engineering Education* , 2014, 103 (3): 486 -514.

Xiao Y. , L. Y. Y. Lu, J. S. Liu and Z. L. Zhou, "Knowledge Diffusion Path Analysis of Data Quality Literature: A Main Path Analysis", *Journal of Informetrics*, 2014, 8 (3): 594 -605.

Xu T. , "Preface: Building a Quality Academic Journal and Serving the Scientific Innovation", *Progress in Biochemistry and Biophysics*, 2014, 41 (10): 925 -925.

Ye Z. , J. X. Huang, B. He and H. F. Lin, "Mining a Multilingual Association Dictionary from Wikipedia for Cross - Language Information Retrieval", *Journal of the American Society for Information Science and Technology*, 2012, 63 (12): 2474 -2487.

Yuan S. T. and Y. L. Fei, "A Synthesis of Semantic Social Network and Attraction Theory for Innovating Community – Based E – Service", *Expert Systems with Applications*, 2010, 37 (5): 3588 – 3597.

Zerhouni E. A, "Peer – to – Peer Sharing Spurs Scientific Innovation", *Science Translational Medicine*, 2009 (9).

Zhang L., W. Glanzel and L. M. Liang, "Tracing the Role of Individual Journals in a Cross – Citation Network Based on Different Indicators", *Scientometrics*, 2009, 81 (3): 821 – 838.

Zhao S. X. and F. Y. Ye, "Power – Law Link Strength Distribution in Paper Cocitation Networks", *Journal of the American Society for Information Science and Technology*, 2013, 64 (7): 1480 – 1489.

Ziman J. "Scientific Innovation, Philosophy, and Public Policy", *Research Policy*, 1998, 27 (1): 109 – 110.

Zong Q. J., H. Z. Shen, Q. J. Yuan, X. W. Hu, Z. P. Hou and S. G. Deng, "Doctoral Dissertations of Library and Information Science in China: A Co – Word Analysis", *Scientometrics*, 2013, 94 (2): 781 – 799.

贝安德，陈桂霞．现代科学的诞生：文化、思想及科学创新．清华大学学报（哲学社会科学版），2007（6）：14－100＋142.

曾建勋，赵捷，吴雯娜，王星．基于引文的知识链接服务体系研究．情报理论与实践，2009（5）：1－4＋8.

陈广仁．科学创新的涵义，《西北师大学报》（社会科学版），2003（3）：8－11.

陈雪飞，肖仙桃，史新艳．基于文献的领域知识网络构建研究．图书情报知识，2011（3）：96－102.

丁烈云．对人文社会科学创新发展的几点思考．中国建设教育，2006（7）：32－35.

丁玄同．Hl－2a 托卡马克实验进展和科学创新．物理，2010（6）：390－399.

杜元伟，段熠，段万春．知识网络国内外研究述评与发展动态分析．情报杂志，2013（3）：78－84.

范彦静，王化雨．基于复杂网络的知识网建模研究．心智与计算，2008（1）：5.

顾东蕾．论学科知识网络．情报杂志，2008（9）：50－55．

顾东蕾．论学科知识网络的理论基础．图书情报工作，2008（9）：32－35＋73．

韩宇，汤锡芳，赵学文，王瑞萍，彭杰．关于国家自然科学基金鼓励科学创新若干问题的思考．科技导报，1997（8）：21－24．

何向东．归纳逻辑与科学创新．哲学研究，2004（12）：75－80．

胡海岩．建立学科创新机制促进新兴、交叉、边缘学科建设．学位与研究生教育，2003（2）：1－3．

胡兆胜．科学创新中理性思维与非理性思维的辩证关系研究．安徽工业大学学报（社会科学版），2008（1）：15－16．

姜永常．知识网络链接的理论基础与基本原则．图书馆，2012（2）：31－34．

李炳昌．交流与合作激励科学创新．前沿，2005（4）：24－26．

李丹，俞竹超．知识网络的构建过程分析．科学学研究，2002（6）：620－623．

李杰．当前我国自然科学创新的人文环境研究．广西大学硕士学位论文，2006．

李毅弘，殷焕举，秦自强．文科硕士生创新意识培养的五个着力点——基于人文社会科学创新特殊性的思考．学位与研究生教育，2009（7）：35－39．

连真然，PhilipG 页．Altbach：国际知识网络的构成及其运作．教育评论，1994（3）：63－65．

林晶．哲学视域中的科学创新——科学创新的概念释义．山东科技大学学报（社会科学版），2003（4）：7－9．

刘臣，单伟，于晶．中国学科知识网络的演化研究——基于 1981～2010 年引文数据．系统工程理论与实践，2013（2）：430－436．

刘冬梅．学科创新能力及其发展策略研究．中南大学硕士论文，2004．

卢静．知识型服务业科学管理模式与创新研究、大津大学博士论文，2007．

陆剑英．科学创新是基础性研究之本．研究与发展管理，1994（6）：1－4＋18．

吕萍，柳卸林．开放性对科学创新和技术创新的影响——以国家重点实验室为例．中国管理科学，2011（6）：185－192．

马佰莲，李正风．中国科学创新能力（2000～2010）评价．自然辩证法通讯，2013（5）：82－87＋127.
马费成．布鲁克斯情报学理论研究．图书情报知识，1983（4）：73－74.
马费成．重视数学应用 推进定量研究．图书情报工作，2011（16）：5－6.
马费成，赵红斌，万燕玲，杨东晨，赖洁．基于关联数据的网络信息资源集成．情报杂志，2011（2）：167－170＋175.
莫琦．国家自然科学基金促进区域创新体系建设研究．哈尔滨工程大学博士论文，2007.
潘仁．知识经济条件下科学创新问题初探．边疆经济与文化，2004（10）：79－83.
钱玲飞，杨建林，张莉．基于关键词分析的学科创新力比较——以情报学图书馆学为例．情报理论与实践，2011（1）：117－120.
钱兆华，姜华．技术创新、科学创新与思想解放．科学技术与辩证法，2006（6）：8－11＋109.
钱兆华，徐玄．关于科学创新的深层思考．山西师大学报（社会科学版）2009（1）：16－20.
任玉凤．从诺贝尔化学奖看科学创新性研究的特点．内蒙古大学学报（人文社会科学版），2002（1）：68－72.
司莹莹，李继宏，李炯．医学知识网络模型的构建研究．科技情报开发与经济，2009（12）：90－92.
宋振晖．知识网络理论与实现．现代管理科学，2007（5）：90－92.
孙锐．基于知识网络扩展学习的知识团队创新研究．科学学与科学技术管理27，2006（10）：130－134.
田克俭．论科学创新必须增强科研工作者的内在动机．中国科学院院刊，2006（4）：338－342.
汪涛，任瑞芳，曾刚．知识网络结构特征及其对知识流动的影响．科学学与科学技术管理，2010，31（5）：150－155.
王伟．科学创新与科学创新管理——卡文迪什实验室对我国科学创新的启示．安徽大学学报，2006（2）：154－156.
肖冬平，顾新．知识网络的形成动因及多视角分析．科学学与科学技术管理，2009，30（1）：84－91.
肖冬平，顾新．知识网络中隐性知识的共享困境及其克服路径——基于非正式网络的观点．图书情报工作，2009，53（2）：108－112.

熊彬．现代图书情报机构知识网络构建的思考．技术与市场，2010（5）：66－67.

许春漫．泛在知识环境下知识元的构建与检索．情报理论与实践，2014（2）：107－111.

杨帆，肖希明．从资源网络到知识网络——Web2.0泛在知识环境下数字信息服务基础建构．图书情报工作，2007，51（8）：72－75.

于洋，党延忠，吴江宁，邓秋红．基于超网络的知识传播趋势分析．情报学报，2010（2）：356－361.

余波．情报研究中涉及的几大网络概念综述．情报科学，2010（9）：1436－1440.

张龙．知识网络结构及其对知识管理的启示．研究与发展管理，2007（2），19：86－91.

张越川．科学创新的原因刍议．社会科学研究，1994（1）：129－132.

赵蓉英，邱均平．知识网络的类型学探究．图书情报工作，2007，51（9）：11－15.

郑邦坤．网络化知识元数据库建设研究．西华大学学报（哲学社会科学版），2004（4）：96－97.

周晓英．知识网络，知识链接和知识服务研究．情报资料工作，2010（2）：5－5.

周晓英，陈兰杰．基于引文网络的知识链接框架研究．情报杂志，2010（10）：37－40.

索　引

Q

S

W

X

Y

Z

后　记

博士毕业前后乃多事之秋，极少能有整段时间坐于书桌前静心写作，虽然之前曾在信息检索及可视化方面参编出版过书稿，但没想到科学知识网络这个主题的写作竟持续了如此之久，而今终于完成全部文字修订工作，终于可以松口气舒缓下筋骨了。

本书最初构思发源于甲午年我发表在《情报学报》上的一个系列的四篇论文，那时候在导师马费成先生鼓励下做了完整而深入的工作，因为"只有这样系统的研究才能算得上是对攻读博士的一个真正交代"。后来在陆续发表的十多篇国际期刊论文的基础上继续归纳和总结，因此有了这部理论与实践相结合的书稿问世。

转眼已到丙申年夏了，随着我在好几个城市之间的频繁往返，如今是多么怀念攻博期间可以安然不问世事，蜗居于珞珈山下、东湖水旁那安静思考的时光。随着年岁增长，当初少年的锐气在消减，来自生活的压力将我们带到原来怎么也想不到的地方，正如随波而下的顽石已被水流带到不知何处角落一样没有定数。

但对于初心的信念和愿望的坚持应该还是要有的，万一哪天这些沉睡的种子生出原本的花儿来呢？十年前我给自己的座右铭是：身无分文，心忧天下。如今这么多年过去了，仍然发现自己是身无分文，居于社会底层却还在心忧穹庐，整天幻想人类知识游离和编制成一张大网，梦想着中国制造有朝一日腾飞冲天……

因此，尽管仍然身份处低微，但仍做着一种不知其可的梦，有时候想想这些梦境离当下实在太遥远了，但我想正是有这些爱做梦的九州青年存在，我们的中国梦有朝一日才能实现。在而立未立的年龄，抛开一切世事纷扰，能够在象牙塔里做着一种近乎理想的追求，相比起仅仅为了稻粱之谋的同龄人未尝又不是一种幸福？

自上大学起，自己最为遗憾的就是没有能够连续地走完本、硕、博的数阶历程，总是在边工、边读中无法使得学业连贯。大学毕业我在深圳做过研发，硕士研究生毕业留在中国科学院做过创业，博士毕业后决心要继续做博士后研究让我的求学历程圆满起来，不再给生命留下诸多遗憾，并给自己一个最后的交代，走上醉心研究的生活。

因此在丙申之年，我最为感激的是学术视野宏大开阔、日常要求细致严格的合作导师杨善林院士了，在逐步引导我进入管理科学之门并专攻大数据与知识管理方面，杨院士以身作则、对学术和为人要求颇高并时常推动我锐意进取，是我一生中可遇而难求的严师益友，这段人生经历使得我求学和研究之路实现了连贯的初愿。

在这个愿望实现的过程中，更为感动的是有诸多同行和同窗们给了我各种帮助，没有这些来自经济和精神方面切实的相助，我是无法独立去做自己过于理想之梦的。如今想起近年来给我伸过援手的四海之内的诸位同行，我就决心要拿出自己的回馈，去奉献给这些可爱的师友和同窗们，去回报社会关爱于万一。

感谢国家图书馆、国家科学图书馆、武汉大学图书馆、中国科技大学图书馆、西北工业大学图书馆、湖北省图书馆和武汉图书馆诸位老师们在我查找资料、获取数据和安心写作等过程中提供的各种研究便利，同时感谢三年来“科学院信息管理群”中全国高校诸多同行在我迷惑之时提供的研究指点、有益讨论和日常帮助。

未来的道路望起来遥远而又悠长，一项研究能够坚持和深入多久，现在看来完全不是有良好的愿望就能实现的。外部的资源保障和自身的勤奋互补益彰，才能结出最为优美的花朵来，然而由花到果的孕育更是一程更为艰辛的修炼。除了花朵本身的基因，无旱无冻、风调雨顺的外界环境更是对于这个开花结果的过程至为重要。

没有一路而来众多师长和亲友在这个数十年漫长过程对我的剪修与雕琢，可能我只能成为黄土地上一名普通的大学生，至今还从事着默默无闻的基础教育工作，一辈子都越不过高山与沟壑的天然阻隔，更遑论能够融入国际学术圈子，以及应邀与欧美同行进行学术讨论与研究合作，而今心满感恩，惟身怀刻苦，报志报晖。

坚持到风雨之后，等得到云开天晴，固然需要一种愚公移山的精神，心怀着对于这个过程中给予了我各种哺育的社会以更多的感激，正是由于我身边这些伴着我开放、看着我成长的前辈和同行的关心，才有了我一步一蹒跚的曲曲折折的来时之路，以及人生历程上拥有的一些为着回报和感恩的努力之作，愿此不负诸位不负卿。

最后，感谢我的家人在这么多年对我的辛苦养育和用心培养，尤其是他们给我树立了亲友中卓越榜样的力量，多年来一直激励着我靠近同辈里的学术偶像，希望我有朝一日可能接近他们的学术水准。“吾生也有涯，而知也无涯”，学业日进是我长期的目标与动力，正如微雨润花、积年教化，也许历经春秋才能看到效果。

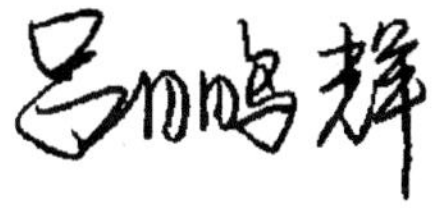

2016 年 10 月 30 日

专家推荐表

第五批《中国社会科学博士后文库》专家推荐表 1

推荐专家姓名	杨善林	行政职务	所长、院士
研究专长	信息管理	电　　话	
工作单位	合肥工业大学计算机网络研究所	邮　　编	230009
推荐成果名称	科学知识网络理论与实践		
成果作者姓名	吕鹏辉		

（对书稿的学术创新、理论价值、现实意义、政治理论倾向及是否达到出版水平等方面做出全面评价，并指出其缺点或不足）

当前人类科学知识的积累速度越来越快，对多数科研人员来说用好文献知识却越来越困难，知识网络则提供了一种组织和利用领域现有知识的理论与方法。本书总结了科学知识网络理论，并且利用管理科学数据做了实证分析，这些科学知识图谱生动地展现了管理学领域近年来的知识发展脉络，能够使新手迅速认识管理科学的研究历史、发展现状与未来趋势，以及当前的研究热点。

本书作者从知识元共现理论的角度研究了科学引文网络、共被引网络、科研合作网络、学科共词网络以及语义知识网络，总结了这些科学知识网络一般的共性特点与研究方法。从书中可以看出科学知识网络是一种值得普通科研人员掌握的对于现有科学知识进行利用与管理的有效方法。作为一种新的大数据与知识管理学研究角度，科学知识网络研究未来将会得到更多人的关注，知识管理专家应继续深入开发科学知识网络及可视化工具，以最终实现科学知识挖掘自动化的目标，这是我更愿看到的未来发展局面。

大数据与知识管理是管理学不可或缺的研究环节，知识网络则是科学大数据与知识管理的重要研究内容。随着科学数据处理手段尤其是诸多可视化工具的不断涌现与完善，广大青年学者更应该扩展自己的研究视野，对科学大数据这个知识宝库充分开发，以逐步获得隐藏在人类知识宝库里的更多科学规律与潜在知识价值来。

签字：杨善林

2016 年 1 月 29 日

说明：该推荐表由具有正高职称的同行专家填写。一旦推荐书稿入选《博士后文库》，推荐专家姓名及推荐意见将印入著作。

第五批《中国社会科学博士后文库》专家推荐表 2

推荐专家姓名	马费成	行政职务	主任、教授
研究专长	情报学、信息资源管理	电　　话	
工作单位	武汉大学信息资源研究中心	邮　　编	430072
推荐成果名称	科学知识网络理论与实践		
成果作者姓名	吕鹏辉		

对书稿的学术创新、理论价值、现实意义、政治理论倾向及是否达到出版水平等方面做出全面评价，并指出其缺点或不足）

科学知识网络是对人类现有科技知识进行挖掘与管理的一种有效工具，因此很早就有科学家对诸如引文网络、合作网络、共词网络和共被引网络等科学知识网络自发开始研究，并得到了很多理论和实证研究成果。本书通过观察和深入理解知识网络里的共性科学问题，找到了知识元共现这个简单而又根本的原因，从共现的角度剖析了上述各种已存在的知识网络，验证了共现现象是知识网络最为根本特征的这个学术观点。

但该书并未止步于此，而是在共现的基础上尝试继续让知识单元产生新的数学组合，以获得更多的甚至目前尚未发现的一些科学知识网络，比如本书中提到的作者与机构字段混合而成的知识网络，就能很好地用来研究学者的跳槽现象。这种创新性的尝试虽然与现有诸如科学引文网络的研究范式不同，但也不失为一种思考和研究科学知识网络的独特视角，沿着这样的思路可能还会获得更多的知识网络类型与科研新方向。

本书将学术界现有的几种知识网络纳入了同一个理论体系，在此研究框架内还能组合得到一些新型知识网络，因此值得广大同行与同仁参考，更值得科学大数据与知识管理研究专家沿着本书指明的方向继续深入研究。我相信本书在未来会启发和促使更多新型科学知识网络的诞生，甚至可能使得更多新的科学研究领域涌现出来。

本书达到了出版水平，特别推荐申报《博士后文库》。

签字：

2016 年 1 月 26 日

说明：该推荐表由具有正高职称的同行专家填写。一旦推荐书稿入选《博士后文库》，推荐专家姓名及推荐意见将印入著作。